地球46億年 気候大変動

炭素循環で読み解く、地球気候の過去・現在・未来

横山祐典　著

ブルーバックス

本書は特に断りのない限り、敬称を省略しています。

カバー装幀／芦澤泰偉・児崎雅淑
カバーイラスト／月本佳代美
目次・扉デザイン／長橋誓子
本文イラスト／さくら工芸社

プロローグ

第二次世界大戦でナチスドイツの侵略からイギリスを救った指導者として知られるウィンストン・チャーチル。彼は、首相になる前、特派員記者として活躍し、のちの１９５３年にノーベル文学賞を受賞するほどの優れた文筆家でもあった。ここまでは知る人ぞ知るトリビアだが、加えて、彼が科学に対する造詣も深かったことは、あまり知られていない。

２０１６年、チャーチルの類いまれなる科学的センスを世に知らしめる「発見」があった。アメリカのミズーリ州フルトンにある国立チャーチル博物館で、１９３９年にチャーチルがロンドンの日曜版新聞、『ニュースオブザワールド』に寄稿した「私たちは宇宙で唯一の生命？」の原稿が見つかったのである。

宇宙物理学者で作家のマリオ・リビオはその内容を見て衝撃を受ける。内容が１９３０年代に書かれたとは思われないほど示唆に富んでいたからだ。

チャーチルは、生命の存在に必要な条件として、液体の水の存在が不可欠で、それを実現するには、惑星表層の温度が狭い領域内に収まっており、惑星は一定の大きさが必要であると書いた。惑星があまりに小さいと、重力が小さくなり、地表に大気を引き止められなくなるからだ。

ウィンストン・チャーチル
（著者撮影）

事実、月のように小さな天体には大気が存在しない。

チャーチルは、太陽から惑星までの距離に注目し、生命が棲息するには、太陽からほどよく離れている必要があると考えた。火星よりも太陽に遠い星は、太陽から到達するエネルギーが小さすぎて表層が凍結し、反対に水星のように太陽に近すぎる星では、温度が高すぎるため生命が棲息できない。そして、生命が棲息できる可能性があるのは、金星、地球、そして火星であると結論づけた。

この寄稿が掲載されたのは１９３９年。ハロウィンの「ドッキリ企画」として、火星人襲来を報じたラジオ放送を住民が信じてパニックになった１９３８年の事件から1年しか経っていないころだった。惑星科学や天文学、気候学などの科学的知見がいまだ十分に蓄積されておらず、火星人の襲来がリアリティーを持った時代にありながら、21世紀の宇宙物理学者をうならせたチャーチルの本質を見抜く力は驚嘆に値する。

生命が存在するためには、水と温暖な気候が不可欠であること。そして、惑星の気候を決定づける表面気温は、太陽からの入射エネルギーと地球が宇宙空間に放出するエネルギーの差が一定の幅で釣り合うことに加え、惑星表面を覆う大気の温室効果ガスの量が表層の環境をコントロールするうえで決定的に重要な役割を果たしていること。チャーチルの視点は、現代の地球気候の専門家の問題意識に完全に合致する。

その後の、惑星探査研究の長足の進歩によって、彼が、生命が発見される可能性があるとした金星と火星も、生命が棲息するには過酷すぎる環境であることがわかってきた。

金星の地表面は、92気圧という分厚い大気に覆われており、その96・5％を二酸化炭素が占めている。ご存じのとおり、二酸化炭素は強い温室効果を持つため、金星の表面の平均気温は460℃を超える。気候も苛烈で、秒速100mの暴風が吹き荒れて、地表45kmから70kmにある濃硫酸の雲から硫酸の雨が降り注ぐ。もっとも、地表があまりにも高温なので硫酸の雨も地表に到着するまでに蒸発するという。これほどまでに過酷な環境では、生命が棲息できる可能性は限りなくゼロに近い。

火星は、地球のすぐ外側を回る外惑星で、太陽系では、地球を除けば、生命が棲息している可能性が最も高い惑星といわれてきた。火星探査機による観測で、火星表面には、水が流れていた痕跡が見つかり、かつて地表には大量の水があり、現在も地下で主に氷結した形で存在していると推測されている。

一方で、火星の大気は二酸化炭素が主成分で、大気圧は０・００６〜０・００８気圧しかない。火星の質量は、地球の10分の１程度と軽いため、重力も弱く、大気は表層部分から宇宙空間に逃げてしまった可能性が高い。金星に比べれば、気候は〝穏やか〟だが、中緯度でも平均気温はマイナス50℃しかなく、最高気温もマイナス20℃を超えることがない。赤道上では昼夜間の平均気温差は１００℃もある。こうした過酷な環境ゆえか、２０１８年時点では、生命はもちろん、生命の存在を裏付ける化石も発見されていない。

火星や金星に比べると、大気中の二酸化炭素濃度は低いため、地球の気候はきわめてマイルドだ。地球の地表付近の大気組成は、窒素が78・１％、酸素が20・９％、アルゴンが０・９３％、二酸化炭素が０・０３５％となっている（数値は場所や時間によって変動する）。詳しくは本書の中で説明していくが、この組成が絶妙なバランスなのだ。生命活動に必須の酸素がふんだんにあり、温室効果ガスの二酸化炭素がほどよくブレンドされている。地球では、地表の年平均気温は15℃前後で昼夜の寒暖差も小さい。連日１００℃の寒暖差がある火星や平均気温４６０℃の金星に比べると、気候は格段に穏やかだ。これも大気組成の絶妙なブレンドのなせる業である。

太陽系の中で生命、特に複雑な生命体の存在が確認できているのは地球だけだが、それは液体である水の存在が大きい。灼熱の金星では水はたちまち蒸発し、火星では金星同様に蒸発するか仮に残存しても氷結している可能性が高い。

宇宙の中で生命が誕生するのに適した環境と考えられている天文学上の領域を生命存在可能領域（ハビタブルゾーン）というが、太陽系の惑星では地球と火星だけが、この領域にある。広大な宇宙のこのきわめて限定された領域に位置することで、全球平均気温が10〜20℃というマイルドな気候に保たれている。それを実現するのが、気候変動を一定の振幅に収める「地球のからくり」である。

その詳細は、本書で詳しく論じていくが、端的にいえば、大気とそれ以外（海やマントルなど地中）の地球との間で、炭素のキャッチボールがうまい具合になされることで、気候の暴走にブレーキがかかるようなフィードバックシステムが働くのだ。

地球惑星科学の研究が進展するにつれて、このような気候を制御する「からくり」の存在が徐々に明らかになってきた。地球46億年のタイムスケールで、地球の気候がどのような変化を遂げてきたのかがわかってきたのは20世紀後半以降。スノーボールアース（雪玉地球）と呼ばれる、表面が赤道から極域まで凍りついた時期も何度か存在したが、炭素を含む二酸化炭素が地球内部から大気に供給されることでその状況を脱してきた。酸素が現在のレベルに達したおよそ5億〜6億年前から現在にかけては、全球凍結の危機は去り、より安定した状況が生み出されてきている。

大気中の二酸化炭素濃度が極端に増えると、恐竜が生きていた時代のように「温室地球」が生み出されたが、金星のような灼熱の世界に突入していく前にブレーキがかかり、タンパク質が変質を起こす温度よりも随分低い温度で安定した状態を保っている。生命の棲息には表面温度が0～60℃程度に保たれることが望ましいが、地球の気候変動はこのきわめて狭い領域にみごとに収まっているのだ。

地球46億年にわたるダイナミックな気候変動の全容が明らかになるにつれて、私たち地球気候を専門とする研究者たちは、地球の持つ気候変動を制御する「からくり」の一端を垣間見て、その精緻かつ絶妙なしくみに驚嘆し続けている。

ところが、ここにきて、この精密機械のような「からくり」に変調の兆しが現れている。原因は人間のもたらした環境変化、つまり化石燃料の燃焼による温室効果ガスの大気への放出だ。

過去260万年間にわたって地球は氷期と間氷期を繰り返してきたが、およそ250年前までの過去80万年間は、大気中の二酸化炭素濃度は氷期には約180～200ppm（ppmは100万分のいくらかを示す指標）の間に収まり、間氷期には約280ppmとほぼ一定であった。ところが、産業革命以降、大気中の二酸化炭素濃度は増え続けて2018年現在400ppmに達している。わずか250年たらずで1・4倍に急増したことになる。急激な二酸化炭素濃度上昇と連動するように、地球の平均気温は上昇している。国連の気候変動に関する政府間パネル（IPCC）の報告書によれば、地球の平均気温は2017年時点で産業革命前より1℃上昇し、2040年ごろのそれは1・5℃に達すると予測されている。

気温は一日で5～6℃変動するので、平均気温の1℃の上昇など取るに足りないと思いがちだが、その影響は決して軽んじるべきではない。ストックホルム大学ストックホルム・レジリエンス・センターの研究者などによるチームが2018年米国科学アカデミー紀要（PNAS）に発表した研究によると、全球平均の気温が産業革命前より1・5～2℃上昇すると、地球の気候は「ホットハウスアース」（灼熱地球）という新しいステージに変わり、長期的には産業革命以前より4～5℃高い全球平均で安定すると予測している。

地球温暖化は私たちの生活に重大な影響を与えると予測されるが、とりわけ深刻なのが、極域氷床の融解に伴う海面上昇だ。グリーンランド氷床は世界の平均海面を6m以上、南極氷床にいたっては70mほども上昇させる淡水を蓄えている。温暖化が進み、極域にある巨大氷床の融解が進めば、海面上昇は急激に進行していく。

現在、6億人を超える世界の人口が標高5m以下に住んでおり、多くの都市も海岸から100km以内に位置している。ちなみに東京駅の標高は3m程度、東京・江戸川区の面積の7割が満潮位以下のゼロメートル地帯と呼ばれる低地である。

前述の研究チームは、ホットハウスアースになると、海面水位は今日より10～60m上昇すると予測している。

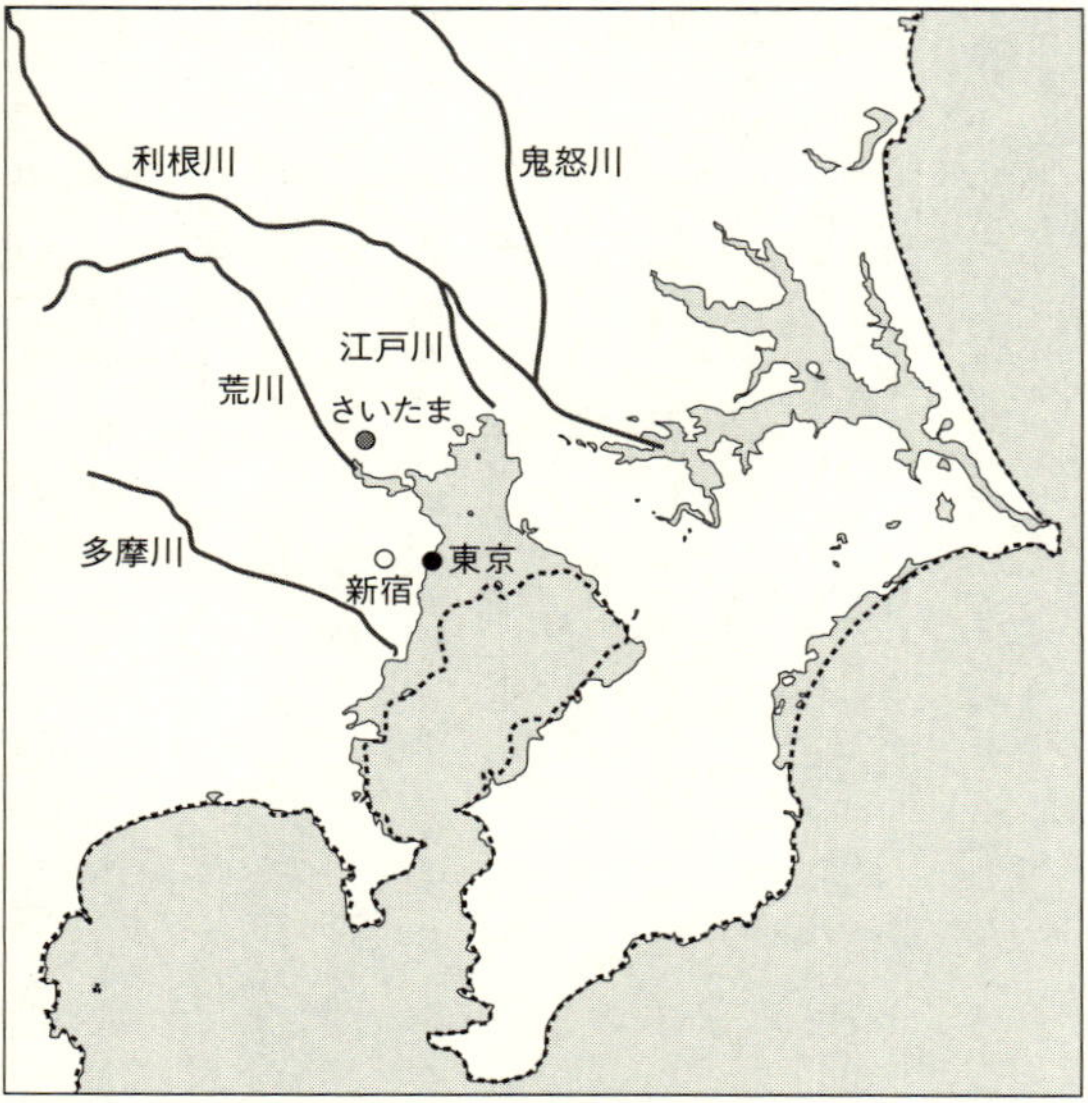

現在より海水面が5m上昇した場合の関東の地形図

上の図は、現在より海水面が5m上昇した場合の関東周辺の地形図だ。江東区や葛飾区などの東京都東部をはじめとする東京湾沿岸部から埼玉県東部までが水没してしまう。

氷床の融解が進んでいるといわれる南極の西側（西南極）の氷床が融けるだけで5m以上の海面上昇を起こすといわれており、決して非現実的な予測ではないことがご理解いただけるだろう。

地球温暖化により、今後、海面上昇がどのように進んでいくのかについては、いまだ研究途上であり、専門家の予測にもバラつきがある。IPCCも今後、海面上昇がどのようなペースで進んでいくのか、確定的な数字は出していない。しかし、人工衛星の50年に満たない観測値からも近年の極域氷床の量は減少傾向にあるのは間違いない。

私たちが目の当たりにしている、気候変動の振幅を抑える「からくり」の変調は、はたして、地球がもともと持っているリズムなのか、それとも人間がもたらした環境変化によるものなのか。

この問いに答えるためには、地球46億年の歴史を振り返り、気候変動を制御するフィードバックの機構を科学の視点で解明しなければならない。自然レベルでの気候変動がどのようなものなのかを理解できなければ、将来の気候変化を正確に予測することなど不可能だ。

それにしても人類が存在しない太古の気候の状態はどのようにして知ることができるのか。それは20世紀半ばに誕生した同位体分析に代表される分析化学的な手法の発達と、サンプルの回収技術の向上による。わずかに残された過去の痕跡を、「放射性炭素年代測定」などの手法を用いて正確に復元できるようになったのは、この70年あまりのことだ。ワトソンとクリックがＤＮＡの二重らせん構造を発見し、生物学にブレークスルーをもたらしたのは１９５３年だが、奇しくもその２年前にあたる１９５１年に地球惑星科学においても、二重らせんの発見に匹敵するような偉大なブレークスルーがなされた。シカゴ大学のハロルド・ユーリーらが、「同位体分別」の理論と分析技術を駆使して、白亜紀の地層から発見された生物化石から当時の気温を復元するこ候学」が確立された。この発見を皮切りに、太古の気候変動を復元する「古気候学」が確立された。

本書では、気候変動の研究に魅せられた科学者たちやその周辺の人々のエピソードを交えながら、研究の営みを紹介していく。

シャーロック・ホームズが犯行現場に残された僅かな証拠をたどることで真犯人を突き止めたように、科学者たちは、数少ない試料を手がかりに過去のダイナミックな気候の描像を明らかにしてきた。その醍醐味に魅せられて、多くの後進の研究者がこの分野の研究を進めてきた。筆者もその一人だが、この本を手にとった皆さんにも、最新の研究成果の一端を御覧いただき、そのライブ感と高揚感を味わっていただき、地球惑星科学の面白さを感じていただければと思う。

地球惑星科学や古気候学はいまだ手つかずの課題が残っているフロンティアが広がる数少ない科学領域だ。本書を読んでくださった読者の中から将来、このエキサイティングな科学研究の途を歩んでくれる方が生まれたら望外の幸せである。

それでは地球46億年の気候変動の謎を解き明かすミステリーツアーを始めよう。

２０１８年10月　著者

目次

第 1 章

気候変動のからくり

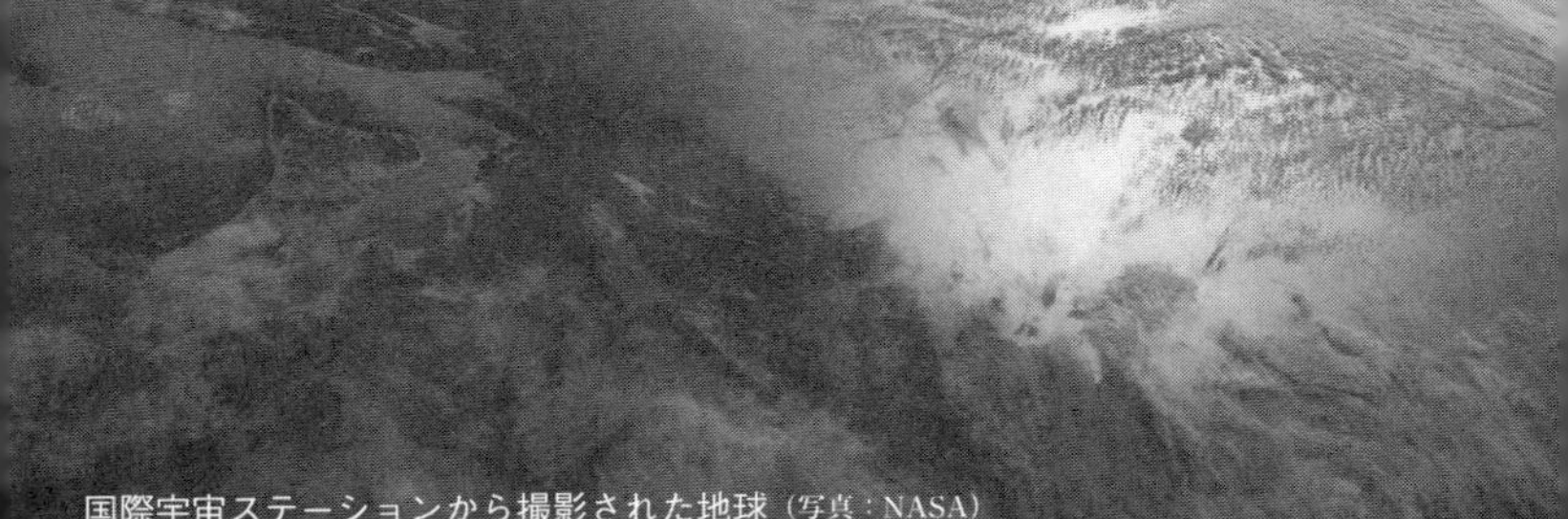

国際宇宙ステーションから撮影された地球（写真：NASA）

図1-1　ジョセフ・フーリエ

天才科学者たちを魅了した気候変動研究

地球の大気が、温暖な表層の環境を保つうえで重要な役割を担っていることを初めて指摘したのは、フランスの数学者で、熱の伝わり方を記述する方程式を導き出し、その解法にフーリエ解析という手法を考案したことでも有名なジョセフ・フーリエ男爵（1768〜1830）だった。彼は、ナポレオンのエジプト遠征に同行し、ロゼッタ・ストーンを発見したほか、政治的な才能を認められて知事に任命されるなど、科学者の枠を超えた多彩な経歴を持つ。数学および物理学の天才との印象が強いフーリエだが、地球の「気候変動のからくり」の存在にいち早く気づいた科学者でもあった。

彼は、地球に到達する太陽からの熱エネルギーと地球から出ていくエネルギーを計算することで、地球表層には熱を蓄積するシステムがあるはずだと考えたのだ。これが大気による温室効果作用についての初めての記述だった。

地球上に氷河期が存在したことは、今となっては小学生でも知る〝常識〟だが、２００年足らず前には、単なる想像でしかなかった。それでも、かつて地球に氷河期が存在したのではないかと考える研究者は、ヨーロッパに数多くいた。平地に位置するドイツ北部のバルト海沿岸部など、自分の身近なところに、はるか遠くの山岳地帯からもたらされたとするしか説明できない、様相の違う巨石が多く点在していたからだ。

図1-2　スヴァンテ・アレニウス

フーリエの計算から70年ほど経ったときに現れたスウェーデンのスヴァンテ・アレニウス（１８５９〜１９２７）もその一人である。彼は電解質の解離についての研究で１９０３年にノーベル化学賞を受賞し、物理化学の父としても知られているが、気候変動に関する研究にも取り組んでいたのだ。アレニウスは１８９６年に二酸化炭素の温室効果ガスとしての役割について論文を発表した。その昔、長期にわたって氷河がヨーロッパを覆っており、氷河を生み出した寒冷な気候は大気中の二酸化炭素濃度の低下によってもたらされたものだと結論づけたのだった。

アレニウスは、地球に入ってくる太陽光の反射率を指す「アルベド」を、北緯70度から南緯60度まで10度刻みで計算した。スキー場に行くとゲレンデの雪が反射する光でまぶしく、サングラスやゴーグルが必須であることを考えていただければ、アルベドが大きい白い雪面の反射がいかに強力なものか、想像がつくだろう。

アレニウスは、雲、雪、海洋のそれぞれのアルベドを算出し、雲量とアルベドの関係について研究を進めた。彼が計算に使用したパラメータの値は、現在使われているそれとほとんど変わりがないものだった。

大気中の二酸化炭素濃度の変化によって、地球の気温がどう変わるのかを調べるために、複数のシナリオを検討し、彼がようやくたどり着いた結論は、大気中の二酸化炭素濃度が急激に減少した結果、気候が寒冷化して氷河が形成されたというものだった。アレニウスの試算では、氷河期を引き起こすには5～6℃の表層気温の低下が必要で、そのためには大気二酸化炭素濃度を当時の大気レベルの50～65%にまで下げる必要があった。

現在の気候学では、大気中の二酸化炭素濃度が倍増し、十分に時間が経過した後に地球の表層気温がどう変化するかを示す指標のことを「気候感度」という。アレニウスのアプローチはまさにこれを先取りするものだった。ただし、彼の導き出した結論は、大気の吸収スペクトルに関して、当時のお世辞にも精度が高いとは言い難い、観測データを使っており、気候感度は実際よりも高く計算されたことがわかっている。

アレニウスの論文は多くの批判を浴びた。そのモデルがシンプルすぎるということが大きな原因だったが、用いられたさまざまなパラメータには大きな問題はなかったと思われる。彼の学説は、現在の気候システムモデルの計算でも問題となっているような点も考慮に入れており、１２０年以上前に提唱されたとは思えない精緻なものであった。

しかしながら、当時の科学者たちには二酸化炭素濃度のわずかな変化が地球の巨大なシステムを変えるだけの影響を与えるはずがないという先入観があり、アレニウスの論文は十分な支持を獲得するには至らなかった。

しばらく忘れ去られていた二酸化炭素と気候の関係が再び注目されたのは、20世紀に入ってからのことだった。モントリオールで生まれたギー・カレンダー（１８９８〜１９６４）は物理学者の父を持つ、蒸気機関のエンジニアだった。気象に興味を持ったカレンダーは、仕事の合間に趣味として自宅のあったイギリス南東部の都市サセックスで研究を進めた。

アレニウス同様の計算をノートと鉛筆で行い、確かに二酸化炭素濃度の上昇が気温上昇を引き起こすという結果を得た。その計算結果が正しいかどうか、彼はデータによる検証をしたいと考えた。世界の１４７ヵ所で観測された月平均気温のデータを集めた結果、１８８０年代から１９３０年代までの間に０・３℃上昇していることがわかった。また、当時の二酸化炭素濃度の観測データは現在ほど高精度のものではなかったが、1880年から1935年までに6％の上昇が見出された。この値は、彼の計算によると1500億トンの化石燃料の燃焼によってもたらされた二酸化炭素のほぼ4分の3が大気にとどまっていることを示していた。二酸化炭素の増加と気温の上昇は驚くべき一致を見せ、彼は石炭を燃やす人間活動で出された二酸化炭素と気温との強い相関関係を見出したのだった。

のちの研究では、地球の気温に人為起源温室効果ガスの影響が顕著に現れるのは、20世紀後半になってからということもわかってきたが、当時の技術と知識でこのレベルの結論を導き出したのは、驚くべきことだ。実際、のちに行われた極域の氷に閉じ込められた二酸化炭素の研究によっても、彼の結論が正しかったことが示されている。

カレンダーの主張もまた、アレニウスと同様、当時の科学者たちの賛同を得るのは難しかった。特に権威あるイギリス気象学会は批判的だった。アマチュアの技師が発表した論文、という偏見もあったのかもしれない。

カレンダーは彼の持つ物理学の知識を活かして、さらに地球表層の熱のバランスについて第一原理計算を行った。これは近似やパラメータなどを用いない〝正面突破〟のアプローチだった。アレニウスのそれとも類似していたが、カレンダーは大気を複数の層に分け、二酸化炭素の吸収スペクトルの最新の実験結果を使った。

彼が導き出した気候感度の計算結果、すなわち大気二酸化炭素濃度を2倍に上昇させて十分時間が経ったときの気温変化は「２℃の上昇」であった。この予測値は21世紀に入ってからのコンピュータを使った計算によるＩＰＣＣ（国連の気候変動に関する政府間パネル）の予測範囲（１・５～４・５℃）にも入っている。カレンダーの計算がいかに精緻なものであったかがわかる。

実際、彼の計算式を使って20世紀後半の気温を計算してみると、観測された気温変化を驚くほどよく表すことができた。

しかし、カレンダーが計算を行った当時は、人間が大気二酸化炭素を増加させても、海洋が吸収をするので影響は出ないはずだと考える研究者も多かった。

二酸化炭素が地球温暖化を引き起こす

スクリプス海洋研究所はカリフォルニア大学サンディエゴ校にある。海に面したそのキャンパスは、東海岸のウッズホール海洋研究所と並んでアメリカの海洋研究の聖地である。この研究所の所長を１９５０年から１９６４年まで務めたロジャー・レヴェルは、同研究所のハンス・ズースとともに１９５７年に注目すべき一本の論文を発表した。

それは大気中の二酸化炭素が海洋に吸収されるには、５年以上の時間がかかるという内容だった。レヴェルらは、海洋が二酸化炭素を吸収するスピードはそれまで唱えられてきた定説よりもはるかに遅く、大気中に滞留する二酸化炭素の温室効果は予想より大きいと主張した。彼らは、産業革命以降放出され続けている人為起源の二酸化炭素が今後増え続けると、さらなる気温上昇が起きると予測した。

彼らが分析に用いたのは、天然の試料中にごく微量存在する放射性同位体^{14}Cだった。^{14}Cは後述するノーベル賞受賞者のウィラード・リビーが提唱した放射性炭素年代測定法で使われている同位体である。地球大気には主に^{12}Cの質量を持つ炭素が存在し、じつに98・9％を占める。続く^{13}Cは1・1％ほど。これに対し、^{14}Cはわずか100億分の1％しか存在しない。この超微量の同位体が、地球上の炭素がどのような挙動をしているかを知るのに大きく役立つのである。

^{12}Cと^{13}Cが安定同位体であるのに対し、放射性同位体である^{14}Cは、放射線を放出して崩壊し、他の元素に変わる。^{14}Cは、地球の上層大気に入ってくる主に太陽系外からの高エネルギーの陽子と地球大気との相互作用で作られる。それは速やかに酸化され、二酸化炭素として地球全体に広がる。たとえば植物の光合成とともに、果実や草木に固定され、それらを食べる動物たちは、棲息している間、体の中に^{14}Cを取り込んでいく。^{14}Cが循環するのは生物ばかりではない。海や湖には大気中の二酸化炭素が溶け込んでおり、^{14}Cも取り込まれていくのだ。

大気中に一定の濃度で含まれる^{14}Cは生物体にほぼ同濃度で取り込まれる。生物が死ぬと、^{14}Cが取り込まれることはなくなり、半減期に従って減り続けるので、試料に含まれている^{14}Cの量を調べると、その生物が最後に^{14}Cを取り込んだ年代、すなわちその生物が生存していた年代がわかる。

ズースはレヴェルとの論文を発表する前に、すでに天然のサンプルを多く分析していた。彼らは、それらを^{14}C年代測定した場合、どのような特徴が出るのかを検討した。海の水が大気の二酸化炭素を時間差なく取り込むのだったら、海水中の二酸化炭素に含まれる^{14}Cは、光合成によって直接炭素を取り込む樹木の^{14}Cと同じになるはずである。彼らは、海水を測定すれば答えが得られると考えたが、当時の技術では、海水の^{14}Cの分析には約１０００リットルという大量の海水が必要だったため、表層に棲息する海藻や貝の^{14}Cを測定した。

すると、海水中の二酸化炭素に含まれる^{14}Cは、大気との^{14}C濃度差を年代に換算すると、光合成によって直接炭素を取り込む樹木の^{14}Cよりも４００年も古いという結果が出た。海水は大気から二酸化炭素を直接取り込めるわけではなく、また古い炭素を含む海洋中層の海水の影響を受ける。つまり海水に棲息する生物の殻などを使って測定された^{14}Cの年代値は見かけ上の値だったのだ。これは、^{14}Cを年代測定に使う際の大きな制約となった。大気や海洋に滞りなく一定の速度で分布が広がるのであれば、絶対的な年代値として扱うことが可能だが、物質によって取り込み形態が違う以上、データを分析する際にはこれを配慮しなければならない。

このように、データ補正が避けて通れないという制約はあるものの、^{14}C年代測定はきわめて強力なツールだった。^{14}Cは放射壊変を起こして、半減期５７３０年で窒素に変わっていくため、試料に残っているきわめて微量な^{14}Cを精密に測定すれば、最長で5万年程度の分析が可能になる。

ズースは木の年輪に刻まれている大気中の^{14}Cの変動を丹念に分析する中で、ある重大なことに気づいた。産業革命以降、人間が放出し続けてきた二酸化炭素の影響が見えたのだ。

石油や石炭などの化石燃料は、恐竜が生きていた数千万年前や新生代と呼ばれる数百万年前など、５万年を優に上回る時期に生成されたものであるため、放射壊変により^{14}Cはすべて窒素に変わっていて、燃焼しても^{14}Cはまったく発生しない。産業革命以降の２５０年で大気二酸化炭素濃度は45％も増えているが、^{14}Cはむしろわずかに減少していた。つまり、化石燃料を燃焼することで排出された二酸化炭素によって、大気中の^{14}Cの濃度が薄められてきたのだ。火山活動などによっても、^{14}Cが含まれていないガスが放出されるが、圧倒的に人為起源の二酸化炭素の放出量が多い。つまり、^{14}Cの希釈の影響は、ほぼ人間活動による二酸化炭素の放出によるものだと考えてよい。

このことは、大気二酸化炭素の濃度変化がとりもなおさず化石燃料の燃焼によってもたらされていることの直接的な証拠で「ズース効果」と呼ばれている。

大気二酸化炭素濃度を計測せよ

^{14}C年代測定法を駆使して、ズースとともにさまざまな発見をしたロジャー・レヴェルはその優れたリーダーシップを発揮して、スクリプス海洋研究所に大気二酸化炭素の長期モニタリング計画を始動させることにした。そこで白羽の矢が立ったのが、ノースウェスタン大の化学教室を出てカリフォルニア工科大で研究を行っていたチャールズ・キーリングだった。

化学と野外での活動が好きだったキーリングは、カリフォルニアの海岸近くの河川や大気の二酸化炭素の分析を、独自に開発した方法によって続けていた。大気中に約５万分の１しか存在しない微量な二酸化炭素を正確に測定するのは至難の業だった。実際、それまでに得られていた観測結果は、同じ装置を用いても１５０〜３００ppmとまちまちな結果で、信頼性に欠けるものだった。ところがキーリングが考案した計測法を用いると、どの場所で取られたサンプルでもきっちりと３１０ppmという値を示したのだ。

キーリングは温度、圧力、そして体積を精密に調整して、じつに０・１％の精度で分析することができる新しい装置の開発に成功し、１９５６年にはアメリカの気象庁長官の前で発表する機会を得た。タイミングが良いことに、国際地球物理学年（１９５７〜１９５８年）に合わせて大気二酸化炭素を精密測定する計画が持ち上がっていた。ちょうどレヴェルもこの国際的な精密測定計画に興味を持っていたため、キーリングに自分が所属するスクリプス海洋研究所に加わるように勧めたのだった。

キーリングは新しく赤外線を使った高精度分析手法を開発し、分析を開始した。大気の純粋な変動を観測するため、南極のほかハワイのビッグアイランドにあるマウナロア山頂に観測拠点を設けた。分析装置の立ち上げにはただならぬ苦労があったが、測定を続けるうちに奇妙な傾向に気づいた。二酸化炭素濃度が波を打つように一年のうちに上がったり下がったりしていたのだ。徐々に上がっていきピークに達するのは5月、反対に底を打つのは11月だった。これは北半球の植物が、春から夏にかけて成長する際に光合成を行って養分を作るため、二酸化炭素をせっせと取り込むせいで大気中の濃度が下がり、反対に冬はそれが行われないので増加するという現象を捉えているのだった。まるで人間が息をするように、地球も息をしているようだった。もう一つの重要な発見は、一昨年より昨年、昨年より今年といったように、二酸化炭素の濃度が徐々に増加している傾向を捉えたことである。

こうした重要な知見が相次いで得られたにもかかわらず、レヴェルは当初、二酸化炭素濃度の分析は1958年までの2年間行って、その10年後と20年後に再び測ればいいという算段をしていた。しかしキーリングの熱心な主張もあり、連続分析を行うことになった。また、途中で幾度となく訪れたリストラによる観測所閉鎖の危機も、なんとかくぐり抜けたため、現在までの連続記録が残っているのだ。キーリングが測定を開始した1957年には310ppmだった濃度が現在400ppmに達していることをデータに基づいてはっきりと語ることができるのも、このデータセットのおかげなのだ。

キーリングの観測結果は、１９８０年代後半以降得られた極地の氷に記録された過去の二酸化炭素レベルともみごとに一致していて、お互いのデータの信憑性確認のためにも大きな役割を果たしている。これが、「キーリングカーブ」として有名な人為起源の変化を含む、大気二酸化炭素濃度の連続観測データである。

炭素循環の壮大なサーモスタット

地球と金星と火星。どれも岩石でできた惑星として類似点のある天体の地表が、こうも大きく異なるのは、地球には超高性能の〝サーモスタット〟システムが働いているためである。

一般にサーモスタットとは、加温・冷却を制御することで対象物の温度を一定に保つための装置を指す。保温機能のあるお風呂のお湯がいつも快適なのは、設定温度になると加熱回路が切れる一方で、温度が下がりすぎると加熱回路が働き、温度を上昇させることによる。サーモスタットの発明は古く19世紀に遡るが、地球が暖かくなりすぎて金星のような状況にならないのは、自然においても同様なシステムが働いているからにほかならない。

地球のサーモスタットのからくりを解き明かそうとしたのがジム・ウォーカーであった。彼はイエール大学卒業後、コロンビア大学で博士号を取得したオーロラの研究者だった。研究を開始した1960年代後半は、月に人を最初に送り込むなど、アメリカが宇宙関係の研究開発に力を注いでいた時期であった。ウォーカーは、NASAのゴダード研究所などでポスドク時代を送った後、1974年からの6年間はプエルトリコのアレシボ天文台に勤務した。コーネル大学教授のカール・セーガンが積極的に行っていた地球外生命探査でも有名な天文台である。ウォーカーはその後、イエール大学で7年間教鞭をとり、中西部の五大湖のほとり、ミシガン大学に赴任した。ここで彼が行ったのは、もちろん宇宙や上層大気についての研究もあったのだが、むしろ畑違いともいえる地球気候に関する研究のほうが彼の名を世界に知らしめることになった。

ウォーカーが見いだしたのが、地球表層で行われる炭素循環の壮大なサーモスタットの存在だった。彼は、地球表層には、二酸化炭素の濃度を一定の範囲に抑えるような仕組みが存在し、正と負のフィードバック機構があると主張した。ある現象をひきおこすきっかけとなる事象（トリガー）に対してそれを増幅させる作用を「正のフィードバック」とよぶ（小さい声で話しても大きく音を出してくれるマイクのようなシステム）。例えば、寒くなって雪が増えると熱の反射が増幅され、寒冷化が進行するのは、「アイス-アルベドフィードバック」と呼ばれる機構が働くからで、これが歯止めなく進むと、全球が凍結して「スノーボールアース」になる。

これに対し、気候を温暖化させるしくみには、火山活動を通じた地中の火山ガスの供給があげられる。地球内部ではマントル対流が起きており、ほぼ継続的に二酸化炭素が火山ガスとして大気中に放出されている。これが続けば、大気中の二酸化炭素濃度がどんどん増加していき、温室効果により、地球表層の気温が急激に上昇していくことになるが、実際にはそのようにはならない。温暖化を打ち消す、負のフィードバック機構が働くからだ。

大気中の二酸化炭素濃度を下げる負のフィードバックをもたらすのが、岩石の「風化」作用だ（図１-３、35ページ）。表層に存在する陸上の岩石は、もともとは地球の内部において高温高圧で形成されたものだ。それらは、地中にある限り、空気と水に同時にさらされることはない。しかし、地中にあった岩石がプレートテクトニクスなどの機構で地表に押し出されると、空気と水に同時にさらされる。ここで起きるのが「風化」作用だ。水や空気などの働きで、地表の岩石が破壊・劣化する現象である。

主に二酸化炭素からなる温室効果ガスによる温暖化で表層気温が上がると、海水が蒸発して水蒸気になり降水をもたらす。二酸化炭素は水に溶けやすく、炭酸になって、地球表層の主要な造岩鉱物であるケイ酸塩鉱物の風化（ケイ酸塩風化）を起こす。その過程で、大気中から二酸化炭素が取り除かれる（図１-３①）。一方、地球表層には炭酸塩鉱物も存在し、風化（炭酸塩風化）が起きると同様に大気中の二酸化炭素を消費する（図１-３②）。ただし、炭酸塩鉱物は河川を通じて海洋に流れ込み沈殿反応を起こす。この際に逆反応を起こし、二酸化炭素を発生するため、炭酸塩鉱物の風化による二酸化炭素の削減効果は相殺されてしまう（図１-３③）。

すなわち地球上の炭素循環において重要なプロセスは、ケイ酸塩風化によって生成された陽イオンや重炭酸イオンが最終的に炭酸塩として沈殿することで、結果的に大気中の二酸化炭素が大気中から取り除かれる反応だ。

一連の反応が進むと、大気中の二酸化炭素濃度が低下することから、温室効果ガスの影響が小さくなり、表層気温は下がる。表層気温が下がると降水の減少などとともに風化作用も抑えられ、ケイ酸塩風化が減少することで逆に大気中の二酸化炭素濃度は上昇する。そこでウォーカーは、地球には、二酸化炭素のやり取りを通じた壮大な気候の安定化メカニズムが存在すると考えたのだ。

この仕事には、ポスドクとして当時ミシガン大学にいた、惑星大気の研究で有名なジム・キャスティングも参戦した。1981年、ジム・ウォーカーを筆頭著者に、コロラドのアメリカ大気研究センター（NCAR）に異動したキャスティングも共著者となって論文が発表された。この、いわば自然の〝サーモスタット〟というべきサイクルは「ウォーカーフィードバック」と呼ばれ、地球表層の気候（つまり気温）を安定させる機構であることが知られるようになったのである。

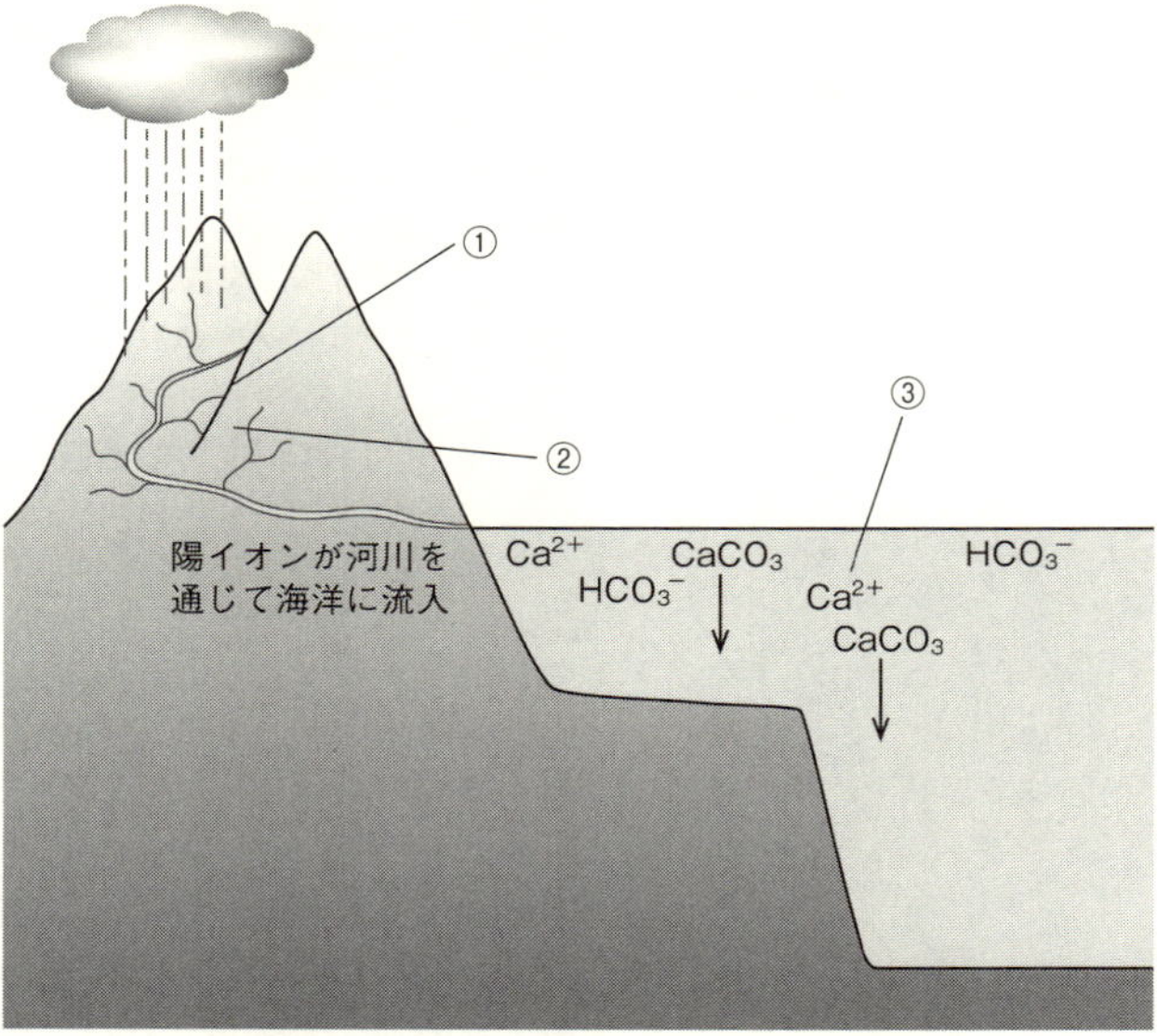

①ケイ酸塩鉱物の風化

$CaSiO_3 + 2CO_2 + 3H_2O \rightarrow Ca^{2+} + 2HCO_3^- + H_4SiO_4$

②炭酸塩鉱物の風化

$CaCO_3 + CO_2 + H_2O \rightarrow Ca^{2+} + 2HCO_3^-$

③海洋における炭酸塩沈殿反応

$Ca^{2+} + 2HCO_3^- \rightarrow CaCO_3 + CO_2 + H_2O$

---

①～③ 正味の反応

$CaSiO_3 + CO_2 + 2H_2O \rightarrow CaCO_3 + H_4SiO_4$

つまり正味の反応としてはケイ酸塩の風化と炭酸塩の生成が重要な反応である

図1-3　風化により大気中の二酸化炭素が海洋に固定されるしくみ

冷えすぎるとスノーボールに

前述したとおり、ウォーカーフィードバックにおいて冷却機能に相当するのが「二酸化炭素除去システム」である。二酸化炭素は温室効果ガスであり、これを取り除くことで地球表層の気温を下げることができる。仮にこのフィードバックが効きすぎるとどうなるだろうか。

二酸化炭素が減少していくと、徐々に地球表層の気温は低下し、地表の多くが雪や氷で覆われるようになる。前述したように、表面が氷に覆われるとアルベドが増大し、太陽光が反射されてしまうので地球はますます冷えていく。このサイクルに歯止めがかからなくなると、地球はどんどん寒冷化していく。

カリフォルニア工科大学教授のジョー・カーシュビンクやハーバード大学教授のポール・ホフマンらは、１９９０年代前半に、過去に何度か地球全体が真っ白い氷に覆われたという「スノーボールアース」仮説を提唱した（スノーボールとは、いわゆる雪合戦で使う雪の玉を指す）。カーシュビンクは、岩石に残された古地磁気を使った過去の緯度情報分析から、赤道域も巨大な氷に覆われていたことを証明した。

時を同じくして、モデリングを使った研究でスノーボールアースのメカニズムなどを研究していた（というか現在も継続中）、東京大学の田近英一は、氷に覆われた時代の表層気温はマイナス40℃にも下がったとの計算結果を得ている。

寒冷化により、地球表層が氷で覆われ、アルベドが高まると太陽からの熱が反射され、さらなる寒冷化が進む。こうした循環ははてしなく続くように思われるが、炭素循環の枠組みまで考えると、ここでも地球の強力なサーモスタット機構が働く。実は、表層の気温が氷点の０℃近くまで下がると風化効率はほとんどゼロに近くなる。つまり、大気中にある二酸化炭素を除去できなくなるのだ。

その一方で、地球では、火山などから継続的に二酸化炭素を含むガスが大気に排出されるため、大気中の二酸化炭素濃度は徐々に高まってくる。温室効果ガスが増えてくれば、次第に地球表層の気温も上昇し、地表を覆っている雪や氷が融けて、アルベドも減少する。全球凍結からの脱出は、数千年スケールで大気に二酸化炭素が蓄積された結果、温暖化が進行して、熱帯の海域にある氷床を融解させ、黒っぽい海面を露出させることで気候の針を急激に逆回転させるという、いわば気候モードのジャンプを引き起こすことである。このようにして一方的に進んできた寒冷化にブレーキがかかり、温暖化への逆回転が始まり、スノーボールアースの時代は終わりを告げることになる。

以上の説明からわかるとおり、地球の気候を調整するシステムにはきわめて精緻な〝サーモスタット〟が存在し、地球表層を生物がなんとか棲息できるマイルドな環境に保っている。

ただし、この〝サーモスタット〟は、私たち人類の理解がおよそ及ばない時間スケールで駆動するシステムであることを考慮する必要がある。地球誕生から現在に至る46億年、地球の気候はダイナミックに変動してきた。現在の地球のように表層のどこかに氷床（南極やグリーンランド）が存在するアイスハウス期、恐竜や巨大爬虫《はちゅう》類が陸空海のどこにでもいた白亜紀のように、氷床がまったくなく、大気の二酸化炭素濃度が現在の4倍以上あり温暖だったグリーンハウス期、地球が完全に凍っていたとされるスノーボール期などは、いずれも数百万〜数千万年以上継続した。

こうした長期のスパンで続く地球の気候のベースラインを決めるのには、太陽光など外部からの入力の変化や、固体地球からの炭素の供給による温室効果ガスの増加、陸域の風化による大気二酸化炭素レベルの低下メカニズムなどが関係している。

一方で、数千年や数百年など比較的短い時間スケールでの気候変動には、活発な火山活動など固体地球の影響よりも、基本的には大気と海洋、それに陸上生態系の間での炭素のやり取りによる大気二酸化炭素濃度の調整によってコントロールされている。

エキソジェニックシステムとエンドジェニックシステム

風林火山

ご存じ戦国時代の武将、武田信玄の軍旗に記されたとされる文言だ。孫子の一節から引用された文章に「疾きこと風の如く」と「動かざること山の如し」という相対するたとえがある。言い得て妙で、地球の気候変動システムもこの故事に通じるところがある。風や海などの流体は短い時間スケールで移動し、熱や物を短時間で運ぶ。一方で、固体地球の変動は桁違いにゆっくりであるため、その変化はほとんどわからない。しかし物質を貯留する保管庫としては巨大なため、長期的には地球表層に大きな影響を与える。

気候システムでは短い時間スケールでみて重要な大気海洋雪氷圏を「エキソジェニックシステム」（外的システム）と呼び、１０００万年を超える超長期の気候システムで、バックグラウンドで気候の形成を担っている固体地球を「エンドジェニックシステム」（内的システム）と呼んでいる。核、マントル、地殻などが固体地球に該当する。

46億年前の地球誕生から３４００万年前のアイスハウス突入まではエンドジェニックシステムによる地球気候を考えていくとわかりやすい。一方、地球の大陸配置が現在とほぼ同じになった私たちが生きている第四紀（２５８万８０００年前から現在）は、エキソジェニックシステムによるコントロールに注目すると理解しやすいと思われる。ただ、どちらの時代でも両方のシステムが並行して作用しており、着目する現象のタイムスケールの違いによるのだということを覚えておいていただければありがたい。

　第2章以降、地球の気候の解明に取り組んできた科学者たちの営みについて解説していくが、その際には「エンドジェニックシステム」「エキソジェニックシステム」がどのように働いているのかを意識して読み進めていただきたい。

　地球気候システムの中に入力されるエネルギーとそこから出ていくエネルギーのバランス、それに海洋や雪氷圏などのサブシステムが持つ、さまざまな機構が関係しあって地球環境が成り立っている。特にシグナルを増幅させる正のフィードバック作用と抑える機能を持つ負のフィードバック作用の微妙な関係が重要である。

第2章

太古の気温を復元する

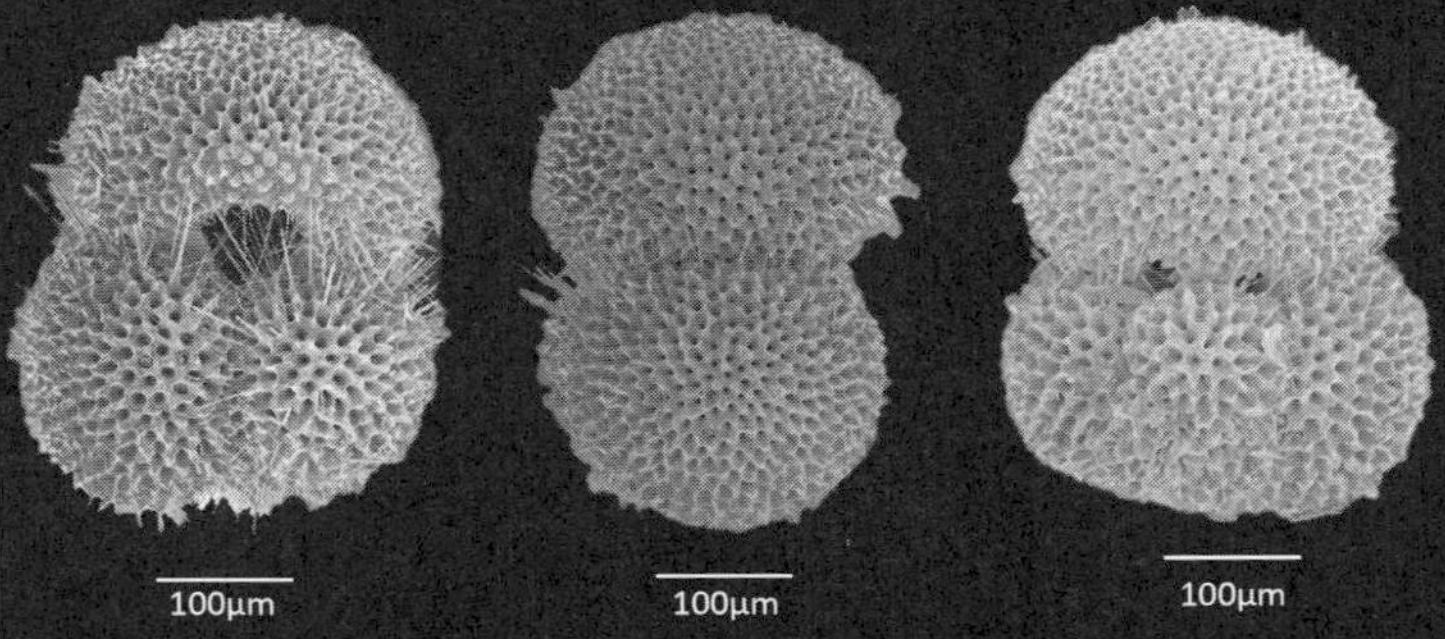

太古の海水温の情報を記録した浮遊性有孔虫の殻（写真：黒柳あずみ博士提供）

地球が誕生してから46億年、悠久の時の流れの中で、地球の気候はどのような変遷を経てきたのだろうか。きわめてシンプルな問いかけだが、これに答えるのは難しい。

人類で初めて温度計を発明したのは、地動説を唱えた、かのガリレオ・ガリレイだといわれる。1592年に発明された温度計は、目盛りすらなく、温度変化があったことだけがわかる原始的なものであった。

温度計の歴史はたかだか400年あまり、地球の気温を正確に測定できるようになったのはごく最近のことで、地球46億年間の気候変動を知ることなど、夢のまた夢のように思われる。しかし、現代科学は、この不可能にも思えるミッションをみごとに成し遂げた。

図2-1は、地球誕生から現在に至るまでの大まかな気温の推移をグラフ化したものだ。恐竜が棲息した中生代白亜紀の平均気温は今より10℃以上も高かった……なんてことまでわかるのだ。図2-2は、南極の氷床コアから得られたデータをもとに算出した、過去65万年間の気候変動を示したグラフだ。これを見ると、地球は約10万年周期で氷期と間氷期を5回以上繰り返してきたことがわかる。現在は間氷期と呼ばれる温暖な時代で、南極とグリーンランドにだけ巨大な氷（氷床）が存在するが、氷期には北米や北欧、南米などにも氷床が存在していた。

それにしても、人類が存在しなかった太古の地球の気温がなぜここまで詳しくわかるのだろうか。ブレークスルーのきっかけを作ったのは、科学史に名を遺す一人の天才科学者だった。

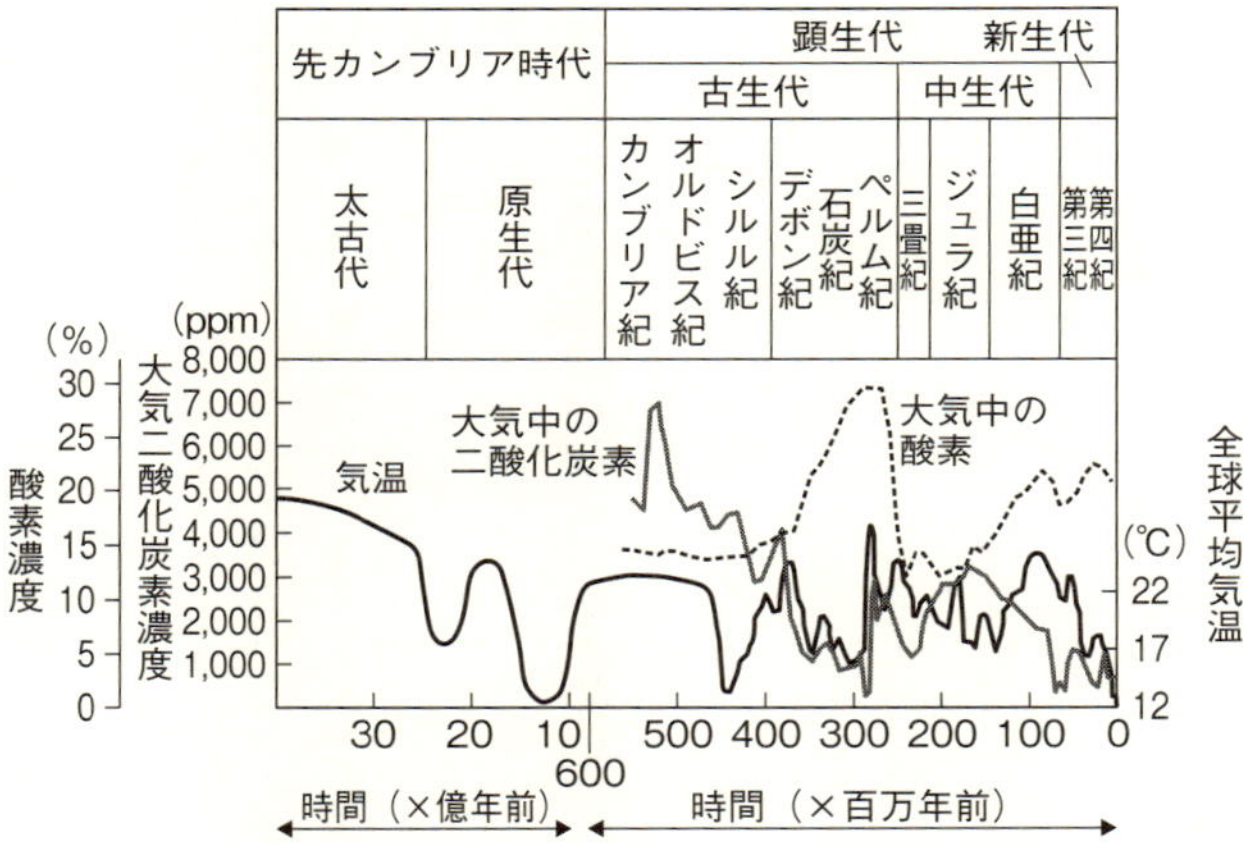

図2-1
地球史を通しての気温と二酸化炭素、酸素濃度変化についての簡略図

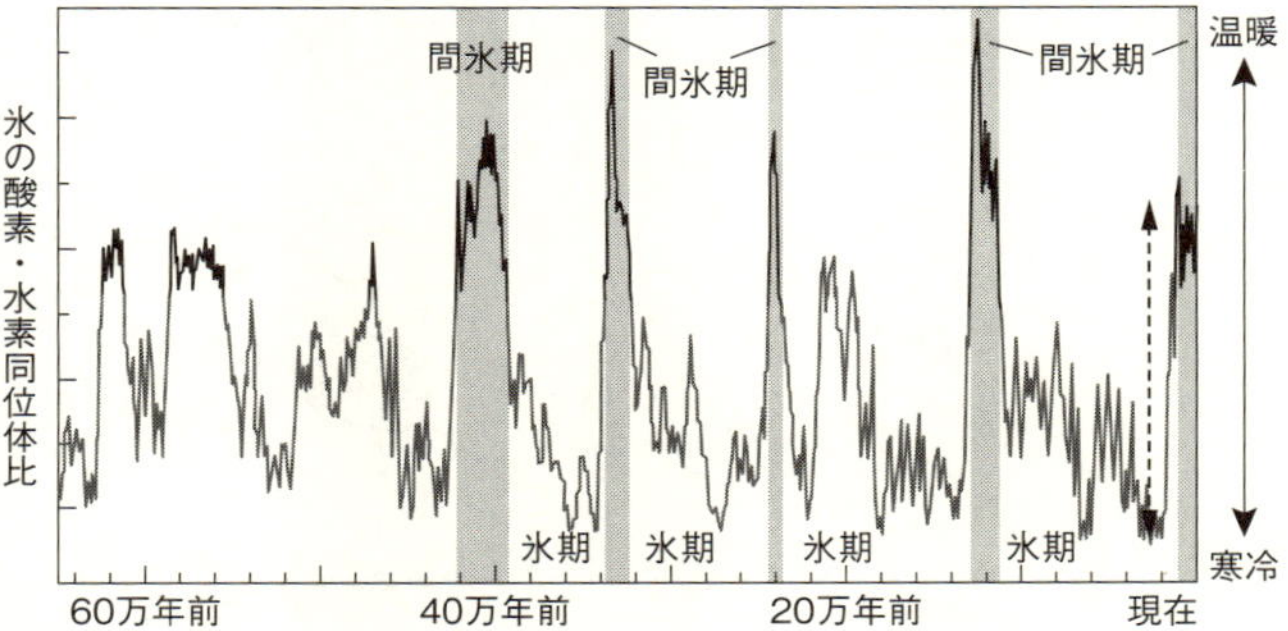

図2-2　南極の氷に記録された過去65万年における気温の変動

地球に刻まれた気温を復元するきっかけを作った人物は、広島・長崎に原爆を投下したアメリカのマンハッタン計画に関与したことでも知られるハロルド・ユーリーだ。ユーリーは、「同位体温度計」を発明することで、現在に連なる古気候研究や惑星科学の礎を成した。このイノベーションによって、気候変動を対象とする学問の新たなる地平が一気に広がったのである。

本章では、天才科学者ユーリーが発明した太古の気温を計測する「同位体温度計」の誕生をめぐる物語を紹介したい。

古気候研究に新たなフロンティアを拓いたユーリー

ユーリーは1893年にアメリカ中西部のインディアナ州に生まれた。父親は牧師でもあり教師でもあったが、彼が小学生のころに他界した。

厳しい経済環境もあり、中学までは留年しないで単位を取るのに精一杯だったが、高校時代の熱心な先生の影響で、勉学に興味を持つようになり、体育を除いてすべてトップの成績を取るまでになった。高校卒業後は1年間、25名の生徒しかいない地元の学校で教職に就くが、その後、家族でモンタナに移り住む。23歳のころに、一念発起してモンタナ大学に入学、通常なら4年かかるところを3年で卒業した。鉄道建設の作業員やウエイターなどの副業が欠かせない厳しい経済状況ゆえのやむを得ない選択だったが、彼の飛び抜けた知能がなければ成しえるものではなかったろう。

大学で大きな影響を受けたのが、学生生活や勉強の相談に乗っていたブレイ教授だ。「複数の専門分野を持て」との教授からの助言を受け入れ、ユーリーはダブルメージャー（2つの専門課程取得）の科目の一つとして生物学（動物学）を選んだ。彼の卒論のプロジェクトはミズーラ川から採取されたアメーバーなどの原生動物を使った研究であった。

ブレイは一方で、化学の重要性も諭し、ユーリーは、〝看板〟となる化学をもう一つのメージャーとして選ぶことになる。のちに、化学者として名声を確立したユーリーが、生物を宿す地球や環境への研究に転身したのは、若き日に受けたブレイの薫陶が大きかったのではと思われる。

図2-3　ハロルド・ユーリー

メンター（指導者）の重要性と教育の大きな可能性について思い知らされる。

モンタナで学生生活を送った当時は第一次世界大戦の最中、１９１７年にはアメリカも参戦を表明し、軍需景気に沸く産業界は化学技師を広く求めていた。ユーリーも卒業後、フィラデルフィアの化学工場にてＴＮＴ火薬の製造に携わることになる。

大戦終了後の2年間はモンタナ大学の実験助手として

勤めたが、アカデミックな職を今後続けていくためにはPhD（博士の学位）が必要になると考え、転身を決意する。

ユーリーは、化学専攻の責任者に依頼し、カリフォルニア大学バークレー校の著名な化学者、ギルバート・ルイスに紹介状を書いてもらい、奨学金を得て、サンフランシスコのベイエリアに移ることになった。

バークレーでの博士研究時代は充実していたが、ユーリーはそれに満足することはなかった。当時、最先端だった原子や分子についての量子力学的アプローチの知識を深めるべきだと考え、デンマークのニールス・ボーア研究所に移り、ヴェルナー・ハイゼンベルクらと研究を行う。アルバート・アインシュタインと知り合いになったのもこのころである。

ユーリーは、1924年に米国に戻り、ジョンズ・ホプキンス大学を経て、コロンビア大学の教授となった。そこで重水素の単離に成功し、その功績で1934年にノーベル化学賞を受賞する。カリフォルニア大学出身者としては初めての受賞者となった。

第二次世界大戦ではその功績を買われてマンハッタン計画に参加し、重水素の研究成果を応用して、特定の同位体を分離する手法の開発に成功。ウランの同位体から、原爆の原材料となるウラン235のみを得るためのガス拡散法を開発し、原子爆弾の実現に多大な貢献をした。

しかし、ユーリーは、大戦終了後、兵器戦争に対する懸念から、戦争反対の姿勢を一貫して示した。戦後はシカゴ大学に研究の拠点を移し、軍事や原子力研究から距離を置き、新しいテーマについて取り組んでいった。

同位体温度計の開発

シカゴ大学でユーリーが没頭したのは「同位体温度計」の開発だった。彼は、これまでに培ってきた同位体の知識を古気温の復元のツールとして使えないかという考えを温めていた。

同位体について簡単に説明しよう。

原子は、原子核（＋）とそれを取り巻く電子（－）によって構成される。さらに、原子核は陽子（＋）と中性子（±）からなる。元素の持つ化学的性質は陽子の数によって決まるため、元素の原子番号は陽子の数で表すことになっている。しかし、同じ元素であっても、中性子の数は一様でなく、同じ元素でも異なる同位体（isotope）が生じる。１９１３年、Ｊ・Ｊ・トムソンがNe（ネオン）に質量の違う2つの同位体が存在することを発見し、翌年にソディーによって説明がなされたものだ。

陽子は中性子とともに原子核を構成するが、周りを回るマイナスの電荷を持つ電子とバランスを保ち、元素の電荷はプラスマイナス0となっている。中性子は電気的に「中性」であるが質量を持つ。前述したように中性子の数にバラツキがあり、それぞれの同位体は、その存在比率が異

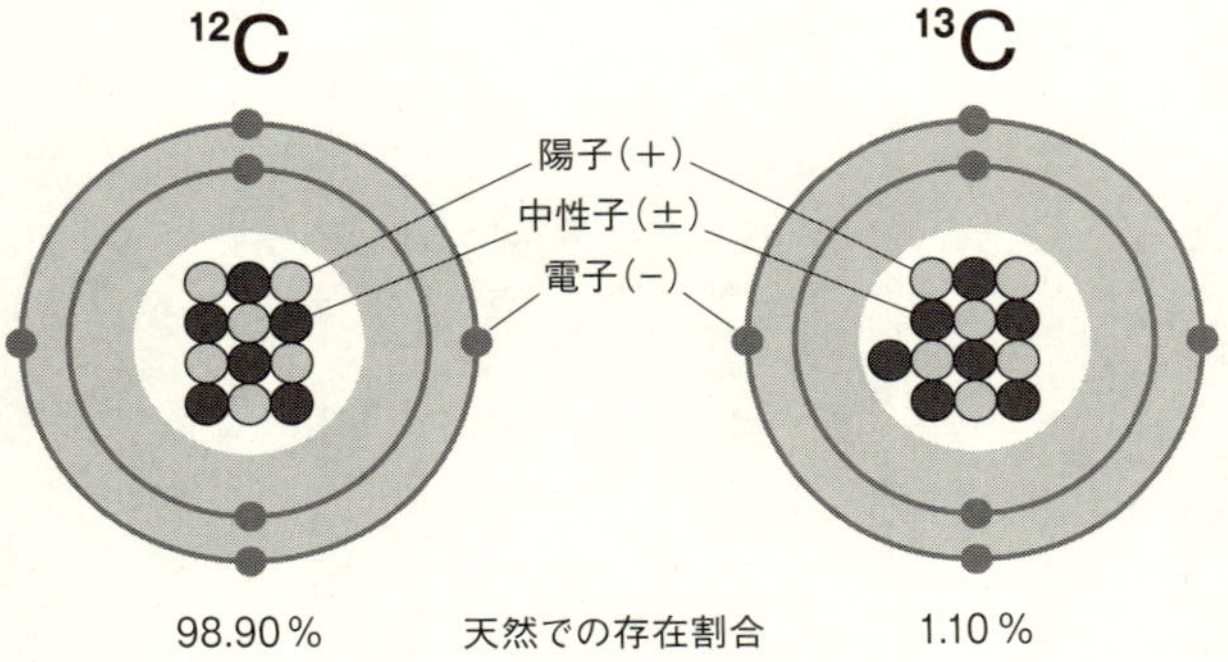

図2-4　炭素同位体

なる。

たとえば炭素には、15種類もの同位体が存在する。最も存在比率が高いのが^{12}Cで98・9%、これに続くのが^{13}Cで1・1%である。^{12}C、^{13}Cは陽子の数はいずれも6個で同じにもかかわらず、中性子の数は^{12}Cが6個、^{13}Cが7個と異なるため、1モル（$=6.02\times10^{23}$個）を集めると^{12}Cが12g、^{13}Cが13gとなる。

同位体は陽子の数が同じなので化学的性質は同じだが、反応の進み方に違いがあるため、化学反応の前と後で同位体比が変わり、その差は質量比に依存する（つまり軽い同位体ほど大きな存在度変化をもたらす。すなわち^{2}H／^{1}Hが最も大きい）。この違いのことを同位体効果（isotope effect）といい、これによりもたらされる同位体比の変化を同位体分別（isotope fractionation）と呼ぶ。地球上で起こる天然の同位体分別には、①同位体交換反応、②反応速度、③分子拡散の3つが存在する。

①の同位体交換反応については、平衡論的現象であることが知られている。ここで平衡定数（つまり同位体分別係数）は温度の関数となっているため、同位体交換反応の情報が記録された試料を使えば過去の水温の情報が取り出せる。

物質ａと物質ｂの同位体比をそれぞれR_a、R_bとしたとき、両者での同位体分別は以下のように表されることが知られている。

$$\alpha_{a\text{-}b} = R_a/R_b$$

ここでαとして表したのが同位体分別係数で、これは相互作用の前後の実測値として求めることができる。Rは存在比率が最も大きい同位体の質量を分母にとり、$^{13}C/^{12}C$や$^{18}O/^{16}O$のように表される。

ユーリーが目をつけたのはこの同位体効果であった。海水と炭酸カルシウムの酸素のやり取りは、どちらの方向にも進むことができる平衡反応であることから、それぞれの同位体がどれだけ存在する状態が安定かということに着目したのだ。それは温度に依存するため、温度計として利用することができると考えたのだった。

また②の反応速度については、たとえば氷期と間氷期が繰り返し起こっていたことを明らかに

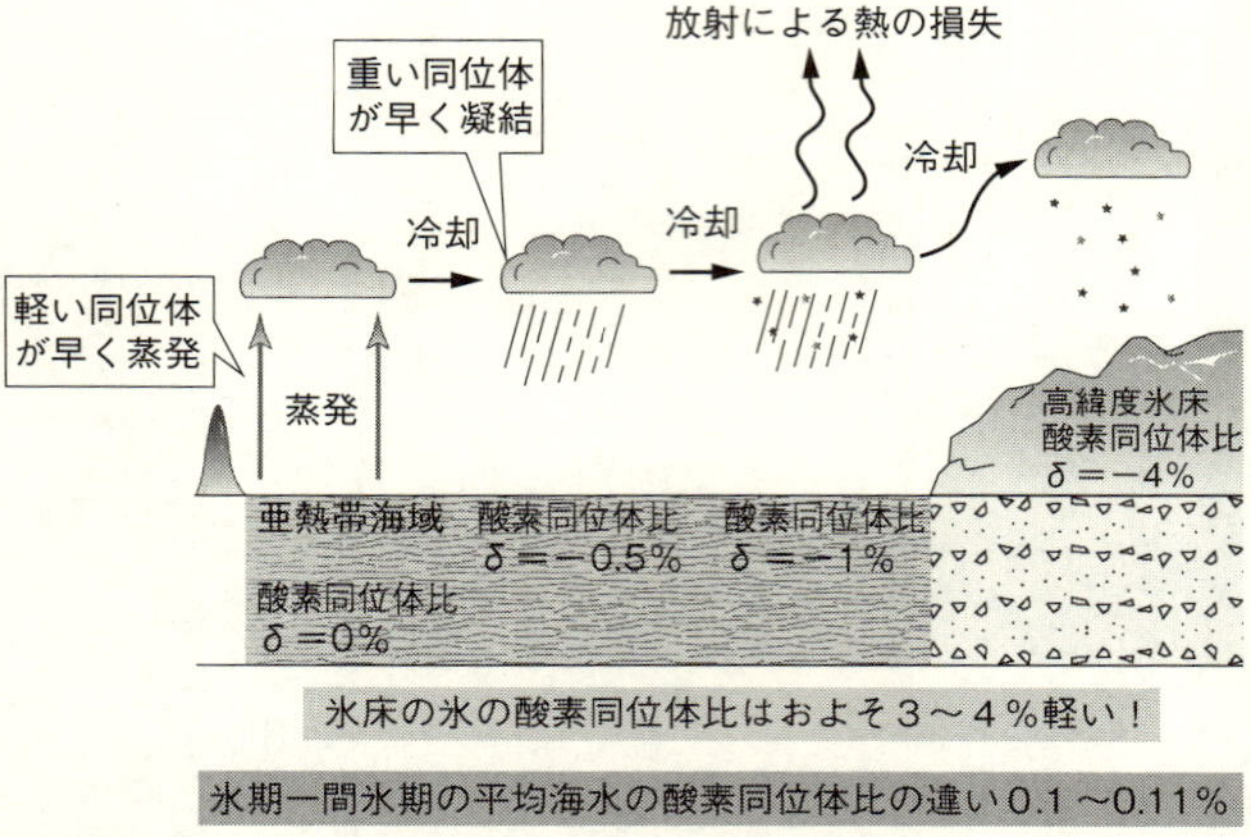

δは標準物質（平均海水の酸素同位体比）に対してのズレを表す

図2-5　氷床に含まれる氷の酸素同位体比が低くなるしくみ

した、海水の酸素同位体比の変化が良い例だ。温かい海水の表面では水蒸気が蒸発して雲を作る。その際には軽い同位体が早く蒸発するため、雲には軽い同位体が移動しやすい。しかし雲から降水が起こる際、つまり水蒸気が凝結する際は、降水には重い同位体が移動しやすい。これは、同じH_2OでもHの1と2の質量数を持つ同位体、Oの16や18といった異なる質量数を持つ同位体の組み合わせで水分子の飽和蒸気圧が異なるためだ。ほとんど変化がなく、一般に$\alpha=1$に近い状態であることが多い①とは異なり、反応速度の差によって大きな変動が起こることのある②は、しばしば「レイリーモデル」とか「レイリーの蒸留モデル」といった呼び方をされる。

地球上の水循環は暖かい中低緯度域から寒い高緯度域へと熱が運ばれる輸送経路と大まかに一致しているので、高緯度に形成される氷期の氷には、より軽い同位体を持つ雪から形成された氷が閉じ込められる。つまりこの氷床がとけた後の現在のような間氷期の海水は、氷期のそれより相対的に軽い同位体の水を持つことになる。

したがって、その海水を使って骨格を作る貝やサンゴ、プランクトンなどの殻にはそのシグナルが残っている。ケンブリッジ大学のシャックルトンはこの現象に着目し、微化石と呼ばれるプランクトンの化石から、氷床量を復元することに成功するが、これについては後述する。

同位体の存在比率は、分子や原子の結合が壊れたり、分子が拡散したりするときに起こる同位体効果によって変動する。これが③の分子拡散である。詳しい説明は省略するが、③は、①や②で得られた古気温のデータを補正する際などに活用される。このように天然では、①〜③の同位体効果が組み合わさって起こっていることが多いが、精度の高い細かな分析により、その絡まった糸を解きほぐすことができ、過去の気温や水温の復元ができるのである。

このような同位体分別の現象に注目したユーリーは、化合物中の同位体比を調べることで、その化石を作る化合物が形成された際の気温が推定できると考えた。同位体比を固定した（記録した）サンプルがあれば、古気温（もしくは古水温）の情報が同位体比の情報の中に保存されていることになる。古水温の情報を保存したサンプルとしては、当時の海水中にいた生物の化石などがあげられる。

生物化石の代表格であるサンゴや貝を例に考えてみよう。サンゴの骨格や貝の殻は、炭酸カルシウムという物質からできている。炭酸カルシウムの原材料となる、炭酸イオンとカルシウムイオンは水中から取り込まれる。サンゴの骨格や殻を構成する元素の同位体比は同位体分別が起きた当時の水温に依存するので、そこから当時の海水の水温が推定できるわけだ。

化石が保存されていた地層などの情報でサンプルが形成された年代が特定できれば、同位体分別で記録された水温と年代の情報がリンクして、古水温の情報が復元できる。言われてみれば単純な理屈であるが、このことにいち早く気づいたユーリーの慧眼は驚嘆に値する。

第二次世界大戦後まもない1947年、ユーリーは、物質の間の同位体の移動に関する、注目すべき論文を発表する。同位体分別について理論的な計算を行い、酸素同位体比法による古水温推定の可能性を指摘したのである。生物学に造詣の深いユーリーは、恐竜の絶滅に興味を抱き、その原因は急激な温度変化であると考えていたといわれる。彼が開発した「同位体分別」の理論を応用した「温度計」が開発できれば、恐竜が繁栄した時代と絶滅した当時の気温を復元できるので、その仮説を証明する手がかりが得られる。しかし、論文が発表された1947年時点では「同位体温度計」は思考実験の域を出るものではなく、実体を伴ったものではなかった。

一般に科学の分野では仮説や理論を実証して初めて定理として成り立つ。しかし彼の計算では

2〜3‰（パーミル）つまり0・2〜0・3％（パーセント）の精度で測定しなければならないという高いハードルをクリアしなければならなかった。

３つの壁を乗り越えなければそれを達成できないことは自明であった。１つ目は精密な測定装置。質量分析装置はまだ黎明期で、隣国カナダには国じゅう探してもたった1台しか存在しない貴重なものだった。２つ目は質量分析装置に導入するための高真空前処理装置の開発。質量分析装置は試料を酸で反応させ、ガスの状態にして測定する。試料中に残された「過去の痕跡」を正しく引き出すためには、試料をできるだけ純粋なガスの状態に変えてから質量分析装置に導入する必要がある。実験の反応が100％でなければオリジナルの天然試料の同位体記録を書き換えてしまうことになるからだ。３つ目が最も高いハードルだった。上記の研究を進めることができる高い化学の知識と実験のテクニックを持ち、ユーリーとともに困難な実験を乗り越える忍耐強い精神力を持ち合わせたパートナーだ。

隣国にいたキーパースン

サムエル（サム）・エプスタインは、東ヨーロッパのベラルーシで生まれた。ユダヤ系だったエプスタイン一家は、第一次世界大戦での過酷な生活から逃れるために、当時のソビエト連邦を通り、他国に移住しようとした。この試みは失敗に終わるが、その後の父親の決断により、一家は

図2-6
サムエル（サム）・エプスタイン
（アメリカ科学アカデミーのトリビュート〈2008年〉より転載）

大西洋を渡り、カナダに移住した。これにより、エプスタインは、第二次世界大戦中に対岸で起こったユダヤ系の人々の困難を経験せずに済み、彼は晩年これを、彼の人生を変えた一つのターニングポイントとして両親の英断に感謝している。

しかし、カナダに渡った一家の暮らしは、経済的な安定とは程遠いものであった。エプスタインの母親は、移住によるストレスと第一次世界大戦中の恐怖に満ちた貧困生活に疲弊し、体調を崩し、カナダに移住してまもなくこの世を去った。

エプスタインは大学院で化学を専攻、修士論文は「セレニウムの異なる温度での融解と物性に関する研究」であった。彼の指導教員であったキャンベルは、エプスタインの将来を嘱望し、当時カナダで博士課程のあった2つしかない大学のうちの一つである、カナダ北東の街モントリオールのマギル大学への進学を後押しした。

博士課程への入学許可通知を受け取った彼は、ウィニペグからモントリオールまでの電車代を工面できず、電車の中でフルーツや食べ物を売るアルバイトをしながら移動した。到着した彼の受け入れ教員として名乗りを上げたのはカール・ウィンクラー教授であった。

ところがアプリケーション（入学申請書類）はなぜかほかの誰かの申請書と勘違いされていたらしく、しばらくの間、技術補佐員として、有機化学のレイモンド・ボイヤー教授のところで働いた。結果としてこの当時の稼ぎは、彼の大学院時代の生活を経済面で大きく支えることになった。数週間後に晴れて入学を果たしたエプスタインは、ウィンクラーとボイヤーの指導の下、「爆発物の効率的な化学変化のための研究について」というテーマで１９４４年に博士論文を提出した。

エプスタインの博士論文は高く評価され、それが敵国に知れたら脅威になるとして、しばらく機密事項として取り扱われた。専門誌に印刷発表されたのは発表から数年後だったという。彼を支えてくれたボイヤー教授は、在カナダのソビエト大使館を舞台にしたスパイ事件に巻き込まれ、のちにソビエトへ爆弾製造方法を伝授した疑いで2年間投獄された。研究と戦争が隣り合わせにあった当時の時勢がうかがえるエピソードである。

マギル大学を出た後、カナダの原子力開発プロジェクトに所属した彼は、ここでガラス細工のノウハウを身につけ、実験器具の作成もみずから行った。のちに、シカゴ大学からカリフォルニア工科大学に異動して、研究室を主宰するようになると、教授みずからガラス器具製作の技法を伝授することも、エプスタイン研究室の特色となった。彼は、ガラス細工の伝統工芸の技術伝承ができるほどの卓越したテクニックを習得していたといわれる。ちなみに、現在の世界の大学の化学教室で最も不足しているリソースは、ガラス細工でオリジナルの実験器具を製作できる技術者である。

「運命の電話」

カナダの原子力開発プロジェクトでエプスタインが所属したのはハリー・ソードのグループであった。

1947年の夏、ソードの部屋の電話が鳴った。これこそがシカゴ大学のユーリーからのものであった。

ユーリーは、その年に発表した論文で、炭酸カルシウムからなる貝やサンゴなどの化石を使って「古水温」を復元するという野心的な目標を掲げていた。実現困難とも思われるプロジェクトを遂行するために、ユーリーは、さまざまな分野の化学実験に通じ、ポスドク研究員として有望な若者を探していた。電話の内容はソードに、「そんな人物を知らないか?」というものだった。

ソードの頭の中にすぐに思い浮かんだのがエプスタインであった。

「1934年にノーベル化学賞を受賞したユーリーからの誘いがある」とのソードの知らせに、エプスタインは二つ返事でアメリカ行きを決断する。前述のカナダにおけるスパイ問題から、当時はカナダ人のビザの取得は難しかったが、１年期限のビザを取得して妻とともにシカゴに移り住む。が、その転居先がユニークだった。

シカゴの冬は厳しく、シカゴに住む人たちは、気温が０℃を超えたら春を感じるといわれる。エプスタイン夫妻はカナダに住んでいたので、シカゴの冬も平気だったかどうかは定かではないが、彼らの新居はユーリー家のガレージの２階にある狭くて寒い部屋だった。彼らは新婚だったにもかかわらず、恩師の自宅の物置部屋に居候する羽目になったのである。

常人ならば逃げ出したくなる住環境だったが、エプスタインは「最良の不動産」だと満足していたと伝えられる。彼はユーリーと、職場のみならず、通勤の車中やダイニングルームでも議論することができた。時には夜中に突然思いついたアイデアをユーリーとディスカッションすることもあった。

一方のユーリーも、これから乗り越えなければならない多くの技術的困難を、東ヨーロッパにオリジンを持つこの若いカナダ人研究者が克服できるか、さまざまな議論を深夜も早朝も構わず行うことによって見極めようとしていた。

この二人の濃密な関係が、海のものとも山のものともわからなかった同位体古気候学にイノベーションを起こすことになる。

「標準物質」でズレをはかる

エプスタインはこのプロジェクトに並々ならぬ決意で臨んでいた。

多くの困難が待ち受ける課題であることは、ユーリーとの連日にわたる熱のこもった議論によってよく理解していた。しかし彼にはカナダ時代に培った基礎力に加え、異なるラボを渡り歩く中で身につけた技術があった。

1年も経たないうちに、チームは飛躍的な発展を遂げ、最初の困難なハードルを越えた。ミネソタ大学のアルフレッド・ニーアが開発した気体試料用の質量分析装置の改良に成功したのだ。現在では、同位体の分析はその絶対値を測定するのではなく、同時に標準物質と呼ばれる試料の計測を行い、検体に対するズレを測定するのが常識だ。標準物質の値が精度よく決まっていれば、世界中のどこの実験室でも、未知試料と標準物質を同時に測定することで、分析にまつわる誤差要因を排除できる。しかし当時はまだその標準物質も存在しておらず、絶対値の測定を行う必要があると考えられていた。エプスタインは、このやり方では正確な測定ができないことに気づき、現在のように標準物質と検体の間に生じる同位体比のズレについて測定を行う方針に変更した。同位体比を測定する質量分析装置による実験では、たとえ同じラボにおいても部屋の温度や電流の安定性など、さまざまな条件によって測定値に影響が出てくる。しかし、標準物質も同時に測定すれば、その影響は未知の試料にも標準物質にも同じように及ぶ。つまり同位体比という割り算を行う際、分母と分子に同じ効果が及ぶため、ノイズはキャンセルされるというあんばいだ。

彼らは、現在でも使われているデュアルインレットシステムを開発した。標準物質として採用されたベレムナイトと未知試料酸でとかして取り出した二酸化炭素を同時に機械に導入しておいて、バルブを高速で開閉することで、ほぼ同時に両者の分析を行えるようにしたのだ。

ベレムナイトとは白亜紀に絶滅した軟体動物で、その生物化石はサウスカロライナにある白亜紀の時代に堆積したピーディー層中から産出する。化石は保存度がよく、実は現在でもこれをもとに標準物質の値が決められ、炭酸カルシウムの酸素同位体比を測定する際に使われている。

絶対値を測定するという既成概念にとらわれないアプローチを取ることで、当初の目標であった０・２～０・３％の精度での測定というハードルを大きく上回る０・２～０・３‰（パーミル）つまり０・０２～０・０３％の測定精度を達成した。

理想のガスを作る「秘密のレシピ」

測定機器の準備は整った。しかし試料は固体だ。過去の気温の記録が失われることなく保存されているのは、試料がより安定な固体として存在しているからにほかならない。この試料には、同位体比という形で、サンプルが形成された当時の水温や気温など、周りの流体の情報が記録さ

図2-7　ベレムナイト
（著者撮影）

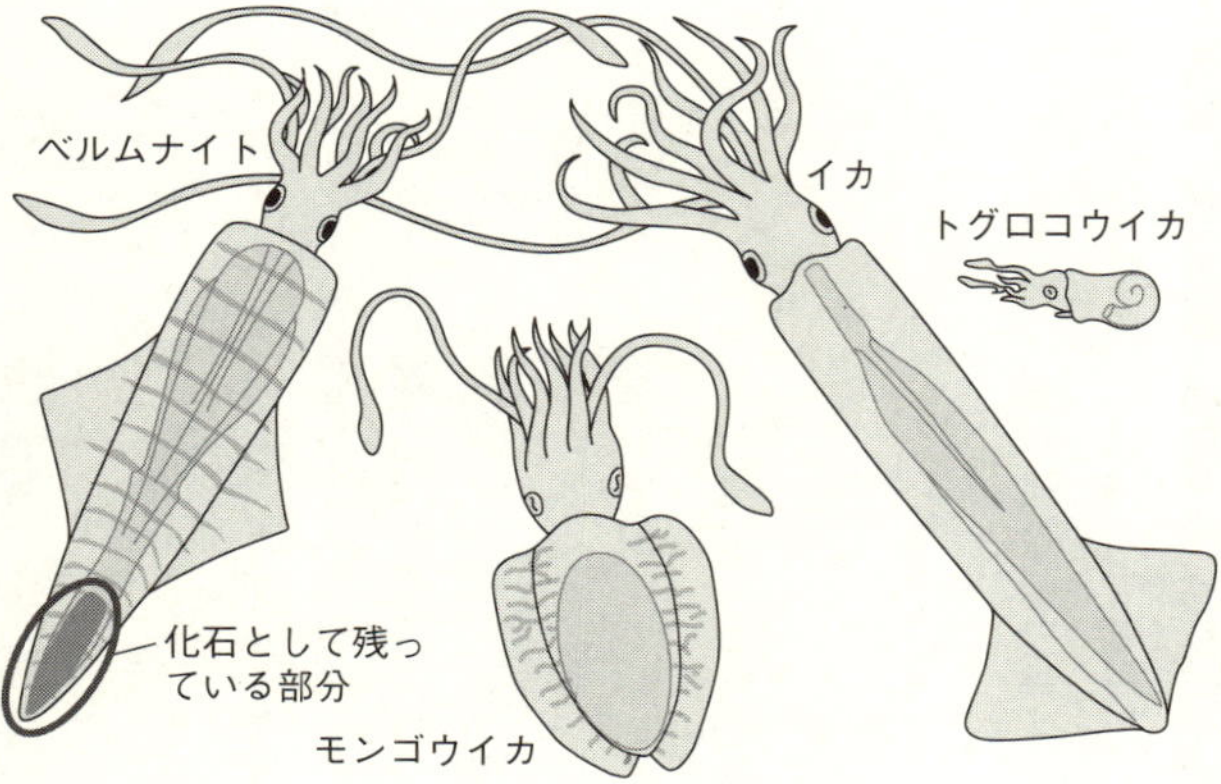

図2-8
イカ類。ベレムナイトは絶滅したが、丸で囲んだ部分が化石として残っている
（ニュージーランド・オークランド博物館の展示をもとに作成）

れている。しかし、固体の状態では、この情報を取り出すことはできない。分析装置を使った高い精度での測定を行うためには、固体ではなく、均質性が高くイオン化に適しているガスにする必要があった。

したがって、実験室では、サンプルが生成されたときのプロセスと逆の変化を人為的に起こして、固体から気体を取り出す必要が出てくる。しかし、この作業は、実験室の中で新たな「同位体分別」を引き起こし、太古の気温を保存した酸素や水素の同位体比の情報が失われてしまう危険と隣り合わせであった。

同位体比が温度計として使えるのは、液体から気体、固体から気体など相変化する際に、温度に応じて重い同位体（もしくは軽い同位体）が選択的に移動するためだ。同位体分別と呼ばれるこの作用が実験室で起こってしまうと、記録された情報が書き換えられてしまう。

実験は難航を極めた。貝殻に薄い酸をかけると泡が出るという実験を小学校か中学校でやった経験のある読者も多いと思うが、エプスタインたちも二酸化炭素を固体である貝殻から生成する際に酸を用いた。ひとくちに酸といっても、さまざまな候補がある。エプスタインは、さまざまな酸で実験を繰り返し、リン酸が実験に最も適していることを発見した。分析に必要な炭酸カルシウムだけと反応し、試料からもたらされる二酸化炭素のみを取り出すのに好都合だったのである。

しかし生成される二酸化炭素は、同じサンプルを使ってもそのつど同位体比が異なり、同じ結果が得られなかった。連日、試行錯誤が繰り返された。そしてようやくたどり着いたのは、濃度100%のリン酸を温度が一定の容器に入れて反応させるという方法だった。空気中の水分がいっさい混入していない純粋のリン酸が必要だったのだ。エプスタインが開発した、この「秘密のレシピ」は、それ以来、現在の実験室、つまり21世紀になった今でも用いられている方法である。

恐竜が生きていた時代は、最も現在に近い時期でも6600万年も前のことだ。太古の気温を記録した化石が現在まで残るには、さまざまな好条件が揃うことが必要だ。現在に至る6600万年間で、化石が埋まっていた地層が地震や風雨で流失してしまったり、さまざまな物理的、化学的変化を受けて、化石が分解されたりすることも多い。運よく化石が残ったとしても、表面に沈積した鉱物であったり、もともとの鉱物を置き換えたりする作用により、当初の情報が上書きされてしまう可能性がある。続成作用と呼ばれるこのプロセスは、大気圧中でより安定な鉱物に変化することから引き起こされ、酸性の雨水や河川水の影響などでも発現が促進される。

ユーリーたちが古気温を復元するサンプルとして選んだのが、恐竜が繁栄したとされる白亜紀の生物化石だった。彼らは、生物化石に含まれる炭酸カルシウムに狙いを定めた。

炭酸カルシウムには、方解石とアラレ石という2つの鉱物が存在する。海水で炭酸カルシウムの殻を形成する生物には、このどちらも作るものが存在している。熱力学的に方解石は、いったん陸上に上がっても安定だが、アラレ石のほうは、海水の中では安定でも、常温常圧では方解石に置き換わっていく。これが続成作用だ。エプスタインは陸上でも安定な方解石の試料を用いることでデータの精度をさらに高めた。

準備万端整い、実際のサンプルを使った環境復元をしようとしていたところ、ユーリーたちは予期せぬ事態に直面する。エプスタインのビザ更新が認められず、カナダへ帰国することになったのだ。前述したとおり、当時はスパイ騒ぎでカナダ人へのビザの更新が厳しくなっていた。

このときまでにエプスタインは、ユーリーのラボになくてはならない人材となっていた。実際、ユーリーはみずから移民局に出かけていき、エプスタインと家族のビザの発給を何度も強く要求し続けた。その甲斐あって１９４９年、エプスタインはアメリカに戻ってくることができた。

ＤＮＡ発見に匹敵する偉業

恐竜が生きていた時代の気温がわかるなんて夢のまた夢。当時はそう考えられていた。１９５１年。その〝夢〟が現実となる。

ユーリーたちは、現在は絶滅してしまった、イカに似たベレムナイトを分析し、この生物が、約15～20℃の水温変化のある海水に棲息して、4年目の春に死んだこと、そして棲息した海域の水温は徐々に低下していたであろうことなどを発表した。論文は、地質学者や古生物学者を中心に一大センセーションを引き起こした。

質量分析計の改良、きわめて高い精度のデータが得られる実験手法の確立、太古の気温情報を正確に記録した最適なサンプルの精製など、数多くの困難を乗り越えて、ユーリーたちは、ついに当初の目的を成し遂げたのである。

時のシカゴ大学には、のちに「同位体地球惑星科学」と呼ばれる分野を牽引していったキーパースンが数多く在籍していた。エンリコ・フェルミ（中性子を天然の元素に照射することによる人工放射性同位体生成と、熱中性子線発見の功績で１９３８年ノーベル物理学賞受賞）やウィラード・リビー（^{14}Cを用いた年代測定法の研究で１９６０年にノーベル化学賞受賞）といった物理学や化学の巨人もさることながら、アポロ計画で大きな貢献をしたジェリー・ワッサーバーグや、のちに地球内部の構造や太陽系の進化についての研究を推進するハーモン・クレイグなどが、ちょうどこの分野に入ってきたときでもある。実際、エプスタインはワッサーバーグに、実験に使う器具をバーナーとガラスでどう作るかというガラス細工を教えていたという逸話もある。

彼らは週に1度、木曜日に集まって、侃々諤々《かんかんがくがく》セミナーを行っていた。上記の参加者の名前を聞くと、良い意味で〝恐ろしい〟セミナーで、参加者に緊張感を強いるきわめて高いレベルの討論が行われたことが想像に難くない。

ユーリーの「恐竜が生きていた時代の気温の変化を知りたい」という夢はシカゴ大学の充実した、レベルの高い研究環境も手伝って現実になったのだった。

自然界の試料を用いた時の同位体温度計の「盲点」

ユーリーの天才的な閃《ひらめ》きとエプスタインの卓越した実験テクニックによって、「同位体温度計」は誕生した。この発明は、彼らに続く地球科学者たちによってさらに改良され、精緻なものに発展していく。

ニック・シャックルトンもユーリーが創始した古気候学をさらなる高みに引き上げた功労者である。２００６年に他界するまで数々の重要な発見をし、リーダーとして気候変動領域をつねに引っ張ってきた。「インカ」と呼ばれる国際第四紀学連合（ＩＮＱＵＡ）の会長も長く務め、その肖像画がイギリスの切手にも描かれている（図２‐９）。

実は、彼は、南極の初期の探検隊だった「シャックルトン隊」のリーダーで有名なサー（Sir）アーネスト・シャックルトンの親戚でもある（彼の祖父が再従兄弟）。ニック・シャックルトン自身もサーの称号を贈られている。日本語に翻訳すれば、ニック・シャックルトン卿である。彼の父親も地質学者で、ヒマラヤやインドなどを調査し、イギリスのリーズ大学で教鞭をとっていた。

図2-9
ニック・シャックルトンの肖像画を使って制作された記念切手。切手の上半分は、彼が同位体測定に使った有孔虫の殻

シャックルトンは物理学を専攻し、1961年にケンブリッジ大学の学部を卒業する。彼のその後の輝かしいアカデミックキャリアはそこでいくつかの偶然に出くわすことで生まれた。

しかし学部の成績はけっして飛び抜けて優れたものではなく、むしろプロ級とまでもいわれるクラリネットの演奏のほうが注目されるほどであった（シャックルトンは、クラリネットのコレクターとしても世界的に有名である）。

時代は、古気候学という新たなる学問の黎明期にあった。

同位体分別を用いて古気候を復元するという斬新なアプローチは世界中の研究者を魅了し、ケンブリッジ大学の地球物理学者だったエドワード・ブラード卿は、植物学者のハリー・ゴッドウィン卿に、ケンブリッジ大学にも同位体分析研究の設備を造るべきだと提案した。

ちょうどそのころ、シャックルトンは修士課程を終えて、博士課程で研究する新たなテーマを探していた。この絶妙なタイミングで同位体分別研究のプロジェクトが立ち上がり、若きシャックルトンに白羽の矢が立つ。このプロジェクトの進行が委ねられることになったのである。シカゴグループが使っていた装置は、二枚貝などの大きな試料については十分な試料量が確保できるので問題ないが、有孔虫など小さな生物が作る炭酸カルシウムの殻の酸素同位体比を測るには感度が低すぎた。

シャックルトンの仕事はその感度を上げることと、過去の環境復元を行うことだった。シカゴグループにはチェザーレ・エミリアニという若きイタリア人の研究者がいて、微化石（顕微鏡を使って見なければ見えないほど小さい化石や有孔虫など。図２－９のシャックルトンの切手に描かれているものがそれである）の研究に同位体比を用いる初めての成果を発表していた。エミリアニの研究によると、有孔虫の殻の酸素同位体比から求められた海底近くの水温が、およそ2万年前にピークを迎えた直近の氷期に５℃以上下がっていて、海水が凍る温度であるマイナス２℃を下回りそうな値になっていた。

有孔虫には海洋の表層に棲息するものと、海底近くに棲息するものがいる。前者を浮遊性有孔虫、後者を底棲有孔虫と呼ぶ。浮遊性有孔虫が多くの堆積物に存在しているのに対し、底棲有孔虫はわずかだ。たとえば、ティースプーン１杯の海底堆積物を調べたとき、浮遊性有孔虫は何百個体と採取することができるのに対して、底棲有孔虫は４～５個体くらいしか発見できない。シカゴグループが開発した質量分析機では、５㎎のサンプルを作成するのに毎回４００匹の有孔虫

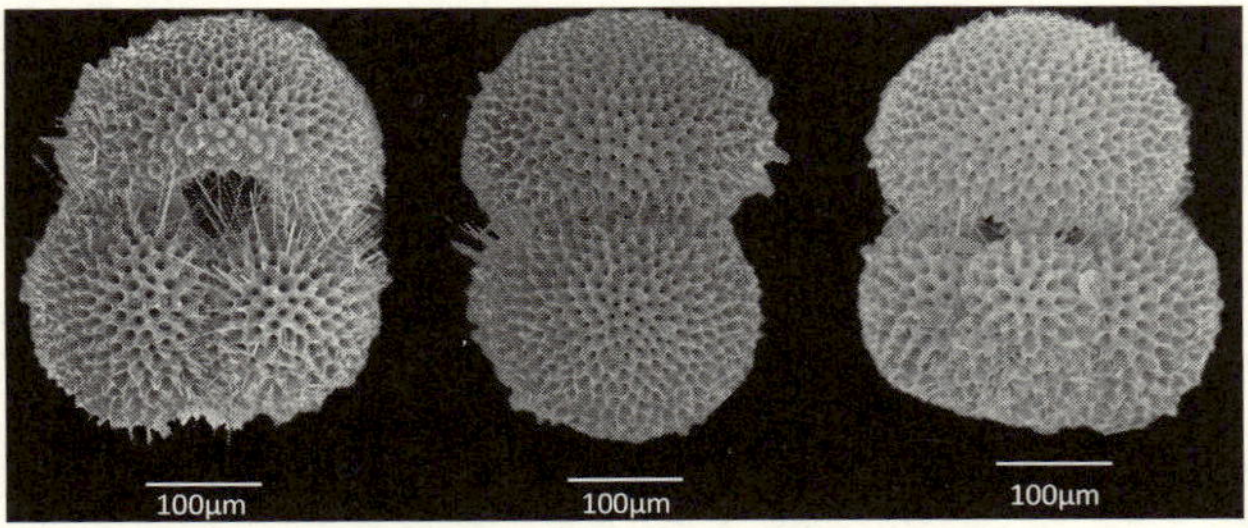

図2-10　海洋表層に棲息する浮遊性有孔虫の殻
（黒柳あずみ博士提供）

が必要なため、エミリアニは、前者の浮遊性有孔虫を使って水温復元の分析結果を発表していた。

これに対してシャックルトンは、まず測定装置の改良を行い、圧倒的に少ない試料量である0・4㎎という量で0・1%の誤差での測定を可能にした。1つの大きさが縫い針の針の穴ほどもない有孔虫を4〜5個体集めれば測定できるという高感度装置だ。

シャックルトンの装置の感度は、エミリアニのシステムの10〜100倍にも及んだ。そのパワフルな装置を使ってシャックルトンが行ったのは、エミリアニが手を出せなかった底棲有孔虫の分析だった。同時に測定した浮遊性有孔虫と比べてみると、炭酸カルシウムに含まれる酸素同位体比で、なんと0・1%以上の差が出てきたのだった。わずかな違いのようにに思われるが、微量な試料を用いる古気温復元においては決定的ともいえる違いである。

海水の表層に棲む浮遊性有孔虫と深海に棲む底棲有孔虫の

酸素同位体比の差は、すなわち当時の海の表層と深海の海水温の差を反映している。しかし、解析結果は不可解なものだった。ユーリーとエプスタインが導き出した水温復元の式を用いて、シャックルトンが採取した２万年前の浮遊性有孔虫のサンプルを分析すると、深海の水温はマイナス３℃になってしまったのだ。深海の海水は現在でも０℃に近いが、凍結することはない。しかし、海水温がマイナス１・８℃になると凍ってしまう。つまり当時の深海はカチンコチンに凍り付いていたことになる。

深海堆積物のコアを分析したところ、海水が凍結したような証拠は残っていなかった。もし、海水が凍結すれば、生物は活動できなくなる。また、海流がストップし、そもそも深層水循環が止まってしまう。採取したコアにはそのような痕跡はいっさい存在しなかった。深海堆積物の分析結果からは、深海の海底近くの氷期と間氷期の水温の変化は最大でも２℃だったことがわかっている。

同位体温度計の欠点を克服したシャックルトン

となると、ユーリーとエプスタインが導き出した水温復元の式が間違っていたことになる。シャックルトンは落胆したものの、原因の特定に取り組んだ。そしてユーリーやエプスタインたちのシカゴグループが開発した古水温を計測する「温度計」は、水が同位体分別に与える影響を軽視していることに気づいた。つまり炭酸カルシウムの殻の酸素の同位体比には、温度（海水温）だけではなく、いわば殻を作る材料となる水の同位体比も反映されるということだ。

その理由はこうだ。前述したとおり、地球の大気や海洋は、太陽からのエネルギーを過剰に持つ低緯度から高緯度へ向かって流れる。温度の高い中低緯度では水が蒸発し、雲が生まれ、さらに雨を降らせる。水が蒸発する際にはわずかに軽い同位体（$^{16}\mathrm{O}$）が水蒸気になりやすく、降水として液体になるときにはわずかに重い同位体（$^{18}\mathrm{O}$）が取り込まれやすい。結果として高緯度へと移動していく空気の塊はだんだんと軽い同位体を持つようになり、最終的に極域にもたらされる雨や雪は、海の平均的な値より3％ほど軽くなる。現在の地球でも、グリーンランド氷床でおよそ3％、南極氷床では4％ほど、全球の海水の平均酸素同位体比より軽い雪が氷となって存在するのである（図2-5）。

ある意味「軽い水の貯蔵庫」といえる極域の氷が、温暖な時期に融け出すと、海の水が軽くなる。反対に極域の氷床量が増えると、海の水が重くなる。その規模は全世界の海洋の水の同位体比を0・2〜0・3％も変えてしまうほどだ。0・1％の酸素同位体比の変化が3〜4℃の水温変化に相当することを考えると、この効果が無視できないものであるのがわかる。

ここでユーリーとエプスタインが導き出した水温復元の式をみてみよう。

$$\Delta = \delta^{18}O_{cal} - \delta^{18}O_{water} = 15.36 - 2.673(16.52 + T)^{0.5}$$

専門的になるため、詳細な説明は控えるが、この式の要素を単純化すると、

［炭酸カルシウムの酸素同位体比変化］＝［水温変化］＋［周囲の水の酸素同位体比変化］

になる。彼らが飼育した貝を使って導き出した、殻の炭酸カルシウムの酸素同位体を使った水温換算式には、［周囲の水の酸素同位体比変化］の項も入っていた。彼らも水温変化を無視していたわけではなかった。

しかし、ユーリーやエプスタインたちのシカゴグループは、同じ水を使ったユーリーのラボの実験水槽で実験を積み重ねていたので、［周囲の水の酸素同位体比変化］がほぼ一定であり、水の違いが計測結果に重大な影響を与えていなかった。

実験に使った水槽は、温度は変化させても、同じ水を使っていたので、水の酸素同位体比の変化はほとんど無視していいレベルだった。しかし、南極や北極などの氷床を作る海水と亜熱帯の海水とでは、酸素同位体比の違いは無視できないレベルになる。これを考慮せず、炭酸カルシウムの酸素同位体比変化だけで、水温を復元しようとすると、誤った温度が算出されてしまう。

エミリアニやシャックルトンが天然の試料を海洋から採取してきて初めてわかった意外な事実

だった。

シャックルトンの発見は、ユーリーとエプスタインが導き出した古水温復元の算定式の盲点を明らかにしただけでなく、予期せぬ副産物を得ることになった。化石に含まれている酸素同位体比を調べることで、その生物が存在した時代の氷床の量を復元する方法を考案したのだ（これについては第7章で詳しく説明する）。

研究を進めていくと、氷期から間氷期の海水の酸素同位体比の違いは、わずかに1・0〜1・1‰（パーミル）の差、すなわち0・1〜0・11％の差にすぎないことがわかった。つまり当時の海水の温度変化が酸素同位体比に与える影響は無視できるほど小さかったのだ。むしろ、シャックルトンが発見した底棲有孔虫の酸素同位体比の変化は、そのほとんどが氷床量の増減によってもたらされたものだった。海水の同位体比の変化は氷床量の増減にリンクしていたのだ。

シャックルトンは、ユーリーとエプスタインが導き出した古水温復元の算定式の精度を高めると同時に、過去の氷床量の復元ツールを手にしたわけである。その成果は、南極大陸の氷床形成のメカニズムの解明（第6章）、ミランコビッチサイクルの証明（第7章）にもつながっていく。

第3章

暗い太陽のパラドックス

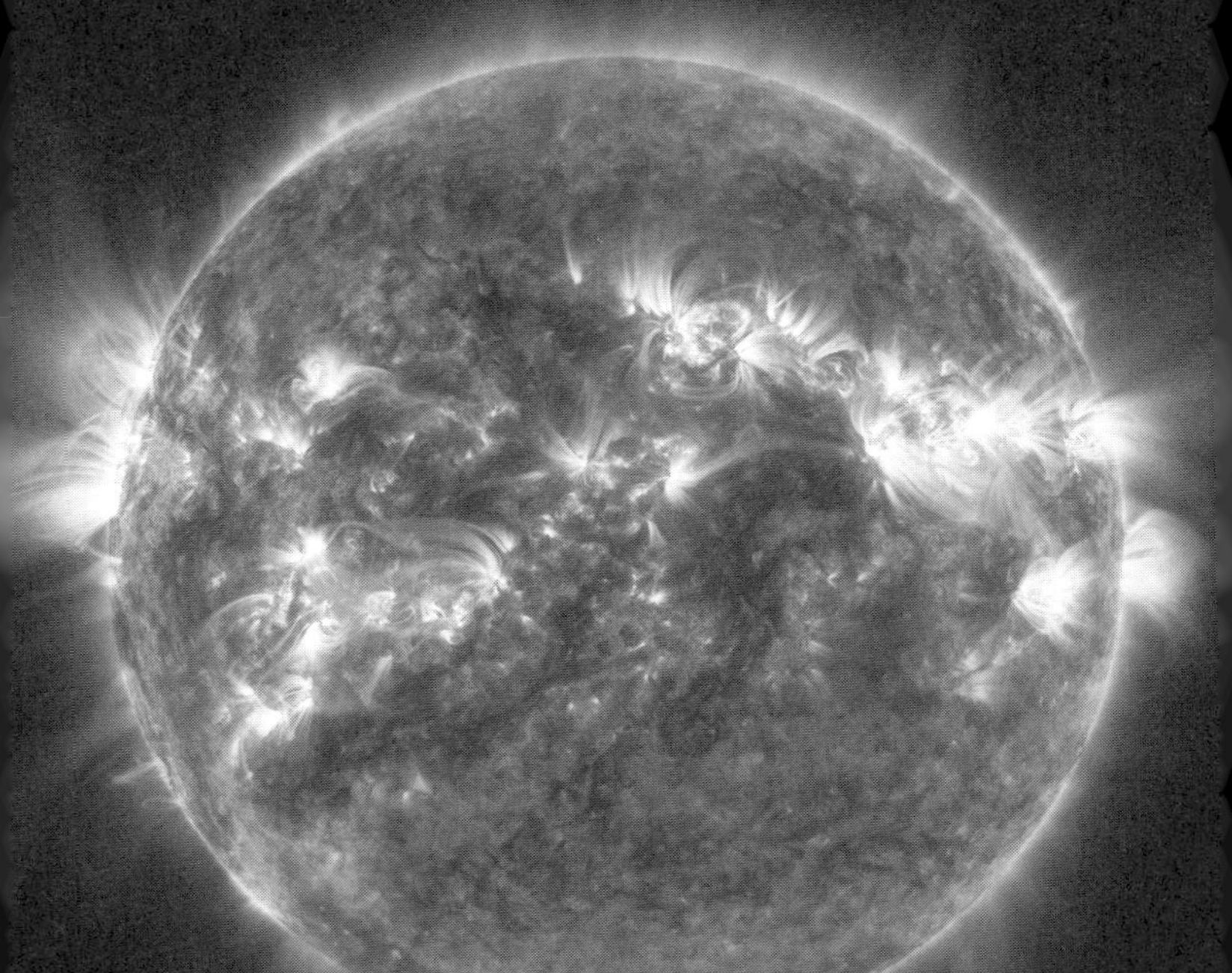

フレアを発し、激しく活動する太陽（写真：NASA / SDO）

カール・セーガンの置き土産

サンフランシスコのベイブリッジがよく見渡せる丘。カリフォルニアの日差しは強く、橋脚の銀色のフレームは遠くからでもキラキラと光って見える。２０００年、私は、カリフォルニア大学バークレー校にある宇宙科学研究所に在籍していた。

高度で複雑なシミュレーションを行うために、ラボには多数のコンピュータが並んでいる。実は、そのすべてのコンピュータに、SETI@homeというソフトウェアがインストールされていた。私のＰＣも例外ではなかった。

SETI@homeは、一見すると、ありふれたスクリーンセーバーのように見える。長時間ユーザによる入力がないと、ディスプレイを保護するために自動的にアニメーションが起動する。しかし、SETI@homeは、画面が切り替わっているバックグラウンドで、コーネル大学にある管理サーバーの指示に従って、プエルトリコのアレシボ天文台で観測されたデータをせっせと解析しはじめる。目的は、地球外生命体（ＥＴ）の探索。宇宙から受信したノイズの中から、知的生命体から発せられたメッセージを探索しているのだ。

使われていないパソコンの演算能力を拝借して「ちょこっとずつ」計算すると、大規模計算機に匹敵する解析が可能になるというアイデアのもと、１９９９年にここバークレーの宇宙科学研究所からプロジェクトがスタートした。今でこそクラウドコンピューティングやマイクロファンディングというコンセプトが広まっているが、当時としては斬新なアイデアだった。残念ながらこれまでに、ＥＴのシグナルが検出されたことはないが……。

ただ、たとえば現在の私たちの銀河系の惑星をランダムに取ってきたとき、地球と同じような条件にある星は、０・１％ほどの確率で存在するといわれている。つまり太陽のような恒星からほどよく離れており、表層の温度条件が地球と類似の環境にある惑星が確実に存在している。

私たちの銀河系には１０００億個を超える数の星がある。となるとそのうち1億個が地球と同じような温度条件にあると考えられる。その中に知的生命体を育んでいるような惑星があってもあながちおかしな話ではない。

コーネル大学の惑星科学研究所教授であったカール・セーガンは、惑星科学の第一人者で、世界最大の地球惑星科学関連の学会であるアメリカ地球物理学連合（ＡＧＵ）の惑星科学に関する賞にも、彼の名前が冠として付されている。実は、セーガンはこのＳＥＴＩの創設者の一人でもある。ＳＥＴＩの正式名称は、Search for Extra-Terrestrial Intelligence（＝地球外知的生命体探査）。セーガンは、地球外生命体の存在を信じて、宇宙から受信する電波の中から、その痕跡をまじめに発見しようとしていた。

一方でセーガンは、「暗い太陽のパラドックス」の提唱者の一人としても有名だ。１９７２年

図3-1　カール・セーガン

（NASA）

にセーガンとジョージ・ミューレンによって提唱された、この〝パラドックス〟は、地球46億年の気候変動における最大のミステリーといわれ、セーガン亡き後も地球科学の分野の未解決問題として、かれこれ40年近い論争が続いている。

「暗い太陽のパラドックス」には、地球の気候システムを考えるうえで大切なアイデアがちりばめられている。本章では、世界中の科学者が取り組んでいるミステリーの謎解きを、しばし楽しんでいただきたい。

地球誕生当時は、太陽はずっと暗かった

太陽が誕生したのは、今から約46億年前のこと。太陽の内部では核融合反応が起きており、膨大な光エネルギーを発していることは周知の

とおりだが、誕生当時の太陽は、私たちが今見ている太陽よりも「暗かった」ことは、あまり知られていない。

太陽のコアでは、４つの水素から１つのヘリウムが作られる核融合反応の際、４つの水素よりも０・７％だけ軽い質量のヘリウムが作られ、その質量差に相当するエネルギーが放出されている。わずかな質量差とはいえ、そのエネルギーはＴＮＴ火薬換算で、毎秒１０００億トンにも相当する膨大なものである。この差分は２個の陽電子と２個のニュートリノの分である。

恒星の進化を記述する「標準モデル」では、恒星の核融合反応は、時間とともに加速するといわれる。恒星の進化とともに、構成物質の平均分子量が増加し、中心部分の密度と温度が上昇し、核融合反応の効率が高まっていくためだ。その結果、太陽は年を重ねるにつれて、その輝きを増していく。裏返していえば、生まれたばかりの太陽の核融合反応は、現在ほど活発ではなかった。

シミュレーションによると、太陽の光度は25〜30％ほど小さかったと考えられている。つまり「暗かった」のだ。太陽の光度が小さくなれば、これに比例して地球に入ってくる熱量も小さくなり、気温も低下する。

この標準モデルは、おおよそ１９５０年代までに、宇宙物理学者たちにより構築され、その結果、惑星や衛星などの進化過程などについての議論が行われるようになった。

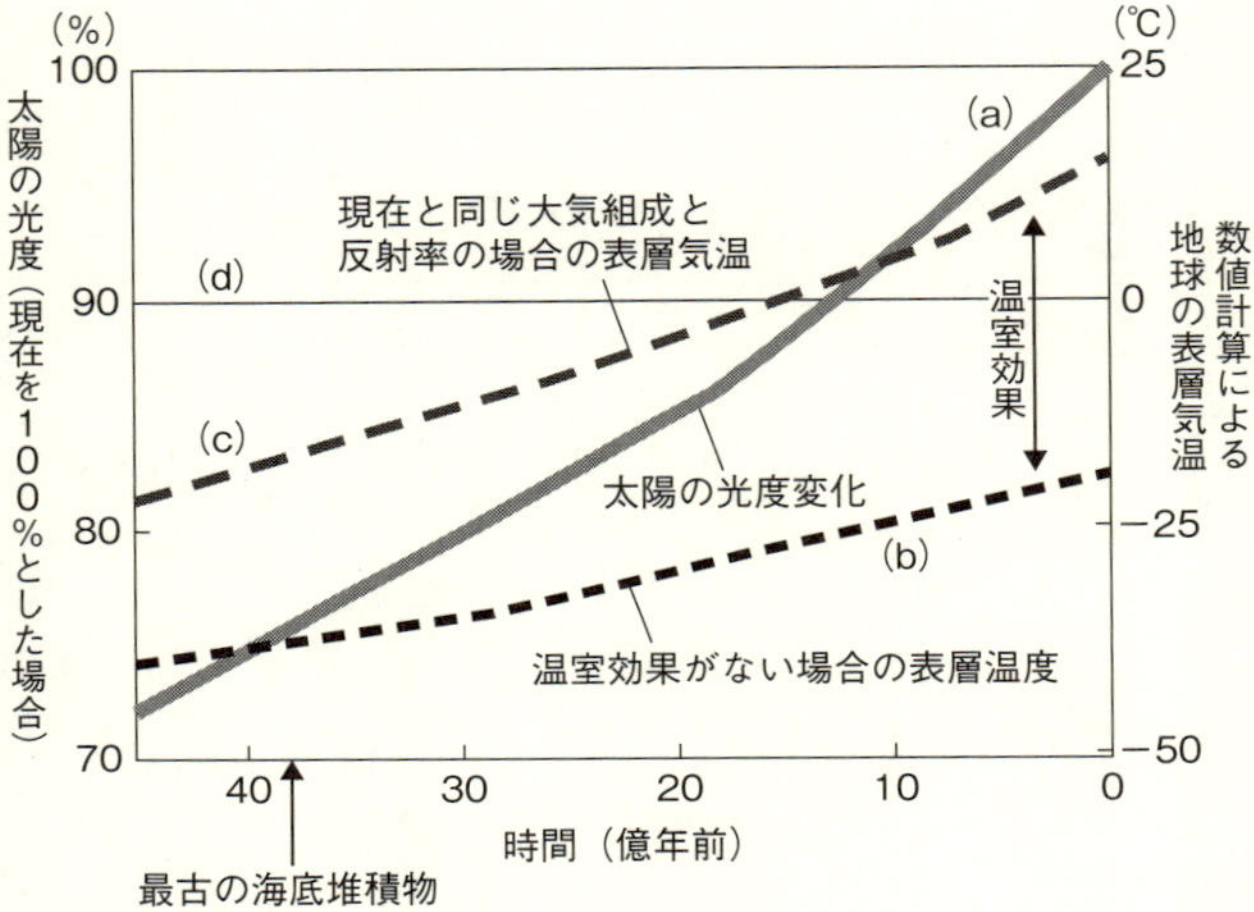

図3-2　暗い太陽のパラドックスを説明する図

（Segan and Mullen 1972, 田近2013を改変）

曲線(a)で示されるように、太陽の光度は過去、現在よりも弱かった。温室効果がないと点線(b)で示される表層気温となり、ずっと(d)よりも低い氷結温度である。現在と同じ大気組成による温室効果と反射率（アルベド）の場合でも、およそ20億年前以前は、点線(c)で示されるように表層気温は氷結してしまう。しかし、およそ38億年前の海底堆積物の存在は、当時の海は氷結しておらず、液体の海が存在したことを物語っている。すると、当時は温室効果が現在よりも大きくないとこれを説明できないことになる。

図3－2は、地球誕生から現在に至るまで、標準モデルから算出された太陽の光度がどのように推移してきたかを示したグラフである。驚くべきことに、アルベド（太陽光の反射率）と大気組成が現在と同じ場合では約15億年前まで、また大気の温室効果はないと仮定すれば、地球誕生から現在に至るまで、気候の多重性も考慮すると46億年間全球

凍結していることになる。しかし、現実の地球を見てもわかるとおり、地球の約７割を海洋が占めており、氷結している部分は南極などごく一部に限られる。シミュレーションと現実のこの著しい乖離はどのように生じたのであろうか。

「マイナス10℃でも生命誕生」の不可解

１９９０年代に私が大学院時代を過ごしたオーストラリアのキャンベラにある、オーストラリア国立大学。ＡＮＵと呼ばれ、世界有数の科学研究拠点として知られる。もともとはオーストラリア政府が第二次世界大戦後のオーストラリアの研究活動を世界レベルに引き上げるという使命を与えて、１９４６年に研究に特化した大学院大学として設置した大学である。そこにはリサーチスクールと呼ばれる研究所が存在し、その中の一つにＲＳＥＳ（地球科学研究所）がある。地球科学を専門とする世界中の研究者が参集し、レベルの高い研究活動を続けている。

ＲＳＥＳ所長を長く務めたテッド・リングウッドは、いわゆる「ハードロック・ジオロジスト」である。彼が学生時代にロックバンドで活躍したというわけではない。地球科学では、固い（すなわちしばしば古い、または深いところから来た）岩石を扱って研究する研究者のことをそう呼ぶ。

実は、岩石の生成過程についての研究をしていたリングウッドこそが、「暗い太陽のパラドックス」によって、地球が氷結する可能性があることを世界でいち早く発表した研究者であった。

1958年、太陽物理学者であるマーティン・シュヴァルツシルトは、「25％の太陽の光度低下は地球の気候に影響を与えたと考えられるが、地質学的にこれを検出できるだろうか？」との呼びかけを、世界中の地質学者に対して行った。

リングウッドは、このメッセージにいち早く反応し、表層気温のシミュレーションを行い、「もしこの光度低下が実際に起きたとしたら、その時期は地球表層が凍っていた」との解析結果を発表した。

現在太陽から到達する熱エネルギーは、毎秒1㎡あたり1365ワットほどだ。地球はすべての熱を吸収しているわけではなく、そのいくらかを宇宙空間に跳ね返している。これが放射である。放射によって熱入射が減ると気温は低下する。このような熱の収支バランスを計算すると、20億〜30億年前ごろの地球表層の平均気温はおよそマイナス5〜マイナス10℃となる。このシミュレーションが正しいとすれば、地球の表層にある水があらゆるところで凍り付いていたことになる。

全球凍結というと、荒唐無稽のように思われるかもしれないが、第1章でも説明したとおり、最新の科学的知見では、地球は2〜3回「スノーボールアース」と呼ばれる氷結状態になったことがわかっている。ひとたび地表が凍り付くと、その状態を元に戻すことは難しい。雪や氷によって覆われた表層が、地表に降り注いだ太陽光を反射し跳ね返して、表層がいっこうに温まらないのだ。

地球のアルベドの変化により気温が低下すると、さらに雪が降り、氷が広がり始める。そうすると、雪や氷に覆われた地表はますます太陽光を反射して、熱エネルギーを吸収しないため、寒冷化が進行する。そうするとまた雪が降り……という連鎖が続いていく。

ここで論じているケースは「アイス-アルベドフィードバック」と呼ばれるものである。これが進行すると「スノーボールアース」になる。

地球の特徴である青い海、川の流れ。これら物質を移動させる手段としての液体の水が存在することが、地球の気候のダイナミックな変動を形作っているのだが、スノーボールアースの状態になってしまうと、このシステムが動かず、物質循環が止まってしまう。

では、20億～30億年前の地球は実際にずっと表層が凍り付いていたのだろうか？

答えはノーである。詳しくは後述するが、地球上には38億年前ごろから海洋が存在したことがわかっている。20億～30億年前の地球表層は、シミュレーションのようにマイナス5～マイナス10℃の氷結した世界ではなかった。そもそも、地球がカチンコチンに凍結していたとしたら、生命活動に必須の「水」を利用できなくなるために、地球上で生命が誕生することもなかったはずだ。

太陽が暗かったにもかかわらず、地球表層は温暖で、海水をたたえ、多種多様な生物を育んでいった。

足りないパズルピース：ニュートリノ

提示された仮説や理論が現実をうまく説明できない。そんなとき、科学者たちがまず考えるのが、その仮説が間違っているのではないかということだ。実際、「暗い太陽」のモデルは、かなり早い時点から、その信憑性に疑問が付いていた。

「暗い太陽のパラドックス」の提唱者としてセーガンを紹介したが、実際に最初にこのパラドックスに気づいたのは、ウィリアム・ドーンという地球物理学者だった。彼は１９１８年にニューヨークで生まれ、１９５１年にコロンビア大学で気象および海洋学の研究で博士号を取得した。コロンビア大学のラモント・ドハティ地球科学研究所の初代所長で地球物理学者のモーリス・ユーイングとともに、多くの研究を行った。その中で、過去の気候についての研究にも手を広げ、北アメリカに巨大氷床が存在した氷期の気候メカニズムについて研究する中で、このパラドックスに気づいた。彼のスタンスは、太陽の標準モデルが誤っているとするもので、モデルの再検討を促すものであった。

そうこうするうちに、太陽の標準仮説に重大な疑義を生じさせる決定的な研究が登場する。発端は、１９６４年にＰＲＬ（Physical Review Letters）と呼ばれる物理学の権威ある雑誌に掲載された論文であった。アメリカの物理学者であるレイ・デービスとジョン・バーコールは、米国のサウスダコタ州にあるホームステーク鉱山に設置した装置で、太陽ニュートリノの観測を行い、太陽が核融合反応を起こしている証拠をつかんだ。そして緻密な計算結果と実験の予測についての発表を行い、続く１９６８年の〝問題〟の発表へと至った。

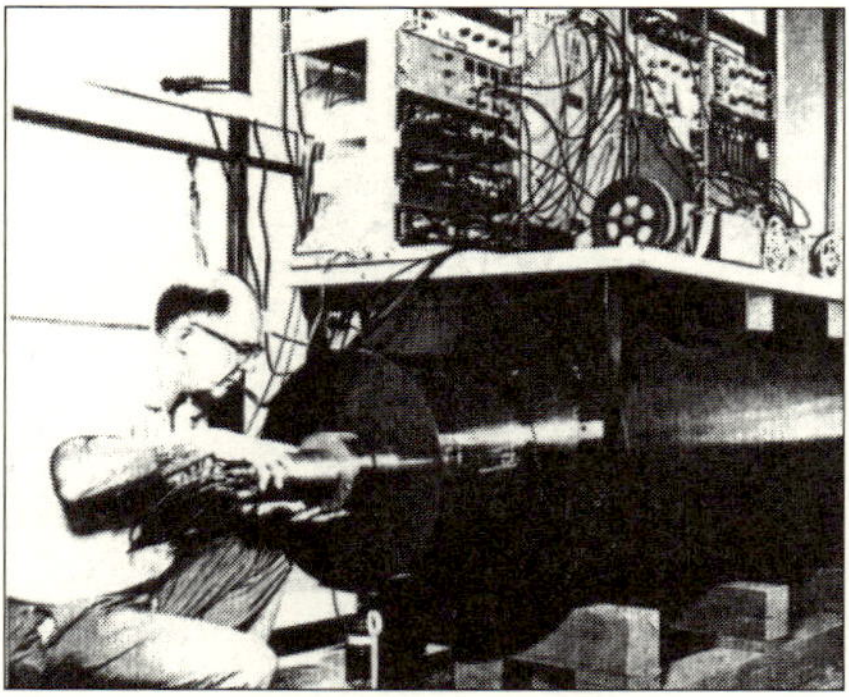

図3-3
ホームステーク鉱山跡で実験中のレイ・デービス
（https://www.bnl.gov/bnlweb/raydavis/research.htm　より転載）

デービスが使用した装置は、ホームステーク鉱山の１５００ｍほどの深度に38万ガロンのクリーニング溶液を入れたものだった（私はカリフォルニア大学バークレー校に勤務していた際、このデービス教授から提供いただいたホームステーク鉱山の試料を使って研究を進めていた）。このクリーニング溶液、多くの塩素を含むために白羽の矢が立ち、ニュートリノとの相互作用が起こることにより放射性アルゴンを生成するとのことで採用された。つまり、

$$\nu_e + {}^{37}Cl^- \rightarrow {}^{37}Ar + e^-$$

というニュートリノ捕獲反応が起こることで、測定が可能となるのである。

前述の標準モデルにより、地球に到達するニュートリノの量は計算されており、それから予測された放射性アルゴンの量もわかっていた。

デービスは、放射性アルゴンの数という間接的な情報から、ニュートリノの存在を証明した。にもかかわらず、彼が行った実験で観測された放射性アルゴン量は、予想された量の3分の1ほどでしかなかった。これが当分の間、素粒子物理学者と天文学者を悩ませることになる「消えたニュートリノの謎」と呼ばれる問題であった。当初はデービスの実験がうまくいっていないのではと疑われたが、1990年代まで観測を続け、検出精度を上げていったにもかかわらず、この差を埋めるには至らなかった。

その後、デービスは2002年に東京大学教授の小柴昌俊とノーベル物理学賞を共同受賞したが、日本の研究グループは、神岡鉱山跡地に造られたカミオカンデにおいて、デービスとは異なるアプローチでニュートリノの観測を行った。巨大な〝水槽〟に超純水を入れて検出装置を作って観測したのである。1987年から行われた2079日間の観測においても、小柴たちはデービスと同様の結果を得ることになった。その後に行われた別のグループの観測でも、理論値から予想される値には程遠い、低い値しか観測することができなかった。

「消えたニュートリノの謎」によって、太陽の標準モデルへの信頼性が大きく揺らぎ始めた。しかし多くの研究者が検討を重ねた結果、モデルの仮定を変えたとしても、せいぜい10％ほどのズレを生じさせる程度であることが明らかになった。理論が正しいのか、それとも観測が間違っていたのか。研究は袋小路に陥った。

その後、ニュートリノそのものが太陽から地球の観測点に到達するまでに〝変化〟している可能性はないのか、という新たな問題提起が議論されるようになった。

１９９８年に、東京大学宇宙線研究所教授の梶田隆章ら日本人研究者の大きな貢献もあって、ニュートリノに質量があることが発見された。それまでニュートリノの質量は観測できなかったのだ。太陽から地球に降り注ぐニュートリノの数は、十円玉ほどの大きさの面積にじつに１０００億個。この文章を読んでいただいている最中も、凄まじい量のニュートリノが私たちの身体を突き抜けている。それをなかなか観測できないのは、ニュートリノの粒子があまりにも小さ

図3-4
ノーベル物理学賞を受賞した東京大学宇宙線研究所教授の梶田隆章氏
（著者撮影）

いからで、相互作用を起こさないため質量がないと信じられていた。

梶田らの発見は、これまでの定説を覆す大発見だった。ニュートリノに質量があることが判明したことで、近年の知見を集めた新しいモデルによる計算結果と、従来の標準モデルでの太陽の明るさに関する予測は合致し、いわゆる太陽ニュートリノ問題は解決したのだ。

科学では少なからぬ状況において、直感的に考察を進めることが重要になる。〝サイエンティフィックゲス〟(科学的予測)と呼ばれるものである。直感的には、核融合反応が進むとともに、水素からヘリウムが作られ、質量が増大するとともに安定してさらなる反応が進むという物理については考えやすい。

紆余曲折はあったが、「太古の太陽は暗く、その後、徐々に明るくなってきている」という仮定については大きな問題はない、と考えてよさそうだ。となると、太陽が暗かったにもかかわらず、地球が氷結を免れたのはなぜなのか。「暗い太陽のパラドックス」の謎は、依然として未解決なまま、バトンは地球気候を専門とする科学者たちに委ねられることになった。

弱い太陽の光と氷の世界

「暗い太陽のパラドックス」の論考を進めていく前に、太古の地球の表層がどのような状態だったのか、最新の知見をもとに、現時点でわかっていることを説明しておきたい。

少なくとも35億年（一説では38億年ともいわれている）前には地球表層には液体の水、つまり海が存在していたことがわかっている。その証拠の一つが枕状溶岩《まくらじょう》というものである。火山によって放出された溶岩の形態で、水中での噴出に特徴的なものである。また岩石に残されたリップルマークの存在もあげられる。夏の海に海水浴に出かけたとき、打ち寄せる波に平行して形成される砂の高まりをご覧になったことがあるかと思う。あれである。

37億〜40億年前ごろには生命が誕生したといわれる。生物が生きるためには体内の組織を循環する液体の水の存在が欠かせない。生命に必須の元素は炭素、水素、窒素、硫黄、酸素、リンなどであるが、それらの化合物や代謝物を効率的に利用できるのは、液体の水を溶媒として使える環境があるからである。

水は、体内の代謝に必要な物質を循環させる媒体としての役割を果たしている。それゆえ、水が氷結し、体内での物質循環が止まってしまうと、生物は死に至る。すなわち37億〜40億年前に生命が誕生したということは、少なくとも、そのころの地球表層は凍結しておらず、液体の水が存在したことを裏付ける。

西オーストラリアにある広大な砂漠には、地球史を論じる中できわめて重要な情報が残されている。ハメリンプールと呼ばれる高温高塩分になる沿岸部には、ドーム状に成長するマウンド（野球場にあるマウンドを想像してもらうとよいだろう）が、浅瀬のあちらこちらに散在する。特徴的な構造を持つこの塊は、地球の酸素を最初に生み出した生物、かつてラン藻と呼ばれていたシアノバクテリアの痕跡である。シアノバクテリアは、バクテリア（細菌）でありながら葉緑素を持ち光合成を行うというユニークな生物だ。ストロマトライトと呼ばれるこのドーム状の塊は、シアノバクテリアの死骸と泥などによって作られる層状構造を持つ。

シアノバクテリアは海や湿地にしか棲息できない。つまり、ストロマトライトが残っている場所には、少なくとも水分が存在したことの裏付けがある。

それが正しいとすると、現在のところ、少なくとも27億年前のストロマトライトが確認されており、当時の地球表層は凍結することなく、海水が存在していたと推定される。

太古の地球の海は「ぬるま湯」だった？

地球が氷結を免れて、地表が海水をたたえていたと仮定して、水温はどの程度だったのだろうか。液体としての水が存在しうる温度は、０℃から１００℃まで幅がある。今から27億年前には地球上にはシアノバクテリアが棲息していた証拠があることから、この時点で生物活動を維持できる典型的な上限温度である40～60℃を上回ることがなかったことは想像できる。

同じことが、太古の温度の痕跡を記録した岩石からも推定できる。ノルウェーのベルゲン大学のＨ・ファーンズらのチームは、２０１６年に南アフリカの35億年前の深海堆積物からジプサム

図3-5　ヒューストン博物館に保管展示されているストロマトライト
（著者撮影）

（硫酸カルシウム〈$CaSO_4$〉）という鉱物を発見した。ジプサムは高圧かつ低温で作られるので、現在の深海に類似した環境だったと結論づけている。つまり当時の水温も60℃以下だったことが推測される。

地球化学的な温度計といえば、第1章でも説明したユーリーの「同位体温度計」があげられる。チャートと呼ばれる岩石に保存された酸素の同位体比によって、その当時の温度を推計する手法だ。

２００６年には、フランスのフランシス・ロバートとマーク・チャウシドンが、この酸素同位体比の温度計を用いてチャートを分析した結果、35億〜40億年前にはなんと55〜85℃の高温の環境が存在していたとの論文を発表した。太陽は暗く、地表に到達するエネルギーは小さいのに、表層の水温は現在の平均の最高値であるおよそ30℃より25〜55℃も高かったというのだ。

近年になってこの値は高すぎるという見積もりが出さ

れはじめた。現在コネチカット大学に在籍するマイケル・レンは、酸素だけではなく水素の同位体比も使うことで、35億年前の水温の復元の高精度化を行った。それによると当時の水温が40℃を超えていたという証拠は見当たらず、先に発表された酸素のみの同位体温度計の情報は、海水の同位体比の変化に大きな影響を受けてのことだったと報告した。

南アフリカにある約35億年前に形成されたバーバートン層で採取されたリン酸塩に含まれる酸素同位体比を用いた古水温の復元結果が発表されたのは、2010年のことであった。イエール大学のグループによる研究結果は26~35℃を指しており、高く見積もってもお風呂のお湯としては少々ぬるい水温となった。現在の海洋表層の年平均海水温の最高値が30℃であることを考えると、当時すでにほぼ同じか少し暖かいくらいの温度であったことがわかる。いずれにしても太古の地球の地表は氷結していなかったことは確かなようだ。

パラドックスの謎を解く

このあたりで「暗い太陽のパラドックス」の謎解きに戻ろう。パラドックスを解消させる要因として注目されているのが温室効果ガスの存在だ。

現在の地球表層気温が氷点以上であるのは、水（水蒸気）やメタン、二酸化炭素などの温室効果ガスが、赤外線などの長波長の放射を宇宙空間に逃さずにトラップする機能があるためである。毛布を何枚もかければ、体温が外に逃げなくなるので、体が温まるのと同じ理屈である。

太陽による光量が今より25〜30％も低いにもかかわらず、地表が凍らずに済むためには、温室効果ガスという〝毛布〟が、現在以上に分厚かったか、あるいは〝毛布〟の材質が保温性の高いものであった可能性がある。ただし、前者については、可能性は低い。「毛布が分厚い」これは大気の量が現在より圧倒的に多かったことを意味するが、当時の気圧の復元研究から考えると、現在よりも圧倒的に気圧が高い状況は考えにくいからだ。

では、後者についてはどうか。当時の大気が現在と同じ量であっても、〝毛布〟の材質が違っていれば、保温性が高いことは十分にあり得る。〝毛布〟の材質とは何か。温室効果ガスでいえば、大気の組成である。大気中のガスの組成が違えば、同じ効果をもたらすために必要な大気圧も変わってくる。

実は章の冒頭で紹介したカール・セーガンは、「暗い太陽のパラドックス」を提唱したときに、このパラドックスを解消するために、地球大気の温室効果ガスが現在とは異なっていたとの仮説も提唱した。セーガンとミューレンは、１９７２年に「地球と火星：大気の進化と表層気温」という論文を発表している。

彼が注目したのが3つの気体であった。アンモニアとメタン、それに二酸化炭素である。中でも、セーガンは、アンモニアを有力視していた。アンモニアは、地球が宇宙空間に跳ね返す光の波長の吸収帯を幅広く持っているため、温室効果ガスとして機能する。それゆえ初期地球の大気中に大量のアンモニアが含まれていれば、温室効果は現在の大気よりも強力に働くため、太陽が暗くとも、地球表層の気温が温暖だった可能性は十分あり得る。

セーガンが「アンモニア温室効果ガス説」を採用したのは時代背景もあった。当時、科学界では、初期宇宙の大気は、アンモニアを大量に含む、現在よりもはるかに還元的なものだったと考えられていた。「還元的」とは、物質が酸素を奪われるか、または水素が付加されやすい状態のことをいう。これに対して、水素が奪われたり、酸素が付加しやすい状態を「酸化的」という。

こうした潮流を作ったのが、第2章にも登場した同位体温度計の考案者ハロルド・ユーリーと、その弟子のS・L・ミラーである。

ユーリーは、創生期の地球の大気が、アンモニア、メタン、水を主成分としていたと仮定し、この大気中で雷が発生すれば、アミノ酸など有機分子が生成するであろう、と考えた。このアイデアを実験で証明したのが弟子のミラーだった。1953年、彼は、ガラス製の実験装置を作って、アンモニアとメタンの混合気体の中で、雷を想定した火花放電を行い、アミノ酸を合成することに成功した。理科の教科書などに「ミラーの実験」として紹介される有名な実験である。

ユーリーとミラーの研究は科学界からも高く評価され、生命発生に必要な有機分子は原始地球の激しい降雨現象の中で雷によって準備された、という仮説が広く流布することとなった。

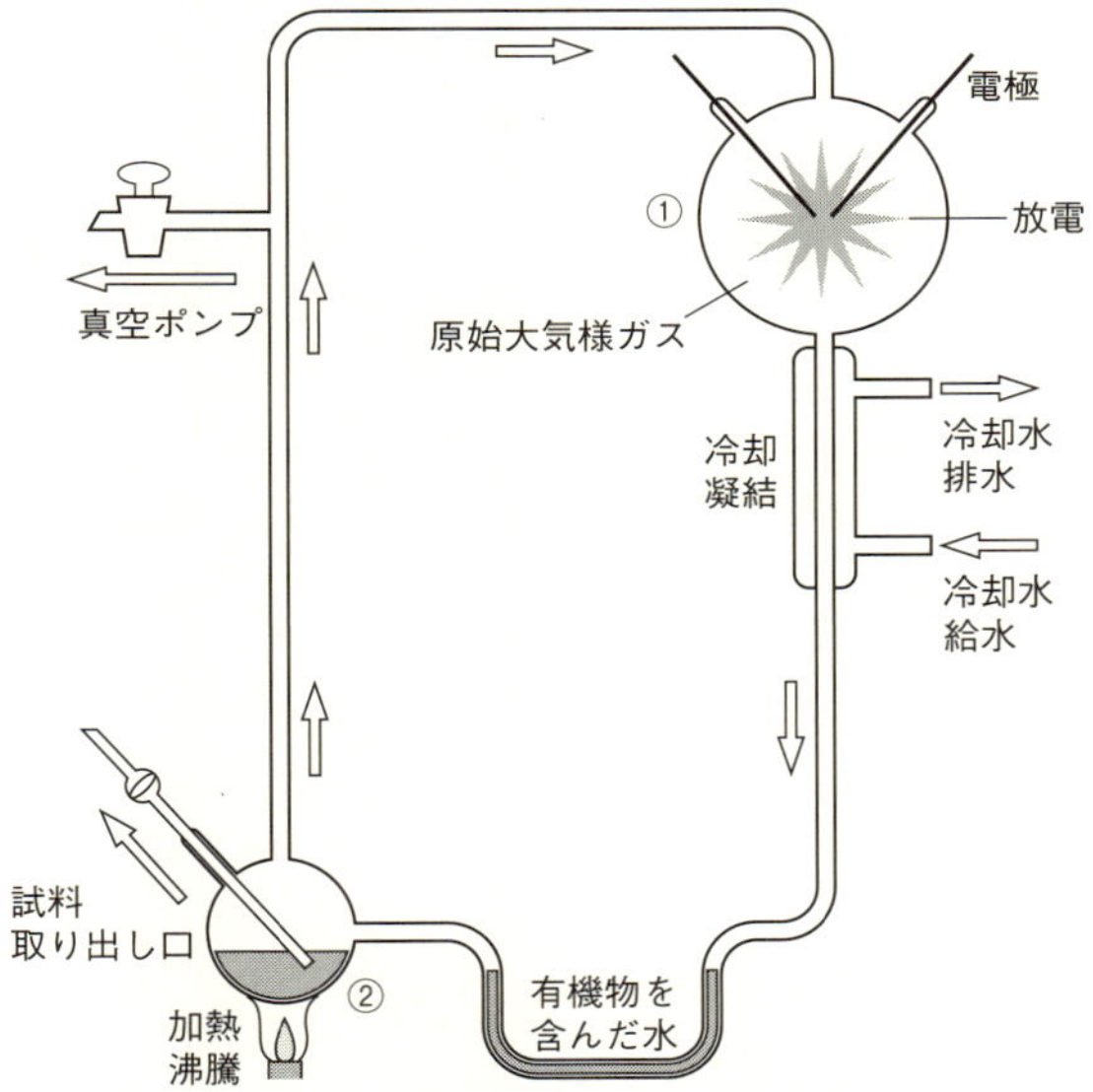

①の原始大気を模した混合気体の中で放電を続けると、
さまざまな有機化合物が生成し、②にたまる。

図3-6　ミラーの実験
（ユーリーとともに行った原始地球を模した実験装置の概念図）
（ブルーバックス『新しい高校生物の教科書』より転載）

メタンや水蒸気、アンモニアや水素という単純な分子から、複雑な生命が作られる可能性を示した実験は画期的なもので、セーガンらが、温室効果ガスとしてアンモニアに注目したのは、ある意味、自然な流れであった。

「アンモニア主犯説」

アンモニアを多く含む還元的な大気は実際に存在したのだろうか？　20世紀後半から

急速に進歩した地球惑星科学の最新の知見では、誕生から44億年前までの初期地球は、膨大な隕石の衝突によってあらゆるものが熔融する超高温状態だったといわれる。これをマグマオーシャンと呼ぶ。初期地球の大気は、マグマオーシャンにより、二酸化炭素や水蒸気、窒素が大半を占める酸化的なものであって、ミラーが考えていたほど、還元的ではなかったのではないかという考え方が支配的になっている。

ただし、地球の中核部分であるコアの形成が遅く、地表部分に大量の鉄が露出していれば、大気が還元的になる可能性もある。

自転車を野ざらしにして、錆びさせてしまった経験をお持ちの方も多いだろう。これは、鉄が酸化されてしまった結果である。これと同様に、鉄が地球表層に多く存在し、大気と接する状態にあれば、酸素は鉄に固定されて大気から取り除かれる。これによって地表に還元的な環境を生み出すことが可能となるわけである。鉄は、地球を構成する元素の中で、原子の質量で比較すると最も多く、じつに全元素の3割以上を占める。地球にある膨大な鉄が地表にあるのとないのとでは、大気環境がガラリと変わるのだ。

現在、地球の固体部分は大まかに、外側から地殻、マントル、コア（核）と呼ばれる3層構造になっている（図3－7）。このコアの部分に、鉄はニッケルなどとともに多く存在する。地球誕生当時は、冷却が次第に進むにつれて結晶が形成され、時間とともに、軽いものは表層へ、鉄などの重い金属は重力により中心へ集まっていった。

コアの形成が遅く、地表部分に大量の鉄が長く露出していれば、酸素と結合することで大気が還元的になる。反対にコアが比較的早い時期に形成されたのであれば、鉄はマントル部分に早々に取り込まれ、地球表層にある酸素と結合することができなくなるため、大気は酸化的になる。

はたして実際のところはどうであったのだろうか。近年の研究では地球の形成初期にはすでにコアが作られていたとされる。タングステンの同位体を使った分析によると、コアの形成は少なくとも45億年前までには起こったとされている。地殻や上部マントルの岩石を調べてみたところ、初期の地球で金属の鉄と酸素がコンタクトした形跡は認められないという。

以上のことから初期の地球の大気は、アンモニアの存在を許せるほど還元的ではなく、現在とさほど変わっていなかったということになる。

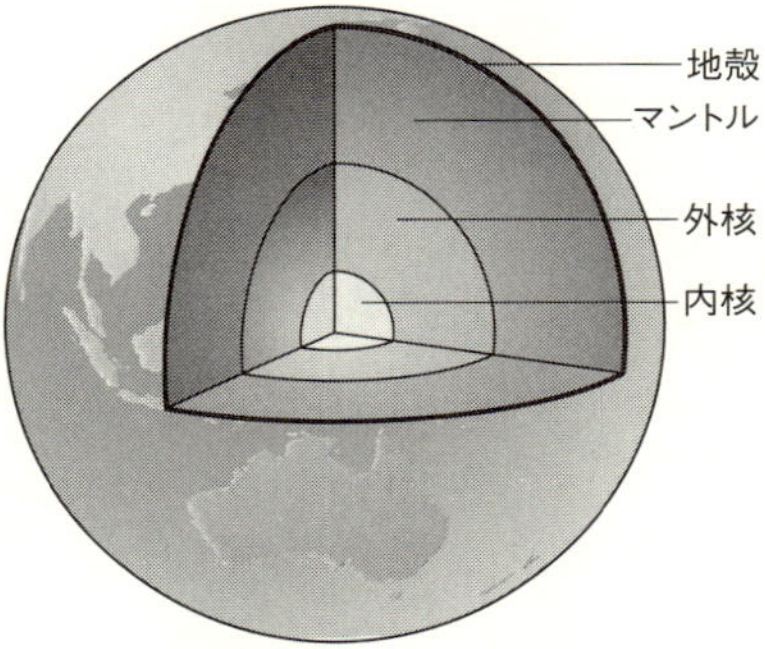

図3-7　地球の断面図

地球誕生からおよそ40億年前までの間に、重い鉄やニッケルなどの金属が中心（コア）に、軽い地殻が表層に、その間に中間の密度のマントルという層構造が作られたまた、アンモニアが初期の地球の大気中に存在したとしても、強い紫外線の影響で光化学的に分解されてしまっていた可能性が高い。当時は、紫外線から、今では私たちを守ってくれているオゾン層は存在しなかったのである。

しかし東京工業大学教授の上野雄一郎は、大気中に硫化カルボニル（ＯＣＳ）が存在していたとすれば、ヘイズと呼ばれるもやが発生するため、紫外線の影響が低下してアンモニアが分解を免れる、という新しい説を発表した。ヘイズとは、「ＰＭ２・５」で知られるようになった北京の曇ったような状態の空、あれを想像していただければいいかと思う。さらにいえば、硫化カルボニル自体が温室効果を持っているため、その影響も無視できない。

援軍を得たように見えたアンモニア説だが、この説が苦しいのは、アンモニアは大気で安定的に存在できないという点だ。アンモニアは水によく溶けるという化学的性質から、雨が降るとすぐに大気中から取り除かれる。大気中に存在してこその温室効果ガスであるので、これでは分が悪い。また大気中のアンモニアも、水蒸気が光分解することで生成したＯＨラジカルの影響で酸化されてしまうという問題がある。

「二酸化炭素単独主犯説」

では、私たちがよく知る温室効果ガスである二酸化炭素はどうであろうか？　二酸化炭素は光化学的に圧倒的に安定である。また、のちに述べる地球の気候の安定作用を考えるうえでも重要な役割を果たしており、「二酸化炭素」は極めて有力な候補と言える。

当時の二酸化炭素濃度についても、現在の１００倍以上存在していたとする説も根強く存在する。仮にこの濃度があれば、二酸化炭素単独で「暗い太陽のパラドックス」を解消する温室効果をもたらすことができる。仮にそこまでの濃度がなくとも、大気圧が現在よりもはるかに高ければ、二酸化炭素の総量が増えるので、高い温室効果が生まれる。

２００９年の「ネイチャーフィジックス」に、フランス・マルセイユの研究チームが発表した雨の滴の大きさとその壊れ方についての論文が掲載された。この成果に注目したのが、アメリカのシアトルにあるワシントン大学のサンジョイ・サムたちであった。

彼らは南アメリカにある、27億年前に噴火した火山によりたまった火山灰の上に降った雨の痕跡を調べた。同様の実験を研究室で行いながら、その形状が液滴の地面へ到着した速度によって決まるという結果を得るに至り、その手法を用いて、雨の痕跡のサイズから当時の大気の密度、つまり大気圧を復元した。彼らは、穴の大きさや断面の形状から当時の大気圧は現在の2倍ほどかそれ以下であった可能性をネイチャーで指摘したのだ。詳しい説明は省略するが、この程度の大気圧では、二酸化炭素単独では十分な温室効果を得るには至らない。

仮に、大気圧が現在とさほど変わらない状況で、二酸化炭素濃度が現在の１００倍を大きく下回るような場合は、二酸化炭素単独で「暗い太陽のパラドックス」を解消することは難しくなる。専門家には、少なくとも太古代後期から原生代初期までの大気二酸化炭素レベルは現在の100倍を超えるほどは高くなかったと考える者も多い。

「メタン共犯説」

二酸化炭素単独での温室効果では不十分であるとすれば、他の温室効果ガスの寄与が必要になる。有力視されているのがメタンである。

当時の主たるメタンの供給源はメタン生成古細菌だ。この古細菌は、酸素を用いずに光合成ができる原始的な光合成細菌が生成した有機物を分解することでメタンを生成していたと考えられている。35億年前の地層に保存された流体包有物に記録されたシグナルから、35億年前の生態系がメタンを生成していたことが、前述の上野の研究で明らかになっている。

メタンの発生源は生物由来だけではない。海底で海水と岩石が相互作用を起こす「熱水変質作用」で蛇紋岩ができる際にもメタンが発生するため、こうした岩石由来のメタンを合わせると、当時100~1000ppmVの濃度に達していたと考えられる。これは現在のメタン濃度の100~1000倍という高い値であり、その温室効果には無視できないものがあったはずだ。

東京大学教授の田近英一とジョージア工科大学の尾﨑和海（発表当時）らは、モンテカルロ法と呼ばれる数値シミュレーションにより、水素と鉄という異なる電子供与体を用いて光合成を行う嫌気性の光合成細菌が共存する場合には、「暗い太陽のパラドックス」を解消するほどの高い温室効果が生じることを導き出した。

酸素がほとんど大気に存在しない当時の表層環境を考慮すると、大気中のメタンを消費するメタン酸化菌の活動がほぼ完全に抑えられたと考えられる。そうすると当時のメタンのフラックス（大気への流出量）は今よりもかなり高くなり、大気中のメタン濃度が高かった可能性は高い。さらに付け加えると、二酸化炭素とメタンの比が１から０・１ほどになると有機物のもやが作られることで、本来であればすぐに水に溶けてしまうアンモニアまでも存在可能だったとも考えられている。

専門家のコンセンサスが得られるには至っていないが、現在よりも高い濃度の二酸化炭素を主体に、温室効果がより高い、メタンやアンモニア、硫化カルボニルなどが混合することで、「暗い太陽」でも温室効果をもたらすことができたと考える研究者は徐々に増えてきている。

実はパラドックスではなかった？

長らく袋小路に入った感があった「暗い太陽のパラドックス」問題だが、ここにきてブレークスルーの兆しも見えてきた。スーパーコンピュータを用いたシミュレーションの精緻化である。

「暗い太陽のパラドックス」が提唱された1970年代直後の当時は、気候を数値モデルで記述しようとしても、その手段がなかった。当時のコンピュータは、現在のスマートフォンと比べても、比較にならないほど見劣りする演算能力しかなく、シミュレーションなどは夢物語の時代だった。

太陽の光が弱くて地球表層に温室効果ガスが必要だと提唱するに至ったセーガンたちの計算も、エネルギーバランスモデルという、地球へのエネルギーの入力と出力について、一次元のシンプルなモデルで記述するというものだった。

21世紀に入った今、気候研究のモデリングで用いられているのは、大気と海洋を100kmほどの四角い箱に区切って、その箱と次の箱へ、どのようにエネルギーが伝わるか、方程式を解くというものだ。現在の天気予報で使用している予測モデルと同じである。

大気・海洋・氷雪などの変化を力学、流体力学、化学、物理学、生物学などの方程式によって再現し、気候の変化を表現する数値モデルはGCM（General Circulation Model：大循環モデル）と呼ばれている。日本のGCMの一つであるMIROCも、体育館ほどの大きさの建屋に入った並列計算機を使って、気候のシミュレーションを行っている。

2010年になってセーガンの弟子だったコロラド大学のオーウェン・トゥーンは、最先端の3次元GCMを用いて、「暗い太陽のパラドックス」の問題に再度取り組んだ。

彼は、液体の水が存在し、生物が生存可能な状況を作るためには、どのような温室効果ガスが必要になるのか計算を行った。計算にあたっては最新の知見も盛り込んだ。私たちの住んでいる地球は、時速１７００kmで高速回転をしながら、秒速30kmほどで太陽の周りを動いているが、25億〜30億年前は現在よりも自転速度が速かった。こうした知見を反映したパラメータを用意して計算したところ、大気循環パターンも変わり、二酸化炭素が現在の40倍、メタンが５００倍高いレベルになれば問題なく温暖な環境を生み出せることがわかった。最低レベルの要求濃度は、二酸化炭素で10倍、メタンで50倍あれば可能だとし、トウーンは、「もはやパラドックスではなくなった」ともいう。

このほか「暗い太陽のパラドックス」を解読するうえでの制約条件についても修正や見直しが進んでいる。たとえば、前述の「雨の化石」を使った研究で、大気圧が現在の2倍以下であったという知見についても、カナダ・ビクトリア大学のコリン・ゴールドブラッドが、「雨の痕跡」は、「雨の大きさ」ではなく、「雨の量」によって大気圧を復元すべきだと、仮説の修正を求めている。ゴールドブラットは、計算をやり直し、初期地球の大気圧は、それまで想定されていたより数倍から10倍高かったとの研究成果を出している。

ＧＣＭを用いたコペンハーゲン大学のミニック・ロージングとスタンフォード大学のノーマン・スリープらの研究によると、陸域が少なかったことにより「アルベド」（地球の反射率）がこれまで考えられていたよりも、低かった可能性を指摘している。初期地球の表層には、大陸の面積が小さく青い海面が広がっていたことから、アルベドが小さく熱を吸収させる効果が大きかったというのだ。この研究チームは、アルベドによる熱放射が小さければ弱い太陽光でも地球を凍らせるまでには至らないとネイチャーに報告している。

惑星科学や地球気候の専門家たちが40年にわたって激しい論争を繰り広げてきた「暗い太陽のパラドックス」。残念ながら、完全に答えが見いだされるには至っていないが、著者には、もやの中からは抜け出して、徐々に正解に近づいているように思える。

事件現場に残された証拠から犯人を探っていくように、正解にたどり着くには、まずは岩石に残された地質学的な情報の高精度化を行い、境界条件が正しいのかを確認する必要がある。微小な試料のサイズで高精度の信頼できるデータが取れるようになってきた現在、質量分析装置などの分析機器を駆使することで、茫漠とした当時の環境がクリアに復元されてくる。

一方、コンピューターシミュレーションでは、地球に入ってくるエネルギーと出ていくエネルギーをコントロールしている構成要素を洩れなく汲み入れて、最先端の気候モデルを使った空間的なコンピュータ実験を行うことが重要だ。バーチャルな世界の物理化学でコントロールされた地球が、地質学のリアル情報と整合的になるかを繰り返しチェックしていく。こうした地道な取り組みを続けていけば、「暗い太陽のパラドックス」の謎を解き明かすことができるだろう。

第４章

「地球酸化イベント」のミステリー

太陽系の中で生命の存在する可能性が高いといわれてきた火星。しかし火星探査機によって、火星の大気には酸素が存在しないことがわかった。太陽系の中でなぜ地球だけが酸素豊かな星となったのか（写真：NASA）

地球を「生命の星」にした2回の酸化イベント

現在の地球は、大気中から深海に至るまで酸素に満ちている。これは地球が太陽系のほかの惑星と大きく異なる特徴の一つだ。金星と火星の大気組成は似通っており、95%以上は二酸化炭素であり、窒素、二酸化硫黄、アルゴンが多く、酸素は限りなくゼロに近い。一方、地球は大気中に酸素を20・9%も含んでおり、二酸化炭素は0・04%にとどまる。なぜ、地球の大気のみが、温室効果ガスである二酸化炭素がわずかしかない一方で、酸素を大量に含有しているのだろうか。

大気中に酸素が存在することは、私たち人間を含めた多細胞生物が生存するための必要不可欠な条件だ。それゆえ、我々は、地球の大気には古くから酸素が大量に含まれていたと考えがちだ。しかし、近年の研究で、地球の原始大気には、現在の金星や火星と同様にほとんど酸素が含まれていなかったことがわかっている。現在のように酸素を豊富に含む大気になったのは、今からおよそ5億～7億年前のことだと考えられている。すなわち、地球史の85～90%以上の時代は今より圧倒的に酸素がとぼしかったのだ。

これまでの地質学的研究によれば、大気中の酸素量は約20億～25億年前と5億～7億年前にそれぞれGOE（Great Oxidation Event……大酸化イベント）、NOE（Neoproterozoic Oxygenation Event

	金星の大気	地球の大気	火星の大気	
窒素（N_2）	3.5	78.1	2.7	
酸素（O_2）	—	20.9	—	
アルゴン（Ar）	0.007	0.93	1.6	
二酸化炭素（CO_2）	96.5	0.035	95.3	（%）

図4-1　地球型惑星の大気組成

（写真：NASA）

金星と火星の大気には酸素はほとんどないのに、地球大気の酸素は20.9%に達する。一方、金星と火星では大気中のほとんどを二酸化炭素が占めるのに対して、地球ではわずか0.035%しかない。この地球特有の大気組成が生命繁栄につながった。しかし酸素の豊富な大気は地球初期から存在していたわけではなく、現在のレベルに到達したのは地球形成後40億年以上たってからのことである

……原生代後期酸化イベント）と呼ばれる2回にわたる酸素濃度の急上昇を経て現在と同レベルの酸素濃度に達したことがわかっている。

「大酸化イベント」とは仰々しい呼び方だが、イベントの前後では、文字どおり劇的ともいえる大気中酸素濃度の急上昇が起きている。GOEが起きる前の酸素濃度は、現在の10万分の1以下のレベルだったのが、一気に現在の100分の1レベルに増えているのだ。

　GOE直後の10億年間は、うってかわって「退屈な10億年」

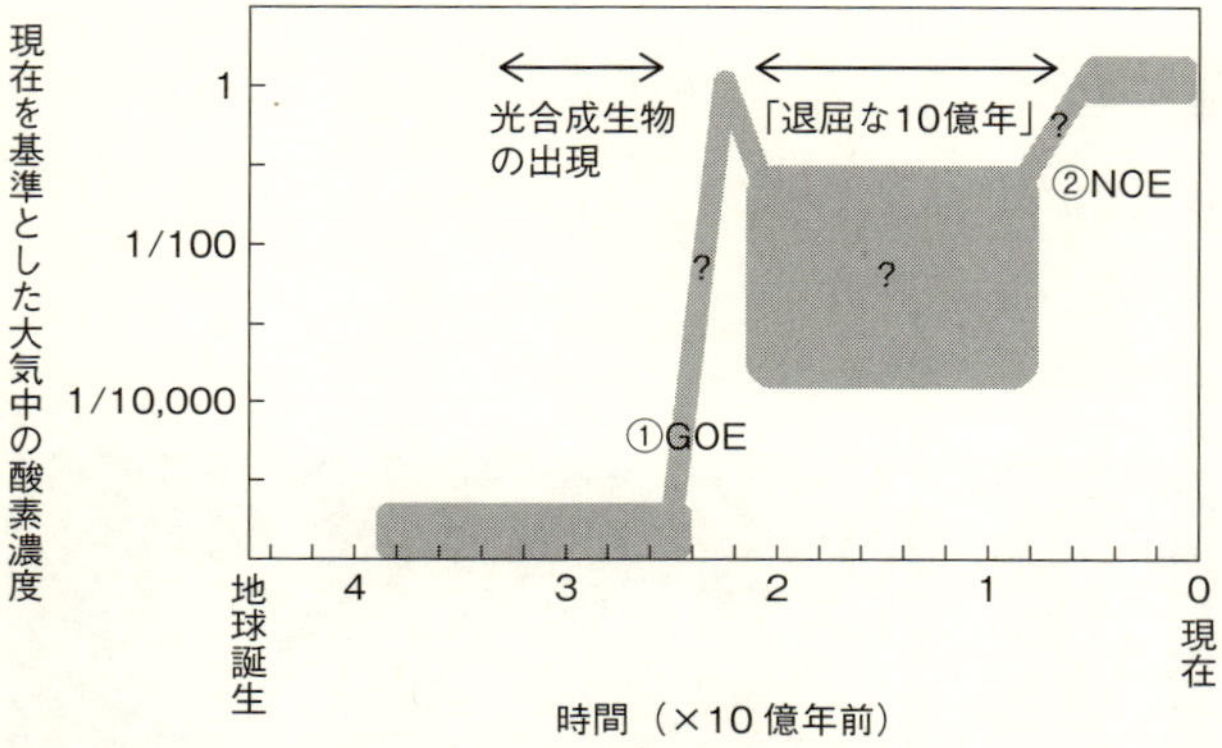

図4-2　地球誕生から現在にいたる酸素濃度の推移

30億年前頃から光合成生物により酸素が合成されていたが、大気中の酸素濃度はなかなか上昇しなかった。ところが、約25億〜20億年前にGOE（Great Oxidation Event；大酸化イベント）が発生し、約10億年の中断期間を経て、2度目の酸素濃度急上昇をもたらすNOE（Neoproterozoic Oxygenation Event；新原生代酸化イベント）が発生した

(boring billion) という時期にあたり、GOEで上昇した酸素濃度がほぼ一定の範囲内に保たれていた。もちろん、この時代の地球には、陸上にも海洋にも環境変化はあった。大陸は着実にその面積を増やし、酸素濃度もパスツールポイントと呼ばれる、現在のおよそ1%のレベルに達するに至った。パスツールポイントとは生物が発酵から酸素呼吸へとエネルギー経路を変える転換点であり、真核生物の生存限界と考えられている。そしてこの時期の大陸面積の拡大が、次の酸素濃度の増大に結びついていく。

その後、およそ5億〜7億年前のNOEにより、酸素濃度はさらに100倍に高まり、ほぼ現在のレベルに落ち着いた。

つまり、大気中の酸素濃度は、じつに10億年以上の中断期間を挟んで、2段階のステップを踏んで今の水準に達したわけである。

どこかに酸素がためてあり、それが一気に大気に放出されたのであれば、2段階ではなく、1度限りのオキシデーションイベント（OE）であるはずだが、このように、10億年もの中断期間を経て、酸素濃度が急上昇したからには、何らかの理由があるはずだ。GOEやNOEがどういったメカニズムで発生したのかは地球惑星科学分野の大きな謎となってきた。

実は、著者と尾崎和海（発表当時：ジョージア工科大学NASAポスドク研究員）は、米国ライス大学とイエール大学との合同チームを作り、GOEとNOEのメカニズムを解読する研究成果を2016年のネイチャージオサイエンスに発表した。本章では、こうした最新の研究成果を交えながら、「酸素のとぼしかった地球が豊かな酸素に恵まれた惑星にどうして変わったのか？」について思いをめぐらせてみたい。

実はありふれた元素だった酸素

「大酸化イベント」の謎を解き明かす前に、少し「頭の体操」をしてみよう。宇宙にはそもそもどれくらい酸素があるのだろうか。図4-3は1989年に発表された宇宙の元素の存在度を、

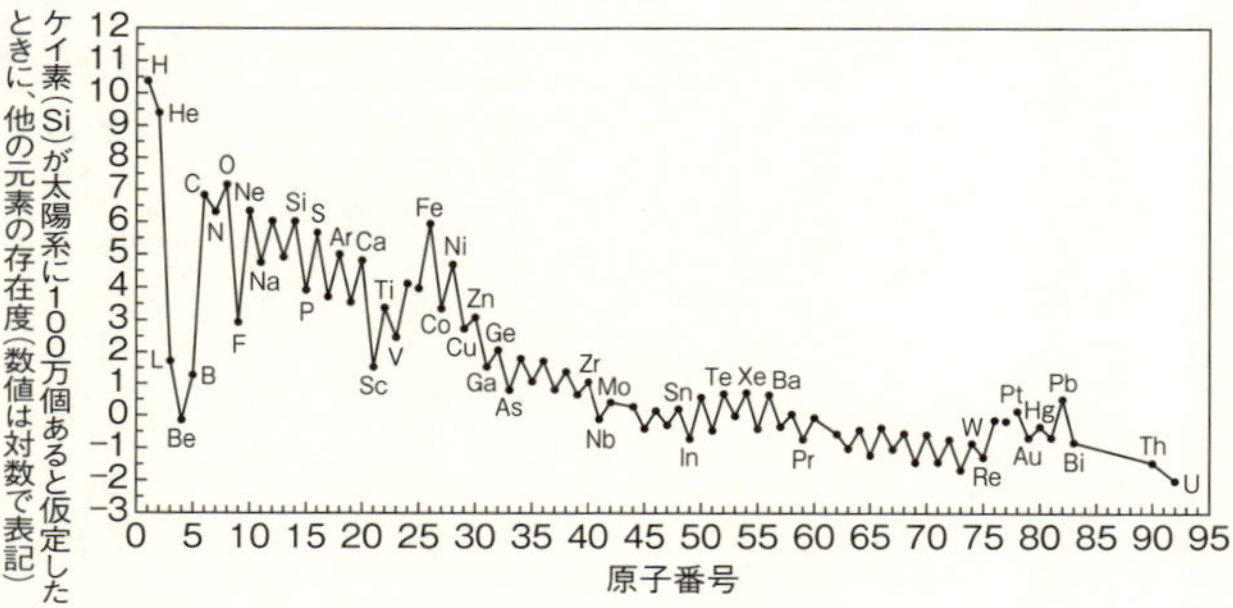

図4-3　太陽系の元素の存在度を、原子番号順に並べた図

（Anders, E. and Grevesse, N. 1989 より）

原子番号順に並べたものだ。図は、ケイ素（Si）が太陽系に10^6（100万）個あると仮定したときに、ほかの元素が相対的にどのくらい存在しているかを示している。

この表を眺めてみると、宇宙のはじまりの際に起こったビッグバンのときにすでに存在した水素やヘリウムが多いことがわかるが、酸素もそれに次いで多いことに気づく。意外にも酸素は宇宙ではありふれた元素なのだ。

この説明が腑に落ちない読者も多いはずだ。

「冒頭で表示した金星と火星の大気組成には酸素はまったく含まれていなかったはずだ。酸素が多く存在するのは、地球だけではないか」

そう思われた読者も多いと思う。事実、表層大気に酸素が多く存在するのは地球のみであり、それこそが地球が地球である理由である。では、火星や金星の酸素はどこに消えてしまったのか？

種明かしをすると、消えたのではなく、大気に存在しないだけなのだ。火星や金星にある酸素は、二酸化炭素や酸化鉱物として、地表あるいは地中に閉じ込められている。

実は、地球においても、火星や金星と同様に、酸素の大部分が岩石鉱物の中に取り込まれていた時代が長く続いていた。ところが、火星や金星と違って、地球の場合は、岩石鉱物から酸素を隔離し、大気に残す独自の環境が整ったことが、ほかの兄弟星との歩みを異にする大きなきっかけとなった。

なぜ、地球だけにこうした特殊な環境が生まれたのか。カギを握るのが、火星や金星にはなく、地球のみに存在する２つのファクターだった。「生物」と「プレートテクトニクス」である。

光合成生物はいつ誕生したのか

地球誕生から5億年以上、地球の大気中に酸素はほとんどなかったと考えられている。この均衡状態を崩したのが、火星や金星には存在しない「生物」だった。

最初に誕生した生物については諸説あり、科学者の間でもいまだに決着が付いていないが、近年まで最古の生物の化石と呼ばれていたのが、約34億年前の西オーストラリア州のピルバラ地域の砂岩に見つかった「硫黄を代謝に使うバクテリア」の存在を示す化石である。

このバクテリアは、硫酸イオン（SO_4^{2-}）を取り込んで硫化物イオン（S^{2-}）とする化学反応を行い、エネルギーを得ていた、とされる。この化学合成バクテリアは、酸素を使わずにエネルギーを獲得し、排出された硫化物イオンは、海水に高濃度で溶けていた鉄イオン（Fe^{2+}）と結合して黄鉄鉱（FeS_2）を生じた。もっとも、この化学合成では酸素は生じない。

一方、２０１７年に東京大学の小宮剛准教授らのグループは、カナダのラブラドル・サグレック岩体の堆積岩に、当時の海洋で降り積もったとされる有機物を発見したと報告した。その岩石は39・5億年前という年代を持ち、炭素の同位体である^{12}Cと^{13}Cの割合から、生物が代謝分別経路を通して作ったものであると報告している。もしこの発表どおりだとすると、地球における生命誕生は5億年以上遡ることになる。

地球上で、最初に酸素を合成する能力を獲得した生物がシアノバクテリアという細菌だというのは広く一般に受け入れられているシナリオだ。この生物は、体内に葉緑素の起源ともいうべき分子を持ち、光合成によって酸素（O_2）を合成する能力を持っていた。

科学者たちが19世紀初めに導き出した光合成のプロセスは、

二酸化炭素＋水＋光エネルギー→糖＋酸素

これを化学式を使って書くと以下のようになる。

$6CO_2 + 12H_2O +$ 光エネルギー→ $C_6H_{12}O_6 + 6H_2O + 6O_2$

シアノバクテリアは、大気中の二酸化炭素（CO_2）とまわりにある水（H_2O）を原材料にして、ブドウ糖、つまりグルコース（$C_6H_{12}O_6$）を生成した。このような能力を持つ光合成細菌の誕生によって、酸化化合物の一つである「水」から酸素を切り離すことが初めて可能になったわけだ。

最古のシアノバクテリアについても諸説あるが、その誕生は化学合成バクテリアより遅く、27億～30億年前ごろと目されている。２００８年には、化学合成バクテリアの化石が発見された西オーストラリア州の同じピルバラ地域で、シアノバクテリアの大量の死骸と泥が積み重なってできた27億～30億年前の「ストロマトライト」が発見されている。

ストロマトライトは、現在では高塩分のシャークベイ（西オーストラリア北西部）や、これまた塩分が海水よりも高く、アメリカのユタ州にあるグレートソルトレークなど、ほかの生物による捕食などの影響が少ない地域で見られる。

シアノバクテリアという酸素（O_2）のサプライヤー（供給者）の登場によって、大気中に大量の酸素が供給され始めたのは間違いない。近年相次いで報告されている地質学的・地球化学的データに基づけば、シアノバクテリアなどの酸素を生成する光合成活動はＧＯＥ（大酸化イベント）

よりも数億年前から存在したと考えられている。2014年には、アメリカのイエール大学を中心としたグループが、モリブデンを使った最新の同位体解析を用いて、GOEの5億年前からすでに大気中に酸素をもたらす光合成が生物によって行われていたことを、報告している。

しかし、大気中の酸素濃度は、シアノバクテリアの誕生後もほとんど上昇しなかったことが、還元的な鉱床の存在や硫黄の同位体など化学的な指標を用いた複数の調査からわかっている。

一つ目は酸素が希薄な環境で形成される砕屑《さいせつ》性ウラン鉱床やパイライト（黄鉄鉱）鉱床の存在である。これらは円礫《えんれき》など、河川などの流水によって摩耗を受けた鉱物であり、還元的な性質を持ち、酸素が大気に多く存在する状況では、速やかに酸化されてしまう。最新の地質学の調査でGOE発生前にこうした還元的な鉱床が存在していたことが判明している。

もう一つが当時の硫黄鉱物に含まれている同位体のシグナルだ。同位体は、化学反応が起こる際、質量に依存した動きを取る。これが第2章で説明した、ユーリーが発見した「同位体分別」である。地球上の化学反応はすべてこの物理化学原則に従うが、地球が〝特異な〟状態にあると、この原則が崩れてしまう。MIF（Mass Independent Fractionation、質量非依存性同位体分別）と呼ばれているものだ。

MIFは、オゾン層が形成される以前の原始地球で生じたといわれている。オゾンはその化学式（O_3）からわかるとおり、酸素（O_2）が原材料である。GOE以前の地球表層には酸素がまだ少なかったため、オゾン層が形成されておらず、紫外線が地表に強力に降り注ぐ状況にあったと考えられる。紫外線は強制的に分子の結合を断ち切ってしまうので、ＭＩＦが起きる。硫黄を含んだ鉱物は、この質量非依存性同位体分別の痕跡をはっきりと残していた。

これまでのところ、最も明確に大気酸素濃度の上昇を裏付けるのは、硫黄を含む硫化鉱物に刻まれたＭＩＦの記録だ。23億年前までは確認されていたＭＩＦの痕跡は、23億年前以降になると、忽然と消えてしまった。これは、地球の大気圏にオゾン層が形成されたことにより紫外線の影響が軽減されて、ＭＩＦが起きなくなったことを意味する。すなわち23億年前の地球には、オゾン層が形成されるほど潤沢な酸素が存在していたわけだ。

それにしても、シアノバクテリアの誕生からＧＯＥが起きるまでに、５億〜10億年もの歳月を必要としたのだろうか。また23億年前を契機に酸素濃度が急上昇したのは、なぜなのか。説明がつかない不可解な現象にも思えるが、すでに謎解きは終わっている。酸素は、当時の地表や海中にあった鉱物や岩石と結合していたのだ。

地球表層の酸素濃度は、生成と消費のバランスによって決まる。シアノバクテリアの誕生によって酸素の生成量が増えたとしても、酸素の消費量が高ければ、大気中に酸素が供給されても残留することができない。このように大気中の酸素濃度の推移を考える場合、「入力」と「出力」の２つのルートを考察するモデルを考える必要がある。

シアノバクテリアによる酸素供給を「入力」とすれば、酸素を消費する「出力」は地球の表層にある岩石だ。私たち研究チームは、この岩石の組成に大きな変化が生じた結果、GOEが生まれたのではないかと考えた。

私たちが、岩石の組成変化をもたらしたキープレイヤーとして注目したのが「プレートテクトニクス」だ。ご存じのとおり、地球には、地球の表層を作る薄い地殻とすぐ下のマントルからなるプレートが水平方向へ動き、大陸縁などで地球深部に沈み込んでいくプレートテクトニクスが作動している。実は、火星や金星には、地球のようなプレートテクトニクスは存在しない。火星や金星にはプレートの沈み込みが存在せず、マントル内部での対流である硬殻対流が起きていると考えられている。地球のように表面のプレートが大規模に移動し沈み込むようなプレートテクトニクスは、地球だけに存在する特有のメカニズムなのだ。

地質学的な証拠がとぼしいため、プレートテクトニクスがいつごろ、どのようなメカニズムで始動したのかは明確ではない。ただ、GOEが始まる約25億年前より前には、プレートテクトニクスは始まっていたと思われる。

一方、大陸地殻はいつごろ形成されたのだろうか。オーストラリアのジャックヒルズで世界最古の44億年前のジルコンが発見されている。ジルコンは、大陸地殻を構成する花崗岩が生成されるときに生まれる鉱物であり、このころには大陸地殻の形成が始まった可能性がある。海が誕生したのも、同じころであるだろうといわれており、地球が誕生してまもない段階から、海や陸地の形成が始まっていたことになる。

ただし、初期に形成された大陸地殻は、現在のような巨大なものではなく、小規模なものだったといわれる。なにしろ、地球誕生からしばらくは、「隕石重爆撃期」と呼ばれる小天体が絶え間なく衝突した時代で、巨大隕石が衝突した際には、一瞬にして海水が蒸発し、マグマの海「マグマオーシャン」に逆戻りしたこともあった。

GOEはなぜ起きたのか？

それでも、プレートテクトニクスが本格化するおよそ25億年前以前の地球の地表には、すでに相当大きな大陸地殻が形成されていたことが、オーストラリア国立大学のロス・テイラーによる地球化学的な研究やマルカム・マッカラクらのネオジムの同位体研究により推定されている。ただし、この大陸地殻は、現在の大陸のようにケイ素や酸素に富んだケイ長質岩（花崗岩や流紋岩）ではなく、鉄やマグネシウム、還元態硫黄などを多く含む苦鉄質岩（玄武岩）が主成分の大陸地殻だった。玄武岩は、地球内部のマントルからわき出てきた物質がそのまま冷却したものだ。大陸地殻に先駆けて形成された海洋地殻も、この玄武岩で構成されている。

ところが、およそ25億年前以降は、苦鉄質岩の大陸地殻が、急激にケイ長質岩の大陸地殻に置

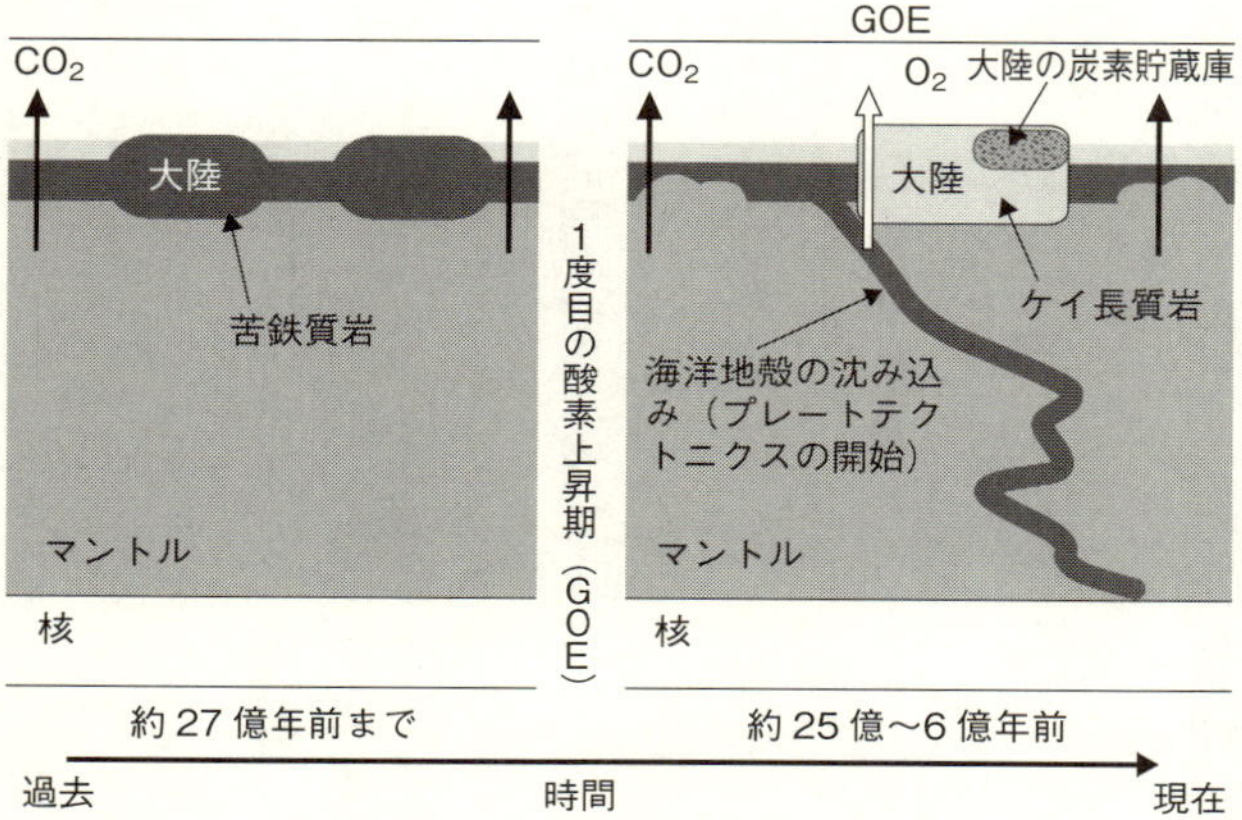

図4-4　GOEにおいて大気中の酸素濃度はどのようにして上昇したのか?

地球史の大気酸素濃度変動と大陸地殻の成長、それに火山など、固体地球から大気への二酸化炭素の流出量（フラックス）の変化を説明する模式図。GOEの直前に始まったプレートテクトニクスにより、大陸地殻の構成岩石が、苦鉄質岩から還元力の弱いケイ長質岩に富んだ構成に変わったことで大気の酸素濃度が上昇した

き換わっていく。この大転換をもたらしたのがほかならぬプレートテクトニクスなのだ。以下、いささか専門的になるが、苦鉄質岩の岩石が、ケイ長質岩に変わるプロセスを紹介しよう。

　まず、そもそも岩石鉱物はどうやって作られるのだろうか。そのもとになるマグマは、地下深部で圧力などにより融解されて作られる。そのマグマが上昇するにつれ温度が低下することで、融点の高い鉱物から順番に晶出される。マグマがマグマだまりで冷えていくにつれて、さまざまな鉱物が晶出していくのだ。マグマというスー

プから最初に晶出するのはマグネシウムなどに富んだ苦鉄質岩の岩石で、マグマは玄武岩質マグマとなる。

ケイ長質岩は、玄武岩質のマグマに水が加わることによって生成される。このプロセスは固体地球内部で行われる。ＧＯＥの前には大規模なプレートの沈み込みを伴うプレートテクトニクスが働いていなかったため、マントルに大量の水を供給することが難しかった。しかしプレートテクトニクスによって大量の水がマントルに注ぎ込まれると効率的にケイ長質の岩石鉱物ができるようになる。こうした営みを続けてきたことで、苦鉄質岩の大陸地殻が徐々に現在のようなケイ長質岩の大陸地殻におきかわっていったと考えられている。

これを裏付ける証拠もある。前述したジルコン（$ZrSiO_4$）という鉱物だ。ジルコンはケイ長質の岩石に含まれる鉱物である。つまりこの数の増減がケイ長質岩からなる大陸の増減を表すと考えられるのだ。また、その頑強な性質から最初に鉱物として形成された年代（つまり大陸形成の年代）をも保存するとされ、多くの研究者が年代測定に用いている。私たちは、大陸地殻の形成年代を記録しているとされるジルコンのデータを網羅的に調べ、これまでに発見されたジルコンの数とその生成年を調べてみた。図４-５が、生命が誕生した太古代とそれに続く原生代で発見されたジルコンの数である。

ご覧いただければわかるとおり、ＧＯＥが始まる直前からジルコンの数が急増している。ヒス

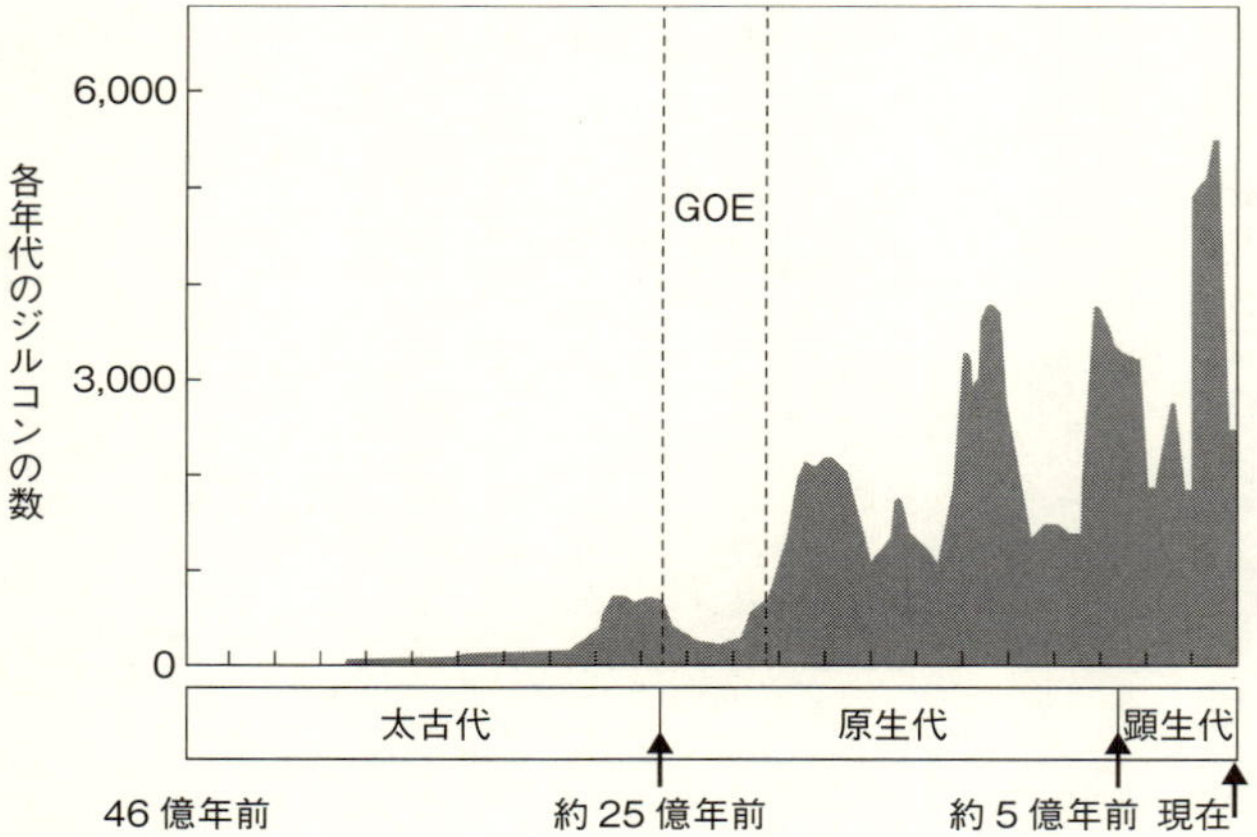

図4-5
還元力の小さい大陸地殻の形成年代を記録しているとされるジルコン（$ZrSiO_4$）の数の推移
大気中の酸素濃度が上昇したGOEの前後で大幅に数が変化しており、大陸地殻の成長がGOE前後から加速したことがわかる

トグラムを観察すると、28億年前以前の17億年間の年代を示すジルコンは全体の1％程度であるのに対し、24億～28億年前というその4分の1の期間に4倍の数のジルコン年代が報告されている。ジルコン生成の急増は、花崗岩などケイ長質岩の大陸地殻が形成されたことを示唆する。

では、大陸地殻を構成する岩石の変化がなぜ大気酸素濃度の上昇につながったのだろうか。前述したとおり、プレートテクトニクスが本格始動する前の大陸地殻は、鉄やマグネシウム、還元態硫黄などを多く含む苦鉄質岩の大陸地殻であった（「苦」がマグネシウム、「鉄」がもちろん鉄を表す）。苦鉄質岩は酸素ときわめてよく反応し、大気中の酸素を取り除く還元的な作用が強い。そのためシアノバクテリアが光合成によって大量に酸素を合成しても、苦鉄質岩が酸素を取り込んだため、大気中の酸素濃度が上昇することはなかった。

これに対して、プレートテクトニクスが本格化した後に、徐々に大陸地殻を構成するようになった花崗岩などのケイ長質岩石は、苦鉄質岩石に比べて１００分の1程度の酸素消費効果（還元力）しか持たない。すなわち、現在型のプレートテクトニクスの開始によってそれ以前の苦鉄質の大陸地殻がケイ長質の大陸地殻に急速にとって代わられたことで、大気中の酸素の取り込み量が急激に減少し、大気中の酸素濃度が一気に増加したと考えられる。これにともない、酸素－オゾン－メタンの大気での非線形な反応で急激な変化が起こる。

NOEはなぜ起きたのか

前述したようにGOEの終了後、約10億年にわたって大気中の酸素濃度が一定の範囲内に収まる「退屈な時代」が続いた。ところが、５億〜7億年前に、２回目となる大気中の酸素濃度の急上昇が起きる。これがNOEである。

NOE以降、酸素濃度が上昇したことは、その当時の硫黄同位体の変化、直前に起きたとされるスノーボール時代直後の酸素に富んだ海洋の状態を示す証拠からも確実視される。

GOEは、地球表層の岩石の組成変化によってもたらされたが、NOEはどのようなメカニズムによってもたらされたのだろうか。

私たちは、第1回目の酸素濃度上昇を生んだGOEと、2回目の酸素濃度上昇を生んだNOEとでは異なるメカニズムが働いたと考えている。話をわかりやすくするために、たとえ話を用いて説明しよう。目の前に、大きなバスタブがある。バスタブにたまったお湯を大気中の酸素と考えてほしい。バスタブには源泉につながったパイプからお湯が注ぎ込まれているが、いっこうにたまる気配がない。よく見ると、排水口の栓が外れており、お湯が漏れている。それも1ヵ所だけではなく何ヵ所も。シアノバクテリアによって大量の酸素が大気中に放出されたにもかかわらず、なかなか大気中の酸素濃度は上昇しなかったのが、まさにこの状態だ。

GOEが始まる前は、大陸地殻が酸素と結合する能力の高い（つまり還元能力が高い）苦鉄質岩で構成されていたので、シアノバクテリアがせっせと合成した酸素は、大陸地殻の岩石にたちまち取り込まれていた。つまり、苦鉄質岩でできた大陸地殻が「巨大な排水口」となって、バスタブから酸素を垂れ流していたわけだ。

しかし、プレートテクトニクスが本格的に稼働する過程において、酸素の取り込み能力が苦鉄質の100分の1しかないケイ長質の岩石鉱物に切り替わることで、排水口の穴が徐々に狭まり、バスタブにお湯がたまるようになった。これがGOEで起きた酸素濃度上昇である。

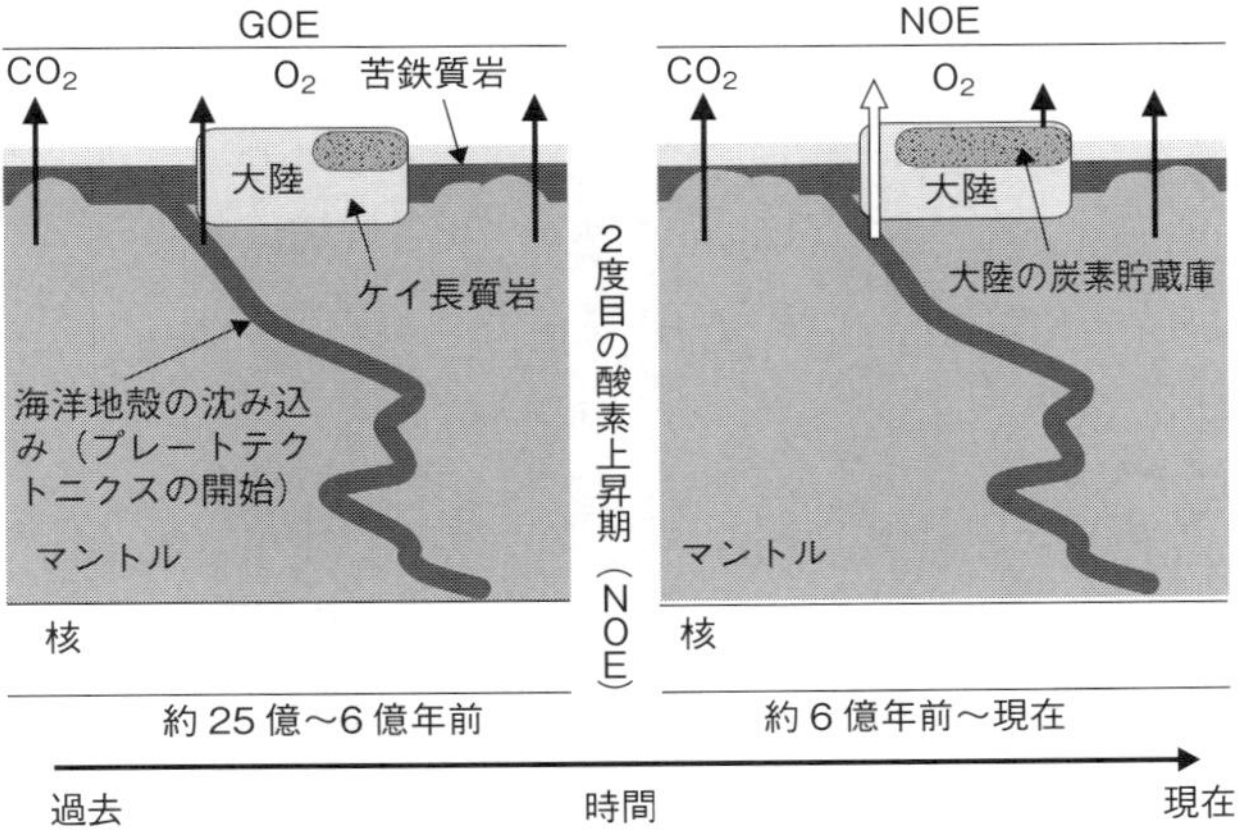

図4-6　NOEにおける酸素増加のメカニズム

大気をバスタブにたとえると、たくさん開いていたバスタブの穴が塞がれて水位が上昇（つまり大気酸素濃度が上昇）し始めたのがGOEである。さらに注ぎ込む湯量を増やすには、光合成を行うための材料である二酸化炭素を大気中に増やす必要がある。浅い海や陸地などでは、いったん蓄積した有機物や炭酸塩などが分解されて二酸化炭素が大気中に放出される。また有機物の埋没によっても酸素は増加する。こうした炭素貯蔵庫の成長（つまり大陸地殻とそこにたまる炭素の量の増加）によって大気酸素濃度が上昇したのがNOEである。

これに対して、NOEでは、バスタブの排水口はかなり塞がったものの、蛇口から注ぎ込まれる湯量がさほど増えないので、なかなか水位が上昇しない状態を考えてほしい。

湯量に相当する酸素は、シアノバクテリアや藻類が合成する。こうした光合成生物による酸素合成が円滑に進むためには、酸素を作り出すための材料が必要である。

前述のとおり、シアノバクテリアなどの光合成細菌は、大気中の二酸化炭素（CO_2）とまわりにある水（H_2O）を原材料にして、ブドウ糖、つまりグルコース（$C_6H_{12}O_6$）を生成する。

しかし、水がたくさんあっても、もう一つの原材料である二酸化炭素がなければ、光合成は進まない。大量の酸素を生み出すためには、大量の二酸化炭素が必要なのだ。

逆説的にいえば、二酸化炭素の量（厳密にいえば単位時間あたりの供給量であるフラックス）が少ないと、これが律速（ボトルネック）となって、シアノバクテリアや植物の光合成にブレーキがかかり、酸素供給量は増えない。ＧＯＥ終了後の10億年間はまさに、大気中に供給される二酸化炭素の量がボトルネックとなって、酸素濃度の急激な上昇が妨げられたと考えられている。

「巨大な炭素貯蔵庫」の整備を待ったＮＯＥ

大気中の酸素濃度を引き上げる手っ取り早い方法は、光合成細菌の原材料となる二酸化炭素を潤沢に供給することだ。具体的にいえば、地球表層に残留する二酸化炭素量を増やすことだ。しかし、主たる供給源だった大気中の二酸化炭素は、マントル内部から噴出する火山性ガスなどをはじめとする火成作用によってもたらされるので、ここが変わらない限り供給量は増えない。

ここでカギを握るのが、またしてもプレートテクトニクスである。

プレートテクトニクスが始まる前、地球の大半は海に覆われており、光合成ができる生物が棲息した海洋は水深が深く、作られた有機物は水中で分解されていた。ところが、プレートテクトニクスが本格的に稼働すると、現在見られる大陸のような広大な陸地が徐々に形成され、陸地の周りには水深の浅い海域が広がった。これにより光合成生物によって作られた有機物が水中で分解されることなく堆積し、大陸に付加される量が増大したのだ。このように炭素を何らかの化合物の形で保管するものを「炭素レザボア」という。具体的には、有機物である生物、岩石、海洋、大気などが該当する（当時はまだ存在しなかったが、現在見られる石油や石炭などを想像していただけると考えやすいかもしれない）。

ＧＯＥが終了した後、地表にはこうした炭素レザボアが急速に拡大していったと思われる。実は現在でも、大気中に供給される二酸化炭素は、火山活動などによりマントルからもたらされる量より、大陸起源の有機物の酸化（光合成の逆反応で二酸化炭素を排出する）や炭酸塩の風化によるもののほうが多いのだ。つまり火山活動の変化がなく、マントルから地球表層に供給される二酸化炭素の量が変わらなくとも、炭素を地表近くで効率的にとどめることができれば、光合成細菌が光合成に利用できる二酸化炭素の量を増やすことができる。

ＧＯＥ終了後のおよそ10億年間は、地表に巨大な炭素貯蔵庫が次々に建設された時代と考えればわかりやすいだろう。すなわち、大陸地殻の成長に伴って浅海域が拡大し、大陸地殻の炭素レザボアが大きくなり、地球表層への二酸化炭素の供給量が多くなったことが、光合成の律速要因を取り払い、酸素濃度の急激な上昇につながった。

ただし、大陸での炭素レザボアの増大は、ストレートに酸素供給量の増加にはつながらなかった。地表に露出した有機物は酸化されるので、短期的にみれば酸素濃度の減少要因になる。しかし、酸素濃度が一定のレベルまで達すると、地表に露出した有機物がすべて酸化され、ほぼ飽和してしまうので使い切ることがない。つまり、炭素レザボア蓄積の過程で、大気中の酸素は消費するものの、トータルで見ると、光合成生物の原材料となる二酸化炭素の供給能力が著しく高まることによって、酸素の生成率が向上する。こうした状況で、大気中の酸素濃度は急激に上昇していった。バスタブのたとえでいえば、湯量の豊富な源泉につながったことで、ジャバジャバと湯船にお湯が注ぎ込まれて、一気に水位が上昇した状態である。

私たちの研究グループでは炭素循環のシミュレーションを行った結果、炭素レザボアが増大するにつれ、指数関数的に大気中の酸素濃度が上昇するという結果を得た。GOE終了後、酸素濃度の上昇は一定期間滞ったのち、プレートテクトニクスの進展に伴って炭素レザボアが整うにつれ、まさに指数関数的に急激な酸素濃度の上昇が起きた。まさしくNOEの再現だった。

もちろん急激な酸素上昇にも「負のフィードバック機構」が働く。海洋が酸性化されるなどして有機物の埋没効率が減少するといったようなプロセスが働くことで、大気中の酸素濃度増大にブレーキがかかる。バスタブにも容量があり、それを超えたお湯はあふれ出すのと同様に、無限に酸素濃度上昇が続くことはないのだ。

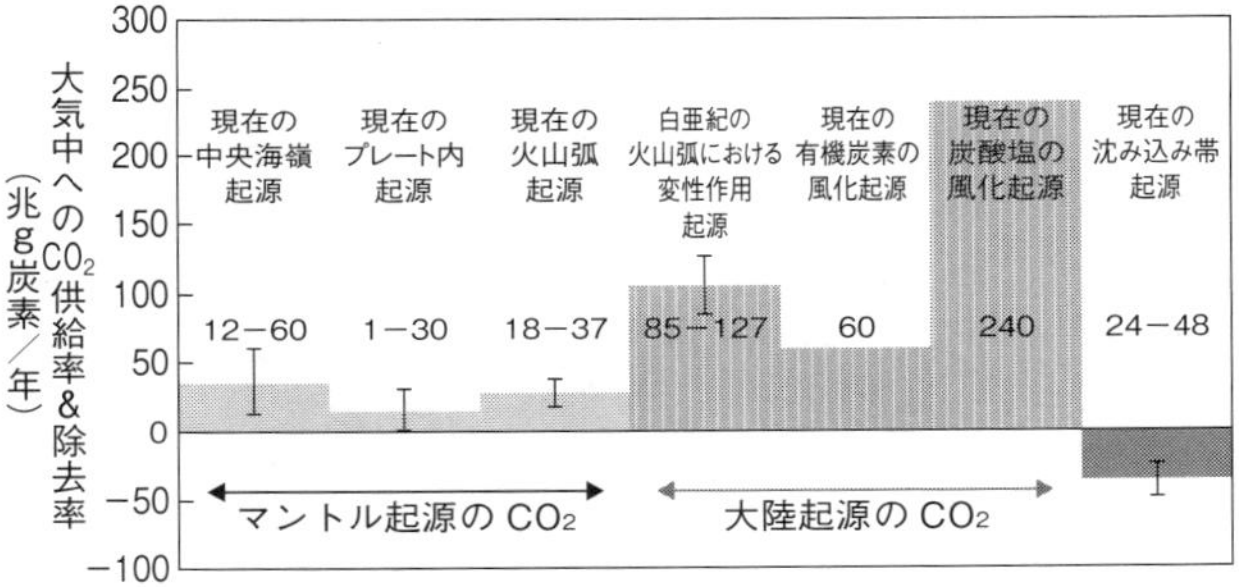

図4-7
現在の大気への二酸化炭素供給量（単位は年間あたりの兆g炭素、つまり百万トン炭素）
マントル起源の供給ルートより大陸起源のほうが３倍以上、最大で９倍以上大きい

ＮＯＥのメカニズムは複雑なので専門家でも理解するのが難しいといわれる。ポイントとなるのは、固体地球内部から地球表層へともたらされた炭素の多くが炭酸塩や有機物として大陸棚などの大陸地殻上に堆積し、マントルへと再循環しないことだ。つまり、炭素レザボアの増加によって、炭素を地表に留め置く力、いうなれば有機物の埋没効率（有機物が分解されずに地層中に隔離される効率）が飛躍的に向上したといえるのだ。

図４‐７をご覧いただきたい。これは現在の地球の二酸化炭素の出し入れをセクター別にみたものだ。詳しい説明は省略するが、マントルから火山活動などによってもたらされる二酸化炭素の量と、炭素レザボアに関連して発生する二酸化炭素量が可視化されている。現在の地球でも、火山性ガスなどマントルから供給される二酸化炭素より、生物を構成

する有機物や炭酸塩などの炭素レザボアに貯蔵された二酸化炭素の放出のほうがかなり大きいことがわかる。

以上の説明からご理解いただけるとおり、GOEとNOEという一見不可解な酸素の二段階増加のヒストリーは、地球の大陸の成長によって起きた必然的な現象だったのだ。

ただし、二度にわたる酸化イベントを生み出した二酸化炭素のフラックスと酸素の関係は、大気中の酸素濃度上昇を説明するほかのメカニズムを否定するものではなく、むしろバックグラウンドで動いていたシステムとして両立しうるものである。

カリフォルニア大学のライオンズのグループ、先の田近英一のグループは、スノーボールアースが収束した地球では、リンを含む栄養塩の、海洋への大規模な流入が進んだ結果、シアノバクテリアの光合成が活発化して酸素の供給量が増加した可能性を指摘している。今後こうした研究が進めば、GOEとNOEのより詳細なメカニズムが解明されていくはずだ。

第5章

「恐竜大繁栄の時代」温室地球はなぜ生まれたのか

アリューシャン諸島にあるクリーブランド火山。恐竜が繁栄した白亜紀は、大気中の二酸化炭素濃度が現在の6倍近く高かった。その謎を解く鍵は、私たちの知る火山をはるかに超えるスケールの「巨大火成岩区」にあった（写真：NASA）

2度にわたる「酸化イベント」によって、大気中の酸素濃度が急上昇したことで、地球上に多様な生物が棲息できる環境が整った。現在と同じ酸素濃度に達したNOEイベントが約5億年前に終わると、生物進化の速度は一気に加速する。約5億4000万年前に起こった「カンブリア爆発」と呼ばれるイベントでは、1万種以上の生物が誕生し、複雑な組織を持つ多くの生物が誕生した。それから顕生代（顕生代とは「肉眼で見える生物が棲息している時代」という意味、現在も顕生代）が到来し、それまでにも増して巨大で複雑な生物が次々に誕生していく。そして顕生代の中盤、中生代三畳紀（約2億5217万〜2億130万年前）には地球史上最大の陸上動物として名を残す恐竜が誕生するに至る。

「恐竜の時代」は超温暖化時代だった

イギリス南東部サセックス州の外科医であり、時には内科医としても活躍したギデオン・マンテルは、余暇として地質学の研究を行っていた。1822年のとある週末、彼がいつものように化石を探していると、これまで見たことのないような巨大な歯の化石を発見した。イグアナの歯と似ていたが、サイズははるかに大きい。イグアナのじつに20倍である。歯のサイズから推定される体長は18m。これこそがのちにイグアノドンと命名される、人類が初めて発見した恐竜であった。

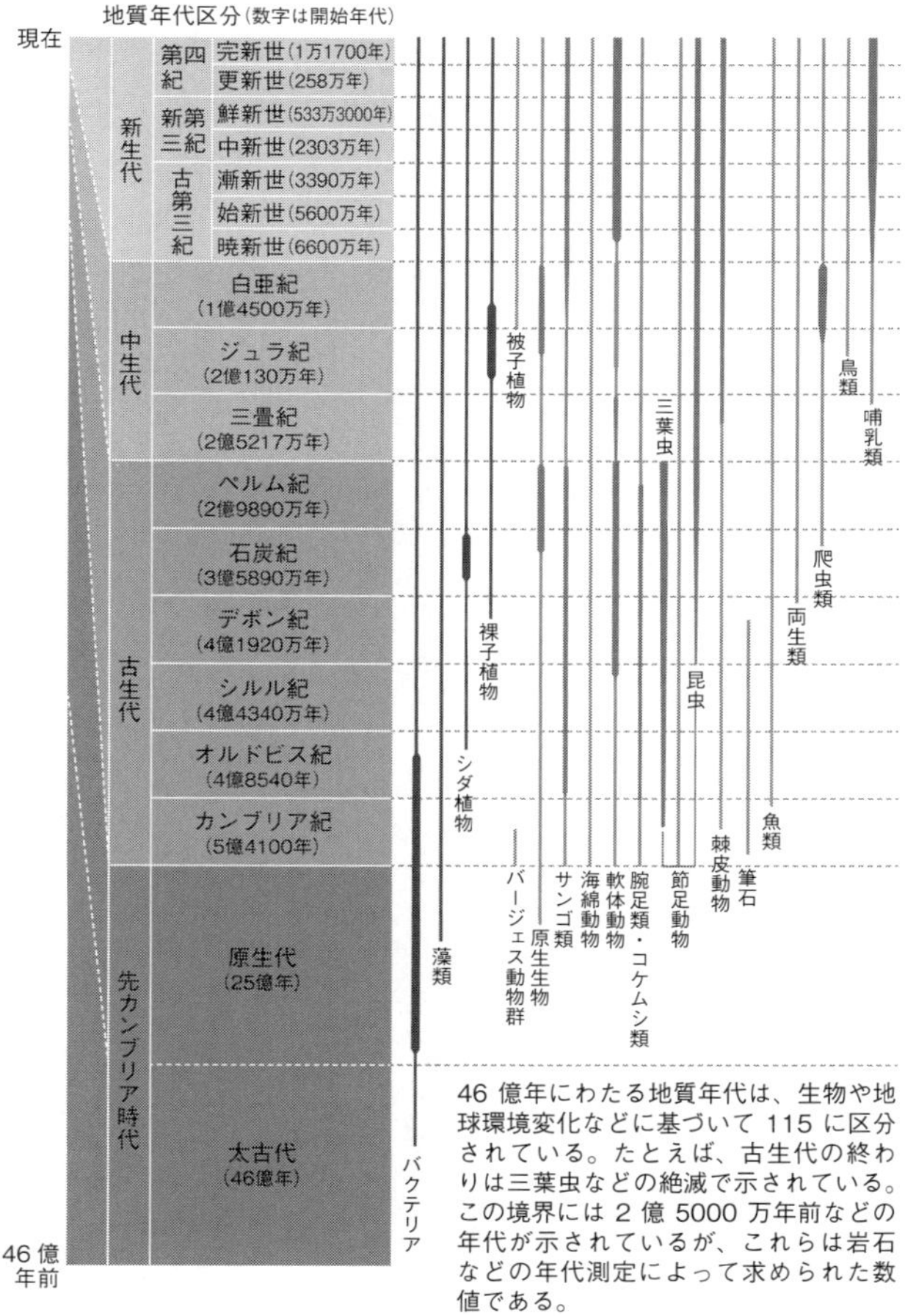

地質年代値は Gradstein, F.M., Ogg, J.G., Schmitz, M.D., Ogg, G.M., 2012, The geologic time scale 2012. Elsevier. による

図5-1　地質年代区分

出典：地質調査総合センター（2018）地質標本館 2018年度 特別展「地球の時間、ヒトの時間―アト秒から46億年まで35桁の物語―」地質年代の名称表記、生物の消長を示す縦線を一部改変

マンテルの発見以来、世界各地で恐竜の化石発見のゴールドラッシュが続き、中生代（約2億5217万〜約6600万年前）は、恐竜が繁栄した時代であることが判明する。

恐竜が闊歩した中生代は、気候学的にも特異な時代であった。当時の地球の平均気温は22℃。現在の地球の平均気温は約15℃だから、今より7℃も高かったことになる。恐竜の全盛期といわれる白亜紀（約1億4500万〜6600万年前）はさらに高温（平均気温24〜29℃）で、南北両半球のどちらにも氷床が存在しない「グリーンハウス・アース」つまり、「温室地球」の時代であった。

白亜紀の温暖な気候を決定づけたのは、温室効果ガスである二酸化炭素の濃度だった。植物化石の気孔の多さ（密度）などから推測される当時の大気中の二酸化炭素濃度は1000〜2400ppm。現在は400ppmだから、最大値の2400ppmは6倍に達する。現在の地球では、わずか50ppmほどの上昇が気温上昇を招いていることを思えば、2400ppmだった白亜紀が猛烈に暑かったことは想像に難くない。

それにしても白亜紀の二酸化炭素濃度はなぜかくも高かったのだろうか。

またもやプレートテクトニクス!?

白亜紀の二酸化炭素濃度の謎を解き明かすうえで重要なのが、当時の地球の表層環境である。

大気中に排出される二酸化炭素の供給源としては、動植物の呼気など生物由来のものもある

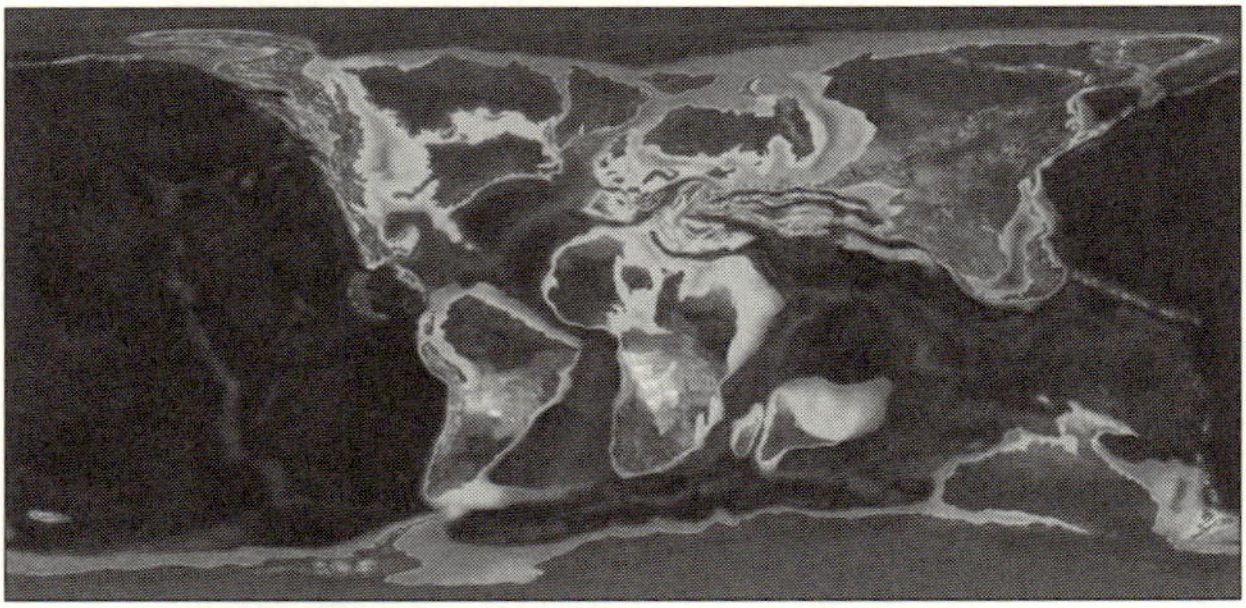

図5-2 白亜紀の大陸分布

(Paleomap project〈Christopher R. Scotese〉)

北アメリカを南北に浅い海が貫いており、アフリカやユーラシア大陸も同様だった様子がわかる

が、これだけでは、現在の2~6倍に及ぶ高い二酸化炭素濃度はとうてい説明できない。1000~2400ppmという二酸化炭素濃度は、エンドジェネシスつまり地球内部から噴き出してくる二酸化炭素を含む火成活動の介在が疑われる。

古生代ペルム紀の終わりである2億5000万年前ごろに誕生した超大陸「パンゲア」は、中生代三畳紀(2億年前)になると再び分裂を始めて、白亜紀には図5-2のように小さな大陸へとバラバラになっていった。

前述したように、白亜紀は、現在よりもはるかに温暖だったため氷床もなく、海水準も50m以上高かった。そのため当時の大陸は、浅い海によっていくつかの陸塊に分かれていた。

図を見ると、北アメリカを南北に貫きカリブ海につながる浅い海も広がっていることがわかる。この浅い海では、サンゴなどの炭酸塩の岩石が形成された（現在のアメリカ中西部の鍾乳洞はこのときの炭酸カルシウムが原石となって成長したといわれる）。白亜紀には、こうしたサンゴ礁を抱えた「浅い海」が世界各地に広がっていたのである。実は、このことが、白亜紀温暖化の謎を解くカギになるのだが、それについては、のちほど詳しく説明する。

地球内部から二酸化炭素が供給され、大気中の二酸化炭素濃度の上昇につながったと述べたが、主要な排出ルートとなったのが「火山」である。火山の噴火口や火山帯の割れ目からは、マントル内部にたまった二酸化炭素が大量に排出される。近年の研究で、白亜紀の火山活動は、現在よりはるかに活発だったことがわかっており、これが二酸化炭素濃度の上昇につながった。しかし、火山活動と当時の二酸化炭素濃度、そして温暖化をもたらす温室効果の関係性については未解明な部分も多く、詳細は長らくブラックボックスだった。

白亜紀の温室地球の謎を解き明かすには、当時の火山分布と二酸化炭素の排出状況などの正確なデータが必要不可欠だ。地球惑星科学の近年の進歩は著しく、この50年あまりの間にさまざまな科学的な知見が蓄積されつつある。白亜紀の火山分布や二酸化炭素の排出状況についても研究が進んでおり、地球が温室期に入ったメカニズムとも整合する仮説が完成しつつある。

その詳細を解説する前に、皆さんに海底探査のヒストリーを駆け足で紹介したいと思う。「なぜそのような回り道をするのか」と怪訝《けげん》に思われるかもしれないが、白亜紀の火山活動やプレートの動きなどは、先達の科学者たち、とりわけ海底探査を専門とする研究者による不断の努力によって解明されたものであり、こうした科学者たちの業績を理解することこそが、白亜紀の謎を解明する最短のアプローチとなるからだ。しばしこの「脱線」にお付き合い願いたい。

海底探査の無限のフロンティア

海底探査が盛んに行われ始めたのは、第二次世界大戦中のことであった。背景には、ソナーと呼ばれる音響探査法の飛躍的な発展があった。

海は地球表層面積の約70％を占め、平均水深は３８００ｍに達する。しかしソナーが発明されるまで、人類が知ることができたのは、この広大な海洋のごく表層にすぎなかった。なにしろ、水深１００ｍより深くなると太陽光も届かず、海底地形を調べようにも、肉眼による探査ではお手上げの状態だったからだ。

ソナーという「新たな目」を手にして科学者たちは、資源開発をもくろむ産業界や軍の後押しを受けて、世界中の海底探査を精力的に行った。中でも強力なリーダーシップを発揮したのが、ハリー・ヘスだった。

ヘスは、イエール大学で岩石学や地質学を学んだ後、海軍の予備役になり、真珠湾攻撃の翌日に志願兵として入隊したという異色の経歴を持つ科学者だ。

図5-3　ハリー・ヘス
（アメリカ科学アカデミーのサイトより）

第二次世界大戦中、彼は海軍中佐としてアメリカ太平洋艦隊の輸送船に乗り、レイテ島沖海戦や硫黄島の上陸作戦にも参加した。

ヘスが乗船した軍艦に備え付けられたソナーは海底の奇妙な地形を捉えた。直径が10km〜20kmほどで海底から1500mもそびえ立つような、頂上の平らな山々である。さらに探査を続けると、水深2000〜3000mといった深海に、1000m以上の高さでそびえ立つ山々が多く存在することがわかった。

およそ160に及ぶこれらの島々について、ヘスは自分の地質学の知識を結集し、これがかつての火山の頂上部分が平らになったものであると結論づけた。もともとその先端は、富士山のように尖っていたものが、波の浸食により削られ、プレートが冷却されるにつれ海底が沈降するのとともに、深海に位置するようになったのだ。終戦後、プリンストン大学に職を得たヘスは、地質学教室の初代教授であったアーノルド・ギヨーの名前にちなみ、この「平頂海山」を「ギヨー」と名付け、論文を発表した。

不思議なことに、ヘスが観測したギヨーは、ハワイの北西に延び、それがさらに北北西に連続

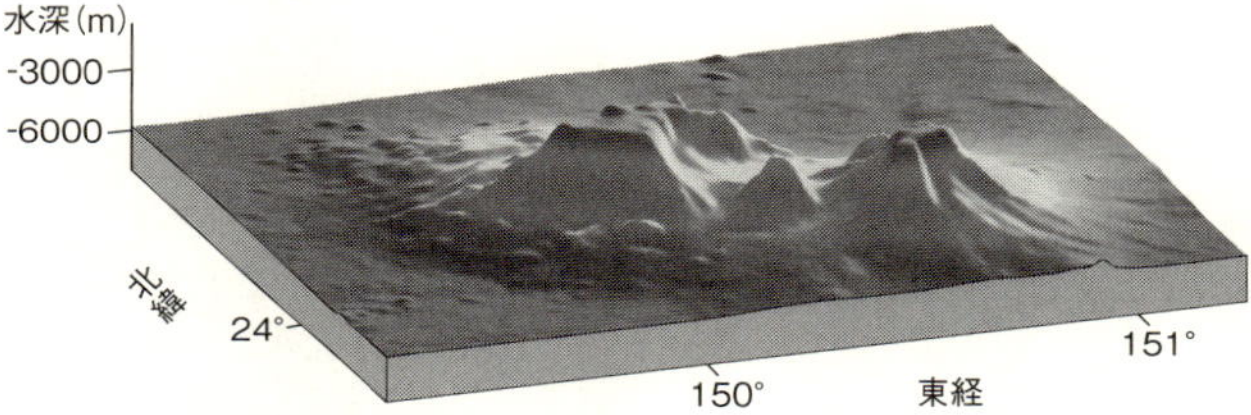

図5-4　太平洋小笠原沖のギヨーの3D画像

（沖野郷子博士提供。データソース：GEBCO_2014 Grid）

水深6000mの海底から頂上が平らな高さ3000mの山が形成されている。ちなみに左側のギヨーは江戸幕府が小笠原調査に派遣した咸臨丸にちなんでつけられた「カンリン ギヨー」

性を保ちながら、最終的にアリューシャン列島の沈み込み帯に向かっていた。当時は、アルフレッド・ウェゲナーが提唱した大陸移動説がまだ懐疑的に捉えられていた時代で、なぜギヨーがこのような分布をしているのかについて合理的な説明はできなかった。

しかし、海嶺からわき出た新しいプレートがじわじわと移動し、沈み込み帯でマントルに吸い込まれていくプレートテクトニクスの機構がわかってみれば、答えは単純だった（プレートテクトニクスは1960～1970年代に提唱されたため、当初はこの概念が欠落していた）。

ギヨーは、マントルから地表へと延びるホットスポットと呼ばれるマグマが作り出した産物だったのだ。地中奥底につながるホットスポットは、地球表層を滑るプレートの動きとは連動しないため、海底にほぼ不動で存在している。一方で火山島を載せたプレートは徐々に沈み込み帯へと移動するため、マグマの供給が途絶えた火山

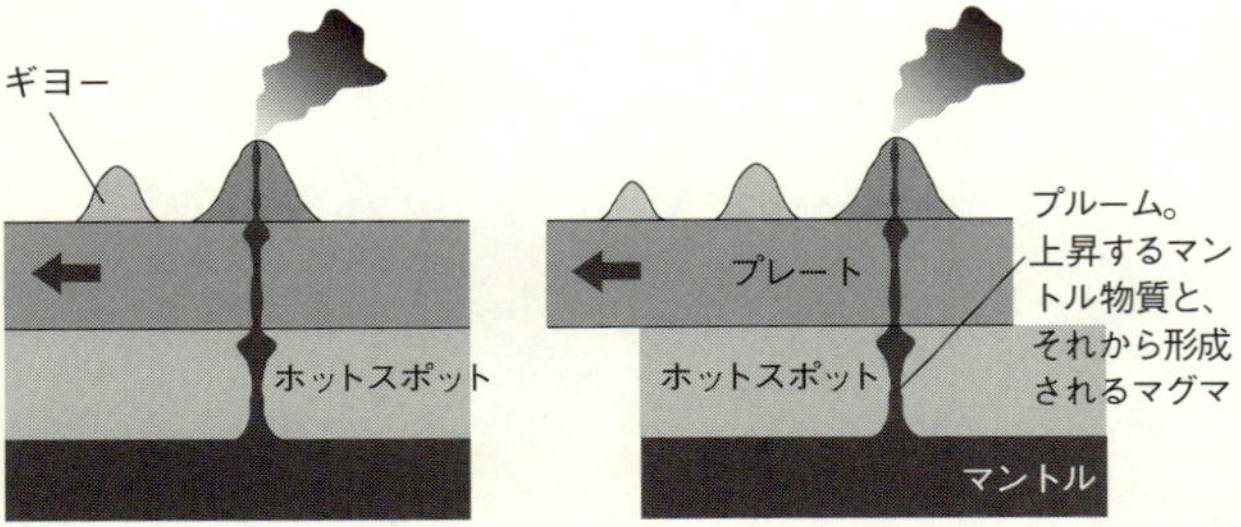

図5-5　ギヨーが形成されるしくみ

マントルから地表へと延びるホットスポットと呼ばれるマグマから火山が形成される(図左)。火山が載っているプレートは、プレートテクトニクスにより地球表層を滑るようにして移動していく。ホットスポットからのマグマの供給が途絶えることで火山活動は停止する。このようにしてホットスポットで生成された火山からギヨーがベルトコンベア方式で次々に製造されていく

が、あたかもベルトコンベア方式で次々に製造されているように、沈み込み帯へ向かって連続的に形成されたのである（図5－5）。

火星には、太陽系最大級の山体といわれているオリンポス山がある。標高はじつに約25㎞。地球最大のエベレストの2・8倍以上もの巨大な山体が形成できたのは、火星には地球のようなプレートテクトニクスがないからだといわれる。火星では、地球のように火山を載せたプレートが動くことはないため、ホットスポットからマグマの供給が続く限り、火山噴出物がとぎれることなく堆積していく。その結果、地球と比べて小さい重力であることもあり、このような巨大な山体形成に至ったというわけである。

海底の表面をひっかいて石を採取するドレッジングという方法でサンプルを採取し、放射性同位

体を用いた年代測定を行ったところ、ヘスが発見し記載したギヨーの年代は、３０００万年前ごろに誕生したものだということがわかった。

ハワイの島々や、１０００ｍ以上の高さの海山が連なる天皇海山列は、カムチャッカに向かって緯度が上がるにつれ古い年代を示していた。ホットスポットによる海底の火山帯が、中央海嶺から遠ざかるほど古くなるという系統的な年代を示し、海底が移動しているという「動かぬ証拠」が得られたのだ。

海底探査が進むにつれ、ウェゲナーが提唱した荒唐無稽とも思われる大陸移動説を裏付ける調査結果が次第に蓄積されていった。科学史に残る「大逆転」がついに始まったのである。

図5-6　火星にあるオリンポス山
（NASA）

海のビッグサイエンス

ソ連が大陸間弾道弾（ＩＣＢＭ）の実験に成功

図5-7　ウォルター・ムンク
（カリフォルニア大学サンディエゴ校スクリプス海洋研究所サイトより）

するなど、東西の冷戦が激しさを増していた１９５７年、ヘスは、世界最大規模の地球科学の研究機関であるスクリプス海洋研究所の海洋物理学者、ウォルター・ムンクの家にいた。ムンクといえばノーベル賞受賞者の多くが受賞するというクラフォード賞や京都賞を受賞したこともある著名な研究者である。

彼らは地球科学のビッグテーマについて議論していた。研究者は研究計画書（プロポーザル）を書き、それが審査を通ったら予算が付き、その研究費を使って研究を行うというプロセスを経る。ヘスはその審査委員会の委員を務めていたのだ。

「人類が宇宙に出ていく時代に、地球科学研究にはこれに匹敵するような大きなテーマはないのか？」

ヘスは、ジョン・F・ケネディー大統領の「１９６０年代のうちに月に人を送り込む」という大きなテーマに匹敵する、ワクワクと胸を躍らせるようなプロポーザルを期待していた。しかし、ムンクはヘスを驚かすような斬新なアイデアを持ち合わせていなかった。

ミーティングの途中、ムンクが、半ば冗談で「掘削船でマントルまで掘ってみてはどうでしょう」と軽口をたたいた。場を和ませるジョークのつもりだったが、意外にも参加していたメンバーに好意的に受け止められ、「モホール計画」という名前で提案されることになったのだ。海底探査に精通し、指導力のあるヘスはこの壮大なプロジェクトに精力を注ぎ込んだ。

海の底へ穴をブチ開ける

掘削する場所は、陸地ではなく海が選ばれた。大陸地殻は厚さが80㎞～100㎞あるのに対して、海洋地殻ははるかに薄く、５㎞ほど掘れば目的が達成されるからだ。

簡単そうに見えるが、海の底に穴を開けるのは意外に難しい。なぜなら掘削ポイントが沿岸から程遠い外洋になるからだ。深海底の地殻ほどマントルまでの距離は短くなるため、掘削ポイントは必然的に沖合に出ていかざるを得ない。

ヘスたちが選んだ掘削ポイントは、海深３５００ｍのメキシコ沖合。彼らは、石油掘削船であるクス１号を使って、パイプをつなげて海底を掘り起こすドリルを送り込むことを考えた。

しかし、である。深い海では船を固定するために錨（アンカー）を下ろすことができない。おまけに周りに障害物がないこともあり、船には激しい風がたえず吹きつけ、大波が打ち寄せる。パイプを下ろして海底に〝接続〟された掘削船も、こうした自然の力の前には無力だ。

掘削ドリルを通すパイプは重さがそれぞれ１００㎏以上あるが、船が流されるとあたかも飴で

図5-8
マントルまでの掘削を目指したモホール計画で使用された石油掘削船「クス1号」

できた棒のようにグニャリと曲がる。曲がるだけではなく折れて、その鉄のパイプが船上の作業スペースに跳ね飛ばされてくることもある。こうした危険を排除するためには、海上の1つの地点に船を〝固定する〟必要があった。

その当時、GPS（全地球測位システム）は存在せず、海上での姿勢制御は至難の業だった。そこでモホール計画では、複数の音響発信装置を海中に投入し、相対的な姿勢制御を行うシステムが開発された結果、半径180mの範囲で船を〝固定する〟ことに成功した（現在では、たとえば海洋研究開発機構の掘削船「ちきゅう」（図5－9）は、最大風速が秒速26m以上の暴風の中でも、船の位置のズレを10m以内に抑える技術を持つ）。

この水中ソナーを用いた姿勢制御用の海中ビーコンによる位置制御の効果もあり、クス1号は、メキシコ沖の水深3500mの海底を180m以上も掘削することに成功した。5000mという目標には遠く及ばなかったが、海洋探査の研究史に残る快挙となった。

モホール計画では深い掘削孔を掘り続ける必要があり、技術的に大きな障壁が立ちはだかった。予算も膨らむ一方で、「１つの穴を掘るのにそんな多額な予算は付けられない」という議会の反発もあって、計画は１９６６年に予算の関係から幕引きをしたが、多くの重要な技術的資産を残した。現在の衛星を使ったダイナミックポジショニングシステムはこの姿勢制御システムを応用、発展させたものである。

図5-9
海洋研究開発機構の掘削船「ちきゅう」
（著者撮影）
清水港に入港した「ちきゅう」

科学史上に残るパラダイムシフト

モホール計画の終了後、１９６６年から比較的浅い多くの掘削孔を掘る新たな深海科学掘削計画がスタートした。

１９６８年から始まったアメリカの深海掘削計画（DSDP＝Deep Sea Drilling Project）は、１９７６年から国際プロジェクトの国際深海掘削計画（IPOD）となり、１９８３年までグローマー・チャレンジャー号が使われた。長さが１２０ｍの掘削船で、櫓が真ん中にあり、ムーンプールと呼ばれる船体の中央部に開いた穴から海底へとドリ

図表5-10
科学掘削船ジョイデス・レゾリューション号
（著者撮影）

ルパイプを沈めていく。1985年からは全長143mで、操舵室のあるブリッジ（船橋）を前部に移動させたジョイデス・レゾリューション号がその任を引き継いだ。

これらの深海掘削計画では次々と大きな成果が得られた。1968年のグローマー・チャレンジャー号による航海では、ドイツ人科学者ウェゲナーによって提唱されていた大陸移動説を証明する決定的な証拠が発見された。

ブラジルのリオデジャネイロ東方はるか沖合、大西洋の地殻が作られている巨大な海底山脈である中央海嶺に沿って、20本以上の掘削孔を掘り、採取された岩石（中央海嶺玄武岩）の年代を測定したところ、海嶺から離れるにしたがって古い年代を示すことが明らかになったのだ。海嶺から海底が生まれて、それが次第に沈み込み帯へと向かって動いていく。このプレートテクトニクスこそが、大陸を離合集散させた〝張本人〟だった。

荒唐無稽として、地質学者たちから冷笑を浴びたウェゲナーの仮説は、彼の死後、海底探査が可能になった20世紀後半になってようやく証明された。大陸移動説に端を発したプレートテクトニクス理論は、科学史上に残るパラダイムシフトをもたらし、地質学や地球史の気候を探る古気候学に飛躍的な進歩をもたらすことになる。

太平洋の海底に残る最古の地質

海から遠く離れたアメリカ合衆国アイオワ州出身の地球物理学者ラーソンは、大学院時代を太平洋沿岸、カリフォルニア州南部で過ごし、サンディエゴ近郊のラホヤにあるスクリプス海洋研究所で学位を取った。

太平洋の海底の年齢はどのくらいなのか。当時、プレートテクトニクスが多くの研究者から失笑を受けつつも、研究が進むにつれ、荒唐無稽な仮説からパラダイムシフトをもたらす斬新なセオリーとして確立していく〝オセロゲーム〟を目の当たりにしていた彼が、そのような疑問を持ったのも不思議ではなかった。ちょうど彼の大学院時代は、前述のＤＳＤＰという深海掘削計画が、グローマー・チャレンジャー号を使ってスクリプスを中心に開始された時期とも重なった。

中央海嶺から玄武岩が噴出すると、比較的なめらかな海底と、中央海嶺に左右対称な年代のマグマが残っていく。先のギヨーのケースも、ホットスポットから離れるにつれて年代が古くなっていった。海底探査によって、海底が海嶺で形成されて、拡大していくメカニズムが解明され、年代測定の結果もそれを支持しているかに見えていた。ところが、１９８０年代に入って多くのデータが取られるにつれて奇妙な現象が見えてきた。確かに大西洋では海嶺を中心に、左右対称になだらかな海底が広がっていたものの、その分布は一様ではなかった。一方、太平洋の海底はおよそ対称なものではなかった。

こうした状況で、ラーソンは、太平洋の海底に残る最古の岩石を探す取り組みに着手した。プレートテクトニクス理論に従えば、海嶺から生み出された海底はいずれ沈み込み帯に吸い込まれて、消え去る運命にある。プレートテクトニクスの起源は、諸説あるが25億〜30億年前といわれており、最初に生成された海底はすでに地中奥底に吸い込まれていた。では、海底に現存する最古の地質はいつの時代のものか。

考えられるプレート移動速度をもとに、ラーソンが計算したところによると、西部太平洋にあるアメリカ大陸ほどのサイズの海底が、今から1億4500万〜2億年前のジュラ紀の年代を持つものであることが予測された。

ところが、1970年代以来、ラーソンが何度西部太平洋の海底サンプルを採取しても8000万〜1億2000万年前までの岩石しか採取できず、目的としたジュラ紀の岩石が見つからない。しかし1989年12月13日。ついにその日がやってきた。

首席研究員としてジョイデス・レゾリューション号に乗船していたラーソンは、掘削深度が海底下1000mを超えたところで、ジュラ紀の玄武岩を船上に取り上げることに成功したのだっ

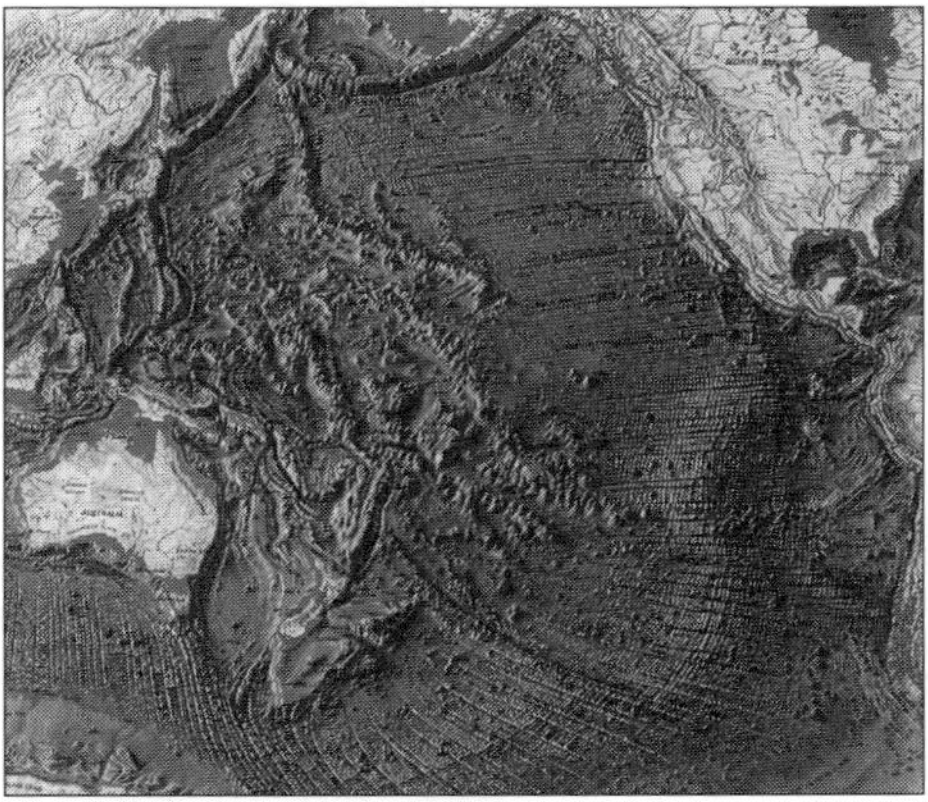

図5-11　太平洋の海洋底に広がる凸凹とした地形

（https://theearthexpanded.files.wordpress.com/2014/11/ocean_floor_map_300_5_.jpgより転載）

た。

ジュラ紀の海底がまだ沈み込まずに残っていることを確認した彼は、さらに別の事実に気づく。

西太平洋の海底が「雪解け時の泥の道のように」デコボコしていたのだ。中央海嶺を中心にプレートが一定の速度で形成されるとすると、なめらかな地形が左右対称に現れるはずだ。しかし現実の海底は、きわめて凹凸が激しく、大量の溶岩が噴出することによって形成された広大な台地状の地形が広がっていた。このような海底の台地状の地形のことを「海台」と呼ぶ。

ラーソンらが発見した「海台」は、ヘスが発見した平頂海山「ギヨー」よりもはるかにスケールの大きなものだ。パプアニューギニアの東方に位置するオントンジャワ海台は、じつに富士山の溶岩の5万倍、日本の国土の13倍以上の面積を持つ。世界の海底には、カリブ海台、ケルゲレン海台、ヒクランギ海台、マニヒキ海台などの巨大海台が存在する。

ラーソンは、海嶺から生み出された、本来なめらかな海底をこのような凸凹のある姿に変えてしまったのは火山活動だと考えた。

白亜紀の二酸化炭素濃度が異常に高かった理由

さて、長々と海底探査をめぐる科学史を説明してきたが、このあたりで、本章の冒頭で提示した謎解きに戻ろう。「恐竜が繁栄した中生代白亜紀はなぜ二酸化炭素濃度が現代の6倍以上も高かったのか」というミステリーだ。

賢明な読者はすでにおわかりだろう。カギを握るのは、火成活動を通じて地球内部から大気へと供給される二酸化炭素だ。

実は、日本の国土の13倍以上の面積を持つオントンジャワ海台やカリブ海台、ケルゲレン海台、ヒクランギ海台、マニヒキ海台などの巨大海台は、ことごとく白亜紀に形成されていた。ラーソンらの調査でも、西部太平洋の多くの海底の年代が白亜紀を示していた。

白亜紀の中期は、46億年の地球史においてもまれにみるほどに火山活動が活発な時期だったと

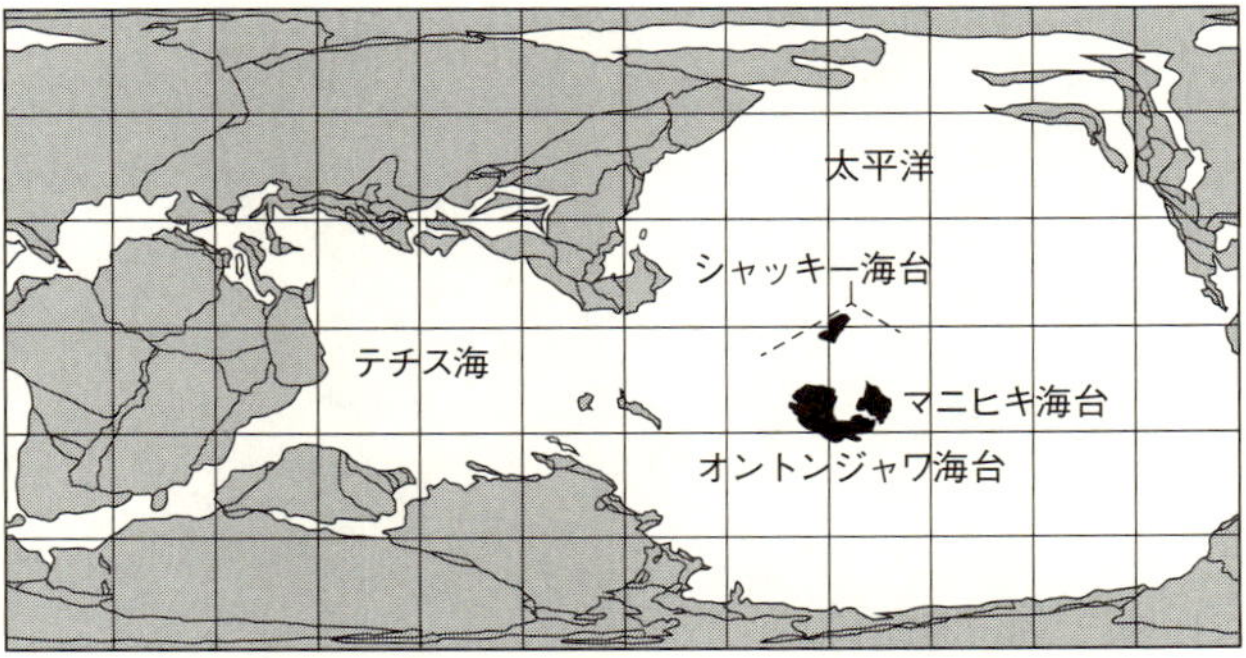

図5-12　１億2000万年前における地球の古地理図

（黒田潤一郎博士提供の黒田ほか2010を加筆。シャッキー海台とオントンジャワ海台の位置はそれぞれShipboard Scientific Party〈2002年〉とRiisager et al.〈2003年〉に基づく）

いわれる。

ラーソンは、白亜紀にマントルの下部からわき上がった熱い上昇流（ホットプルーム）が地殻下部まで到達し、その結果、多くの火山活動が引き起こされたと考えた。

また、海洋底（プレート）の拡大速度も40～50％ほど速かったことが確認された。プレートテクトニクスの項でも詳しく説明したとおり、プレートは「海嶺」で生み出される。海嶺は、単なる山の連なりではなく「火山」の連なりだ。

海嶺からはつねに新たなプレートが作り出されているので、プレートテクトニクスが駆動する限り、二酸化炭素は排出され続ける。その量は、プレートの生成速度にほぼ比例する。白亜紀のプレートの生成速度が40～50％も速かったとすれば、二酸化炭素濃度もそれに見合うだけの量が排出されたとみるべきだ。

同様に、プレートの沈み込み帯にも火山があり、こちらからも大量の二酸化炭素が排出される。海洋底の拡大速度が速ければ、こうした沈み込み帯にある火山帯でもプレートの移動速度に比例して、排出量が増えたはずだ。

ラーセンは白亜紀に活発化した火山活動は、地球の内部の熱を逃がすための対流活動の中で、およそ１億〜２億年に１度ほどの現象として起こる「スーパープルーム」によるとの仮説を発表した。そして巨大な火山活動によって作られた巨大な海台のことを「巨大火成岩区」（ＬＩＰｓ《リップス》＝ＬＩＰ：Large Igneous Province）と名付けた。

「ギヨー」は、現在のハワイ諸島に見られるようなホットスポットと呼ばれるマグマの噴出孔によって作られる。これに対して、「海台」ははるかにスケールの大きい火山噴火によって作られたとみられる。マントルも岩石なのでマグマの上昇は、実際はゆっくりとしたものだったが、地球の時間スケールで考えるとまるで水中で拡がるインクのように、膨大な量のマグマがマントル上部から地殻下部に浮上していった。

地底２９００kmというマントルの深部からわき上がった直径数千kmの火の玉「スーパープルーム」による巨大噴火が起き、地表で大量の溶岩が噴出することで巨大海台は形成されたといわれている。スーパープルームによる巨大噴火は10万年以上の単位で続くもので、私たちの時代では

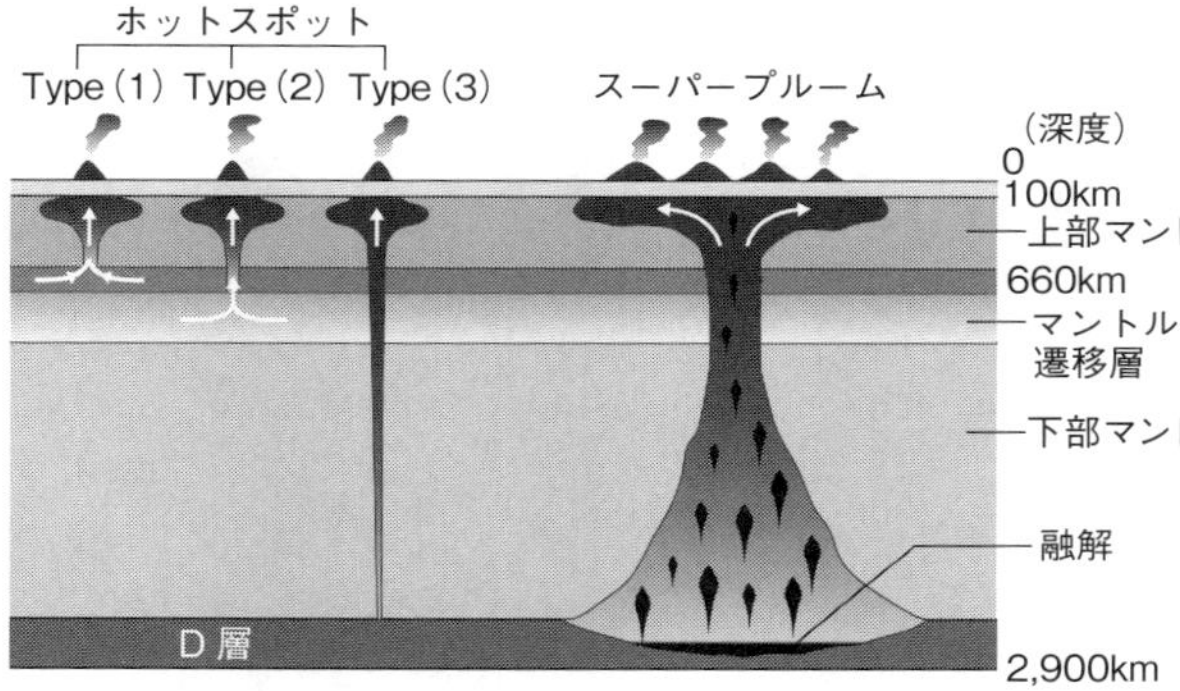

継続期間	～約１億年	～約 10 億年
サイズ	大規模	超大規模

図5-13　ホットスポットとスーパープルームの比較

（http://www.planetward.org/EarthSciencesTestReview.html の図を転載、改変）

スーパープルームは、ホットスポットと比較して、継続時間と規模とどちらも桁違いに大きい

見ることのできない想像を絶するようなスケールを持つ。これだけのイベントが起きれば必然的に、地球気候にも絶大な影響を及ぼす。

　現在の地球内部での、プレート起源の物質の行方については、地震波を使った研究で確認されている。病院で人間の体をＣＴスキャンで断層撮影するように、地球では地震の波の伝わり方を使って物質の分布を記載する。これを地震波トモグラフィという。波の伝わり方の速さと遅さで、地球内部の物質をイメージングする方法だ。つまり冷たいか固い（もしくはどちらも）物質は地震波を速く伝え、温かいか柔らかい（もしくはどちらも）物質は、地震波が遅くなる。

現在では南太平洋トンガの近くやアフリカの地下にプルームが上がってきているのが見て取れる一方、日本の近くでは、沈み込んだ〝冷たい〟プレートの名残がマントルの内部で滞留している様子なども、地震波トモグラフィで捉えられている。

スーパープルームが生み出したプレートの高速化と「巨大火成岩区」（ＬＩＰｓ）。これらがもたらした地中からの二酸化炭素の供給こそが、白亜紀の二酸化炭素濃度の急上昇をもたらし、「温室地球」に変えた。これですべての謎が解けるはずだった。しかし、ことはそう単純ではなかったのである。

本当にそう言い切れるのか？

スーパープルームが巨大な火成活動を引き起こし、それらが白亜紀の温室効果ガス濃度の急上昇を招いたことが事実だったとして、はたしてそれはどの程度の活動だったのか。白亜紀は７５００万年以上続いたが、その間、現在４００ppmである大気中二酸化炭素の濃度を１０００〜２４００ppmに保つには、大量の二酸化炭素が安定的に地表へ供給される必要がある。それはいかなるメカニズムによるものなのか。

２０１１年の１月から２月にかけて、東京大学柏キャンパスの私の研究室ではアメリカ・ライス大学からの訪問者であるシンティー・リー教授と、この命題をめぐって、連日議論を積み重ねていた。リー教授は、岩石学の世界的な権威として著名な研究者だ。

前述のように、従来の通説では、中央海嶺でのプレートの生成速度が速く、火山活動が活発だったため、二酸化炭素の供給が増大し、同時期にＬＩＰｓの活動も起こっていたため温暖化が促進されたと考えられていた。これらは、ストロンチウムの低い同位体比や海水中のマグネシウムの存在度の変化とも整合的に説明できる。マントル起源の物質は、ストロンチウム同位体比が低いという指紋のような情報を持っているのだ。

図5-14　シンティー・リー

（著者撮影）

現在の二酸化炭素濃度の２～６倍の大気二酸化炭素を維持するには、どれくらいの炭素が大気や海洋を中心とする地球表層に供給されなければならないか計算してみると、現在と比べて２～３倍の供給が維持されれば、白亜紀の高い温室効果ガス濃度を維持できることがわかった。しかし、温暖な環境では、風化が促進され、海洋に流れ込む陽イオンの供給も増加し、大気から二酸化炭素を取り除く方向に作用する。

これはユーリー反応と呼ばれている現象だ。１９５２年の論文で前述のユーリーが提唱したもので、炭酸塩とケイ酸塩

① 大気中の二酸化炭素はケイ酸塩を風化し陽イオン（Ca^{2+}）を海洋に供給する。

$CaSiO_3+2CO_2+H_2O \rightarrow Ca^{2+}+2HCO_3^-+SiO_2$

② ①の反応で作られたカルシウムイオン（Ca^{2+}）は炭酸塩として沈殿する。

$Ca^{2+}+2HCO_3^- \rightarrow CaCO_3+CO_2+H_2O$

この式①と②を足し合わせたものが、もともとユーリーが提唱したサイクルだった。

$CaSiO_3+CO_2 \rightarrow CaCO_3+SiO_2$

図5-15　ユーリー反応

の循環が地球表層で起きていることで、炭素循環をもバランスさせているという説だ（図5−15）。

排出された二酸化炭素を固定化するメカニズムも働いているとなると、大気中にはもっと大量の二酸化炭素が排出されていたことになる。想定された現在の2〜3倍の二酸化炭素濃度は最低限必要なレベルであり、当時の供給量はこれ以上であった可能性が高い。

ではすでに述べた中央海嶺でのプレート生成速度の上昇ではどの程度説明可能だろうか。

炭素の供給率の変化は、マントルの中に含まれる炭素の量やマントル温度の変化によっても変わるが、これまでの研究から変化が起こったというシグナルは見いだせない。マントルの温度と炭素量が変わらないとすれば、二酸化炭素の排出量はプレートの生成速度に比例する。もし白亜紀のプレートが、現在より2〜2・8倍かそれ以上のスピードで生成され、それが拡大したら、十分にこのレベルの二酸化炭素量を維持できる計算になる。

しかし、このスピードは、ラーソンが算出した1・4〜1・5倍よりもはるかに高速である。

このパラドックス解消に取り組んだのが、ドイツ出身で南カリフォルニア大学（当時。現在はテキサス大学）のソーステン・ベッカーである。彼は、地球内部と表層の変形などとの関わりについて、観測と理論を組み合わせて研究を行っている地球物理学者で、アメリカ地球物理学会の専門誌のエディターを務めるなど、その研究成果は高く評価されている。

このソーステン・ベッカーが「白亜紀のプレートの生成速度」を計算したところ現在の1・3〜2倍のスピードであることがわかった。同様の研究を行ったシカゴ大学のデビッド・ローリーは、0・8〜1・2倍の速度だと推定した。

図5-16　ソーステン・ベッカー

つまり白亜紀のプレートの速度は速いといっても、1〜2倍という範囲内に収まり、場合によっては、現在より遅いという推測値まで出ているのだ。一方で「2〜3倍という最大スピードの見積もりを採用しないと、当時の必要最低限の二酸化炭素供給が確保されない」というシミュレーション結果が厳然と横たわっていた。この矛盾をどう解消すればよいのだろう。

シンティー・リーと私は、プレート速度の高速化だけでは当時の高い二酸化炭素濃度を説明することはできないと考え、ほかの要因についても調べてみることにした。

もう一つの要因としてあげた「巨大火成岩区」（ＬＩＰｓ）はどうだろう。ＬＩＰｓについての研究は近年急速な発展を見せており、その噴火年代が短期間であった（といっても２００万年以内、という意味でだが）ことがわかってきている。大気に出された二酸化炭素が海や表層地球に吸収またはは固定されるには、１００万年以下の時間で十分である。私たちの計算では、白亜紀の高い二酸化炭素濃度を実現するには、１００万年に1回という高い頻度でＬＩＰｓにより噴火活動が起きていなければならない。

しかし、ＬＩＰｓを含むプレートテクトニクスの研究の大家であるシドニー大学教授のミューラーは、「そんなに頻繁にＬＩＰｓは起きなかった」との見解をこれまでの研究論文で発表してきている。

どうやら、プレートの高速化とＬＩＰｓだけでは、白亜紀に起きたような高い二酸化炭素濃度を説明できそうにない。「何か解明されていない要因があるはずだ」私とリーは議論を重ねて、1つの仮説にたどり着いた。

「地球のオープンレンジ」火成活動がはたした謎の役割

私たちが注目したのが白亜紀の火山分布だ。ここで白亜紀の地球の世界地図をもう一度見てみよう（図５－17）。前出の図５－２より後の、およそ９４００万年前の白亜紀の地球を描いたものだ。

三角で示したのは火山である。図を見ると、現在のユーラシア大陸と南北アメリカ大陸の海岸に火山帯が連なっていることがわかる。これが陸弧と呼ばれている海洋プレートの沈み込み帯だ。沈み込み帯には、現在の日本のように、深い海に囲まれた島弧と大陸に位置する陸弧がある。テチス海の沈み込みなども含めると、白亜紀には、現在のおよそ2倍の長さの陸弧が広がっていた。

また、沈み込む物質も現在と異なり、冷たくて重い海洋地殻ではなく、炭酸塩に富む岩石だった。なぜ、このような違いが生まれたのだろう。

白亜紀は、プレートの生成速度が現在より速かったため、プレートが十分冷え切る前に沈み込み帯に到達したと推測される。そのため白亜紀のプレートは、現在の地球に見られるような、冷え切って重くなったプレートよりも格段に軽かった。その結果、海底が底上げされ、海水準も今よりかなり高くなった。加えて、前述したように、白亜紀は現在の南極や北極のような氷床が存在しない「温室地球」で、海水準が50ｍ以上高かった。こうした要因が重なり合って、白亜紀の地球では浅い海や大陸棚のような広大な低地が世界各地に広がっていたのである。このような低

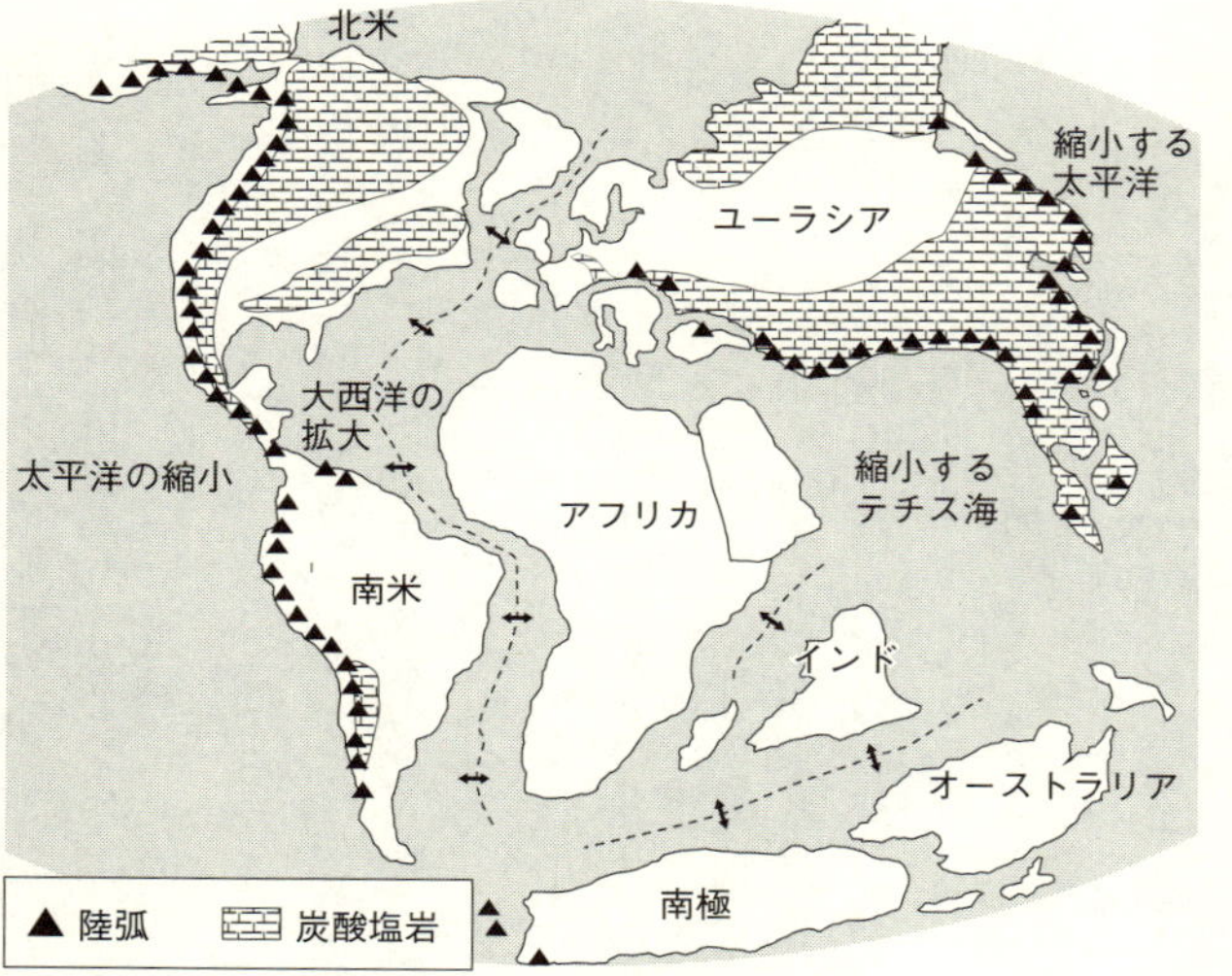

図5-17　白亜紀後期の古地理と陸弧の位置

（Lee et al〈2013〉の図を基に作成）

地にはサンゴ礁が広がり、炭酸カルシウムなどの炭酸塩岩が大量に蓄積されていたことがわかっている。

図5－17の、小さな三角形で表された陸弧の近くに小さい長方形がたくさん敷き詰められているが、これは炭酸塩岩が分布していたエリアを示す。こうしたデータは、第二次世界大戦中に行われた金属資源（スズやタングステン）の分布マッピングの調査でも裏付けられている。このような炭酸塩岩が存在した直接的なエビデンスとして用いることができるスカルンというタイプの鉱床が、北米大陸で多く見つかっているのだ。

一般に炭酸塩岩は金属元素にとぼ

しいことが知られている。しかしスカルン鉱床では、炭酸カルシウムと金属元素をともに産出する。炭酸塩の基盤の地質にマグマが供給されることで出来上がった鉱床だからである。こうしたスカルン鉱床の主要なものは白亜紀に形成されている。

ちなみに、白亜紀後期、日本列島のような島弧の近くにはこうした炭酸塩岩はあまり分布していない。これは島弧の前には海溝といわれる深い海があり、海洋表層のプランクトンなどにより作られた炭酸塩の多くが、海底に堆積する前に（もしくは後に）、温度と圧力などの関係から海水に溶解してしまうからだ。

現在の２倍もある陸弧の長さとそこに沈み込む「炭酸塩岩に富む岩石」。私たちは、この組み合わせが膨大な量の二酸化炭素を生むことに着目した。

「陸弧」という文字面からは類推できないかもしれないが、陸弧はいわゆる火山帯である。たとえるならば、陸弧や島弧は地球の「オーブン」のようなもので、炭酸塩岩に富む岩石は燃焼を促進する「助燃剤」に相当する。炭酸カルシウムなどの炭酸塩岩はマグマの融点を下げる効果があり、プレートが沈み込む浅い海で大量の二酸化炭素を生成する。これが大気中の二酸化炭素濃度を引き上げた可能性が高いのだ。

いうなれば、白亜紀は、現在の地球の２倍の長さの「オーブン」に、助燃剤をたっぷり混ぜ込んだ「燃料」がジャンジャンくべられた状態だった。私たちの研究チームは、プレートの生成速度やLIPsだけでは説明できない高い二酸化炭素濃度を生み出したのは、この第3のファクターであるとの結論に至った。

プレートの生成速度やLIPs、そして炭酸塩岩に富む岩石と沈み込み帯の分布、この3つの要因が重なった結果、大気中の二酸化炭素濃度を継続的に高め、温暖化が白亜紀の7500万年以上の長期にわたって持続したのだ。

固体地球と気候変動の切っても切れない関係

リーと私はこれを新しい説として論文にまとめた。

論文には白亜紀の気候変動を説明するための手段を書いたが、最後にはもっと「大きな可能性」を記すことも忘れなかった。

すなわち、上記のメカニズムは、白亜紀特有の現象というよりは、地球のようなプレートテクトニクスが起こっている限りは、駆動しているシステムだと主張したのだ。

カナダのトロント大学にいたツゾー・ウィルソンは、プレートテクトニクスによって海洋底や大陸の分裂や形成を繰り返すサイクルを主張したが、もし、ウィルソンサイクルと呼ばれるこの変化が、地球史を通じて起こっていたのであれば、陸弧と島弧の長さの違いとそこに沈み込む物質の違いによって、気候が激しく揺れ動いたことは想像に難くない。つまり、島弧から陸弧へと

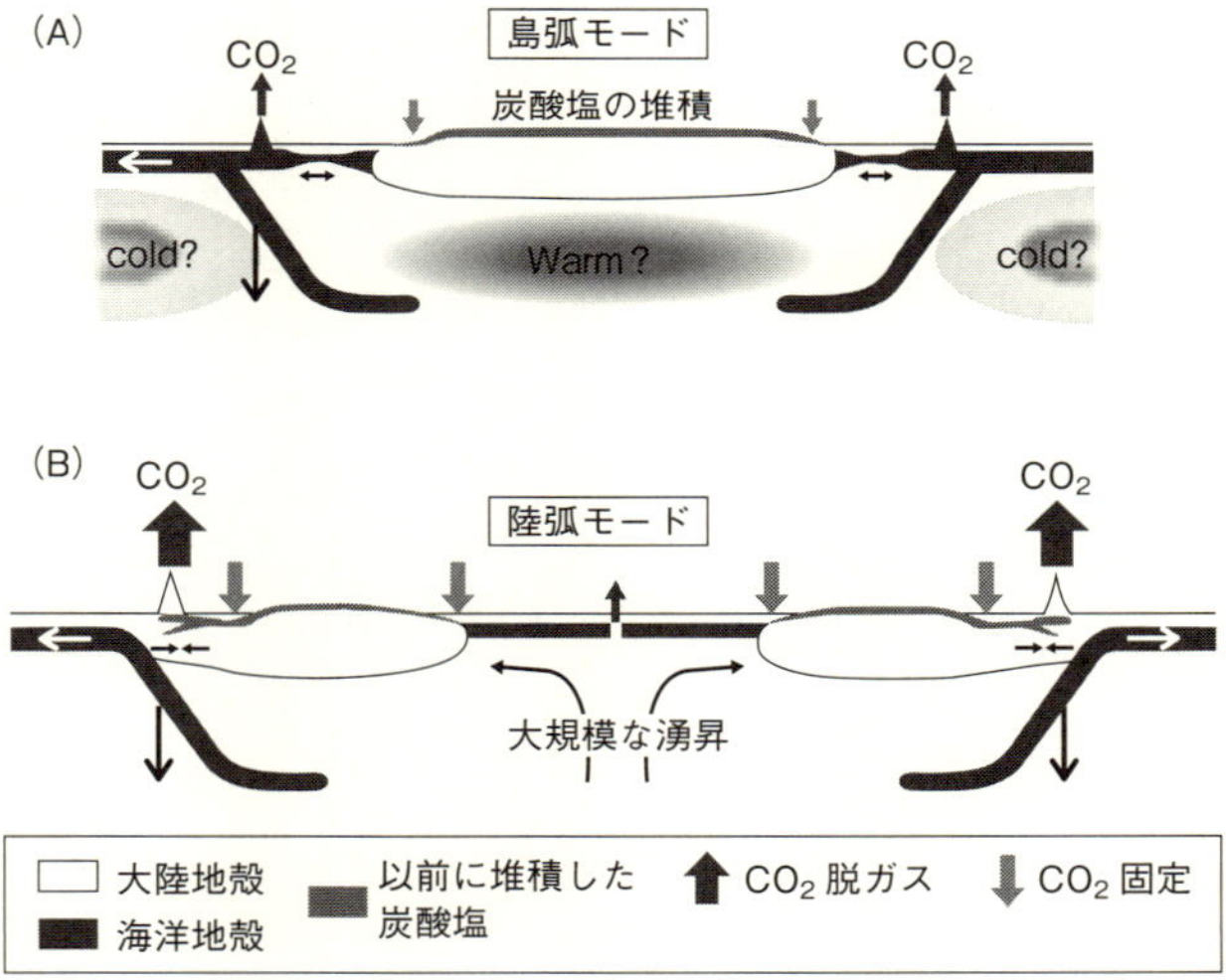

図5-18
大陸が集合している時期（A）と分裂している時期（B）の火山活動と火山のタイプの違いによる二酸化炭素放出量の変化
（Lee et al〈2013〉の図を基に作成）

〝オープン〟の種類が変わり、そこに投入される「助燃剤」である岩石の種類が変わることで、「温暖-寒冷」の超長期的な変化が生み出され、地球の気候のベースラインが作られた可能性が高い。

　大陸が集合し、超大陸を形成している際には、巨大な大陸が沈み込み帯に挟まれる形で、熱がマントル内に蓄積される。それらが引き金となり大陸が割れると、陸弧を通した温室効果ガスの効率的な供給が起こる。私たちは、このベースラインの上にＬＩＰｓや大陸風化に伴う海洋の化学変化が起こることによって二酸化炭素の固定-吸収メカニズムが変化し、それに起因した気候変動が起こっているという新しいパラダイムを提唱した。「恐竜の時代の温暖な気候」は、こうした見えざる「地球のからくり」が生み出した産物なのかもしれない。

第6章

大陸漂流が生み出した地球寒冷化

国際宇宙ステーションから撮影されたヒマラヤ山脈（写真左）と中国西部に広がるチベット高原（写真右）。20世紀末、急激な寒冷化は、ヒマラヤ・チベット山脈形成と深い関わりがあるとの説が登場し、科学的な論争を引き起こした（写真：NASA）

中生代三畳紀に現れ、地球上の生態系のトップとして、約2億年以上にわたって繁栄し続けた恐竜だが、約6600万年前の白亜紀と新生代との境に突如として姿を消した。恐竜絶滅の原因については諸説あるが、近年は、メキシコのユカタン半島に直径10㎞ほどの巨大隕石が落下したことによって引き起こされた環境変化が直接の原因であるとする説が確実視されている。

恐竜絶滅後に起きた急激な寒冷化

恐竜の絶滅とともに、温暖だった中生代は終わりを告げ、約6600万年前から新生代が始まる。そして、新生代始新世に入った当初、およそ5500万年前ごろに約100万年間、温暖期（始新世前期温暖期　EECO）が続いた。気温の変化のみで地質時代の区分を考えるのであれば、この時代の後に中生代の終わりを持ってきてもいいようなものだが、慣例として生物相の変化が地質時代区分を行う際の前提条件となっているため、恐竜の絶滅の時期が中生代の終焉期となっている。

EECOに起こった温暖な気候もまた中生代と同様、火山起源の温室効果ガスが大気中に増加したことが原因と考えられる。しかし、その後、地球は徐々に寒冷化し、世界各地で氷河が発達し始め、3400万年前ごろには、南極に氷床が形成された。中生代から続いてきた、地球上のどこにも氷床がない「温室地球」から、少なくとも1ヵ所の地域には、いつでも必ず氷河や氷床が存在する「氷室地球」（アイスハウス）への大転換が起こったのである。中生代から新生代に入って急激に進んだ寒冷化はどのようなメカニズムでもたらされたのか。本章は、この謎に迫ってみたい。

第4章で取り上げた「大酸化イベント」、第5章の「白亜紀の急激な温暖化」など、これまで取り上げてきた100万年スケールの大気候変動の陰には、つねに地球内部のマントルやプレート運動が深く関わってきた。

これに倣えば、新生代の寒冷化にもプレートテクトニクスが深く関わっている可能性が高い。図6-1をご覧いただきたい。これは約1億年前の中生代白亜紀の地球の大陸の離合集散を説明した地図だ。パンゲアの南半分を構成したゴンドワナ大陸がいくつかの陸塊に分かれていこうとする様子が見て取れる。この後、ゴンドワナ大陸は、南極大陸、南アメリカ大陸、マダガスカル、アフリカ大陸、インド亜大陸へと分離していく。

この中で、新生代の寒冷化に深く関わっているとされるのが、インド亜大陸である。2億年前ごろから分裂を開始したインド亜大陸は、年間5cmのスピードで北上し、ユーラシア大陸に近づいていった。

そして約8000万年前に速度を3倍に増し、5000万〜4000万年前に、ユーラシア大陸へ衝突したのである。この衝突によって、地殻が隆起を始める。隆起は延々と続き、次第に山

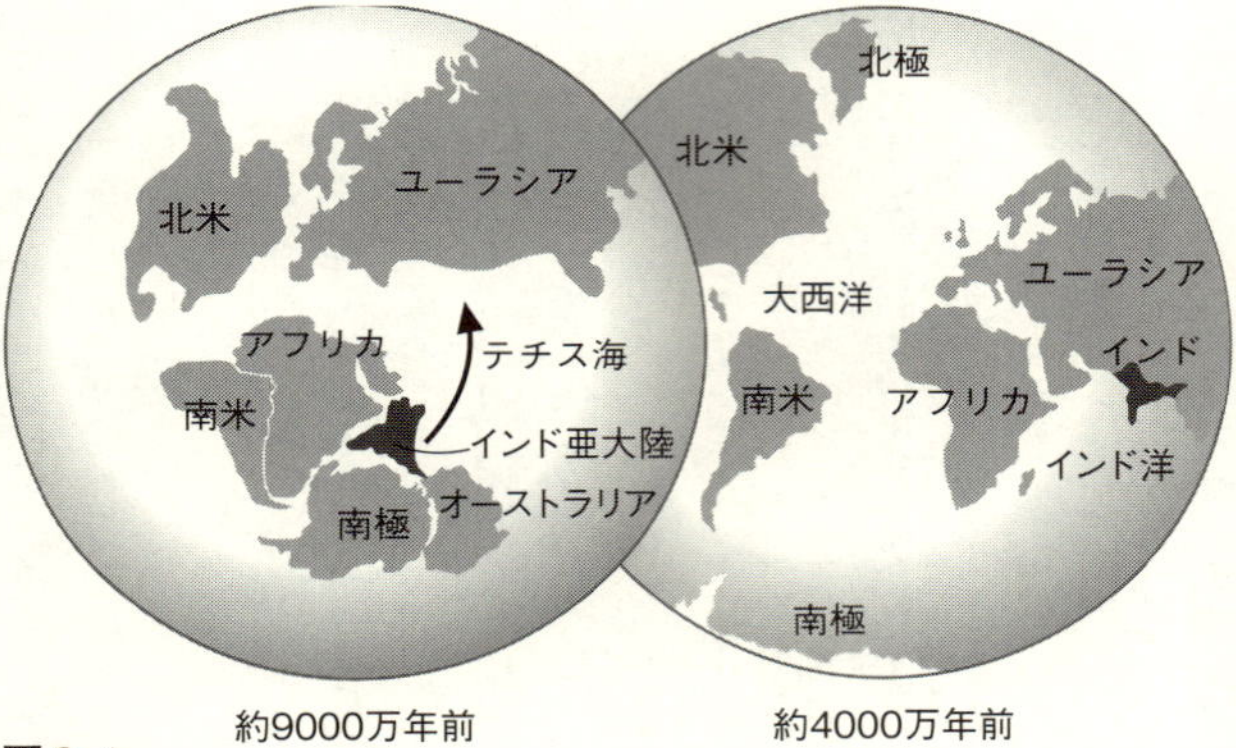

図6-1
地球の寒冷化と密接に関連しているとされるインド亜大陸の北上と大陸の離合集散

（http://news.mit.edu/2015/india-drift-eurasia-0504 をもとに作成）

インド亜大陸がゴンドワナ大陸から分かれて北上し、ユーラシア大陸とぶつかることが寒冷化の原因とされてきたが、風化を受ける陸域がある時期に熱帯収束帯を通過することが重要であることがわかってきた

地が形成されて、ついには世界最高峰のエベレストなどを含む巨大なヒマラヤ－チベット山脈が形成されるに至る。

海底堆積物が隆起して６０００ｍを超える高峰になったといわれても、にわかに信じられないかもしれないが、その痕跡はしっかりと大地に刻まれている。

次頁の写真は、著者が２００４年初夏にチベットに向かう飛行機の窓から撮影したものだ。高く険しい山々の山肌を筋のように走る白っぽい線。これは、かつてテチス海の海底に堆積した土砂が地上６０００ｍを超える高さまで押し上げられた痕跡だ。当時の堆積

図6-2　地上6000mを超える高峰が続くチベット高原

（著者撮影）

高く険しい山々の山肌を筋のように走る白っぽい線は、かつてテチス海の海底に堆積した土砂が地上6000mを超える高さまで押し上げられた痕跡だ

物には、単細胞の海棲プランクトンが作る炭酸カルシウムの殻が大量に含まれており、それゆえ白っぽく見えるのだ。

それにしても、インド亜大陸とユーラシア大陸の衝突によって生まれたヒマラヤ-チベット山脈が、地球寒冷化とどのような関係があるのだろうか。

これには「風化」という現象が深く関わっている。風化については本書でも繰り返し説明しているが、おさらいをしておく。大気中の二酸化炭素は水に溶けやすく、地表に雨が降り注いだ際、二酸化炭素は水に溶け込み炭酸となる。この弱酸性の水が地表を往来すると、頑丈な岩石から表層水中へとイオンが溶け出す。河川水中には多い順にカルシウム（Ca^{2+}）、ナトリウム（Na^{+}）、マグネシウム

（Mg^{2+}）、カリウム（K^{+}）などのさまざまな陽イオンが供給され河川を通じて海に流れ込む。一方、海には大気から二酸化炭素が溶け込み、重炭酸イオン（HCO_3^{-}）や炭酸イオン（CO_3^{2-}）の状態で存在している。これが風化によって取り込まれた陽イオンと結合して炭酸塩鉱物が沈殿する。この一連のプロセスによって、固体となり海底などに沈積することで、大気中の二酸化炭素が除去される。

いわれてみればなるほどと唸る「地球のからくり」だが、「風が吹けば桶屋が儲かる」的なもので、これを科学的に証明することは簡単ではない。

温室期の白亜紀を終え、地球が寒冷な時期に入ったことと、インド亜大陸のユーラシア大陸への衝突による「ヒマラヤ-チベット山脈」の形成。一見すると、何の関係もない事象を結びつけ、急激な造山活動に伴う風化作用こそが、「氷室地球」の原因と考えるには、地質学や気候変動に対する広範な知識と洞察力、そして発想の跳躍を生み出す「閃き」が必要になる。この異なる資質を併せ持った研究者がいた。コロンビア大学の地球惑星科学者モーリーン・レイモである。

大学の一般教養で物理学を教える父を持つレイモは、8歳の時点で、自分の将来の進路を決めていたという。海底の様子を映し出した潜水艇の映像を観たレイモは、何かの啓示を受けたかのように地球惑星科学者になることを思い立った。

コロンビア大学で博士号を取得してから現在に至るまで、彼女は猛烈な勢いで業績を積み重ねている。２０１４年には、海底から採取した試料などを使って過去の海洋の情報を導き出す研究などの功績が評価され、女性として初めてロンドン地質学会からウォラストンメダルを授与された。この賞は、パラジウムを発見した化学者のウィリアム・ウォラストンの遺志によって設けられた賞で、１８３１年の第１回目の受賞者は、イギリス地質学の父ともいわれるウィリアム・スミスであった。

レイモは、現象を大局的に捉える卓越したセンスを持った研究者だ。「ビッグピクチャー」を描くトレーニングは、コロンビア大学の指導教員であるビル・ラディマンの影響が大きかった、といわれる。

図6-3　モーリーン・レイモ

実は、岩石の風化が気候変動をもたらすという考えは、レイモが考案したものではない。このアイデアを最初に思いついた人物の一人は、シカゴ大学の教授であったトーマス・チャンバーリンだった。彼はシカゴ大学に地質学教室を設置する責任者の一人として招聘された人物だった。

チャンバーリンは、山地の化学風化が、結果として大気中の二酸化炭素を固定し、地球表層を寒冷な気候に導くことを示唆したのである。論文が発表されたのは今から100年以上前、1899年のことであった。しかし、当時は、プレートテクトニクス理論すら存在しない時代で、そのときの科学的知見では、彼の仮説を証明することは不可能だった。

レイモは100年近く前の古典的な学説を引っ張りだし、これをみごとにモデル化して、新生代の寒冷化とヒマラヤ－チベット山脈の形成を整合的に説明する仮説を発表した。1992年、恩師のビル・ラディマンと発表したネイチャーの論文がそれである。

図6-4
トーマス・チャンバーリン

レイモは、ヒマラヤ－チベット山脈の隆起タイミングに起きた化学風化の指標と気温の変化を調べて、両者の間に相関があることを示した。

大陸移動や山地形成といったテクトニクスと新生代の気候変動が関連しているとした論文は、現在までに1600回も引用されている「大ヒット論文」となったのだ。

冷えすぎ注意

レイモによって解明されたかのように見えた、新生代寒冷化の謎だが、話はそう単純ではなかった。地球寒冷化はそれを止める「負のフィードバック」が働かない限り、冷却に歯止めがかからなくなる。ヒマラヤやチベット高原の存在とモンスーンによる風雨からくる化学風化が止まらない限り、大気中の二酸化炭素濃度を下げる効果は一方的に続いてしまう。

二酸化炭素が効果的に固定される状態が続くと、暴走的ともいえる寒冷化が進行して、数十万年という短時間に地球がカチンコチンのスノーボール状態になってしまう。過去にスノーボールアースの状態が何度か起きたことがわかっているが、いずれもカンブリア紀よりも前の時代のことで、新生代にそこまで寒冷になったことはなかった。新生代で最も寒冷である直近の氷期の赤道地域の平均気温は22〜25℃程度で、白亜紀よりは5℃以上低いものの、スノーボールアースになるほどの寒冷化ではない。

レイモによる仮説で観測された古気候を整合的に説明するには、寒冷化にブレーキをかける「負のフィードバック機構」が要求される。可能性としては、第5章でも説明した、陸弧や巨大火成岩区（ＬＩＰｓ）からの二酸化炭素排出が考えられるが、当時はそれに該当する活発な火山活動は起こっていなかった。レイモが見いだしたユーラシア大陸とインド亜大陸の衝突から起こったヒマラヤ－チベット山脈の隆起だけでは、当時の気候変動を説明するのは不可能だった。

レイモの仮説に対しては、地球科学者からも「ヒマラヤ－チベット山脈の形成の時期に先立って大気中の二酸化炭素濃度が減少しており、整合性が取れない」との意見も上がっていた。

レイモの仮説では説明できない気候変化の謎に挑んだのが、マサチューセッツ工科大学（MIT）准教授のヤゴウッツだった。

ヤゴウッツは、ドイツで岩石学を研究し、東京工業大学にも3ヵ月滞在したことのある若手の実力派研究者だ。何度も足を運んだことのあるヒマラヤの岩石を研究する中で、大陸の形成や離合集散のメカニズムについての興味を膨らませていた。そして、レイモ仮説では説明できない地球寒冷化モデルの「謎」に取り組んだ。

彼は、研究パートナーとして、同じ米国東海岸のマサチューセッツ州にあるハーバード大学で准教授を務めているフランシス・マクドナルドに協力を仰いだ。マクドナルドはハーバード大学の地質学教室の大御所、ポール・ホフマンとタッグを組みながら、数億年以上前の環境変動、特にスノーボールアースと呼ばれる地球表面がほぼ完全に氷で覆われた時代の環境を研究している第一人者でもある。

ヤゴウッツらが注目したのは、インド亜大陸とユーラシア大陸が衝突した約5000万年前よりも3000万年以上前のアフリカ大陸やインド亜大陸の動きだ。

彼らの関心を集めたのは、海洋地殻が造山活動によって盛り上がって形成されたオフィオライトという層状になった岩石帯である。オフィオライトは、超苦鉄質岩（ウルトラマフィック）と呼ばれるカルシウムやマグネシウムに富んだ超塩基性岩で、風化するとこれらの陽イオンを海洋に溶出し、二酸化炭素を大気中から固定する特徴を持つ。

ユーラシア大陸との衝突に先立って、アフリカ大陸やインド亜大陸が沈み込み帯と邂逅した際に、このオフィオライトが地表に隆起した。ヤゴウッツらは、ヒマラヤ-チベット山脈が形成されるはるか前に形成されたオフィオライトこそが地球寒冷化をもたらした「張本人」であると考えた。

図6-5
マントル物質が陸上に上がっているオマーンのオフィオライト
(秋澤紀克博士提供)
マントルと地殻の境界が見える。手前側が地殻、奥がマントル

「岩石の風化が寒冷化をもたらす」という点では、ある意味でレイモとヤゴウッツの考えは一致していたが、風化が起きた場所と時代が異なっていた。ヤゴウッツらは、オフィオライトの風化は、8000万年前と5000万年前の2度にわたって進行したと推定している。彼らが描いたシナリオを説明しよう。

白亜紀終盤の約9000万年前、パンゲアの南半分にあたるゴンドワナ大陸からアフリカ大陸が分離する(図6-6A)。約8000万年前、アフリカ大陸は継続して北上した結果、オフィオライトに富む

9,000 万年前

8,000 万年前

5,000 万年前

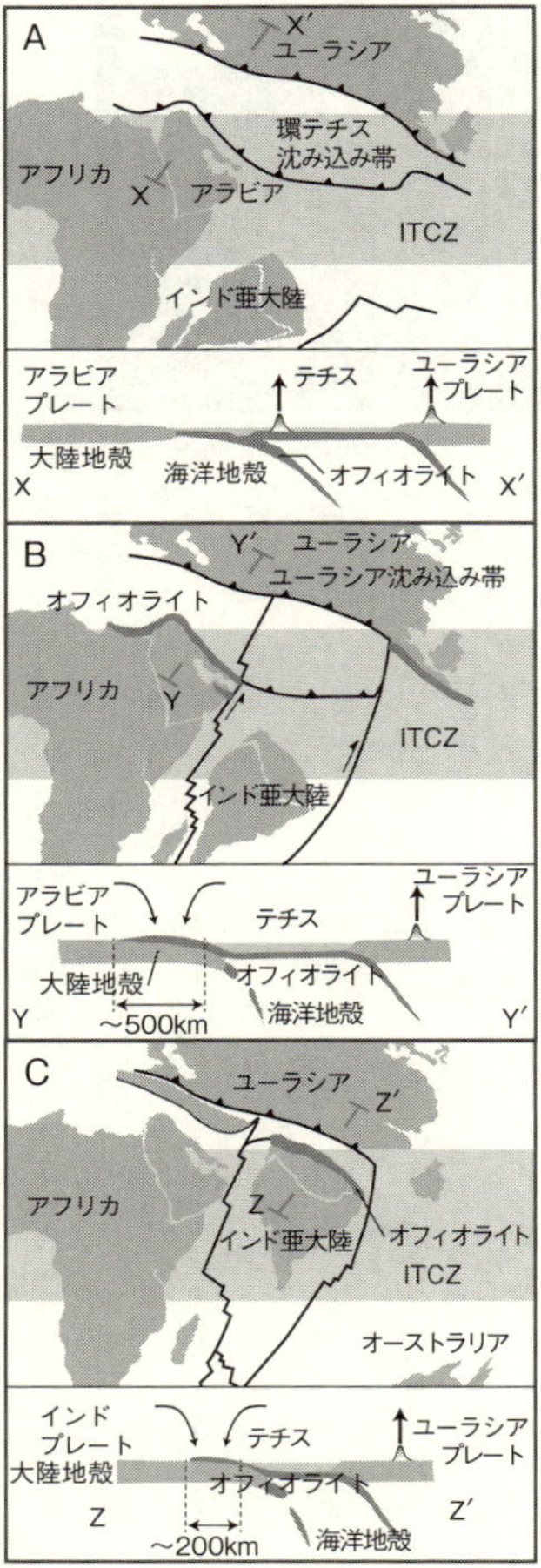

上図の
X—X′で
切った断面図

上図の
Y—Y′で
切った断面図

上図の
Z—Z′で
切った断面図

図6-6
8000万年前と5000万年前の2度にわたって進行した「オフィオライトの風化」

（Jagoutz. et al 2016 PNAS）

熱帯の降水帯であるITCZ（熱帯収束帯）を通過したアラビア海プレート（8000万年前）とインド亜大陸のプレート（5000万年前）によって持ち上げられたオフィオライトが効率的に二酸化炭素を固定した（下の図の下向きの矢印）

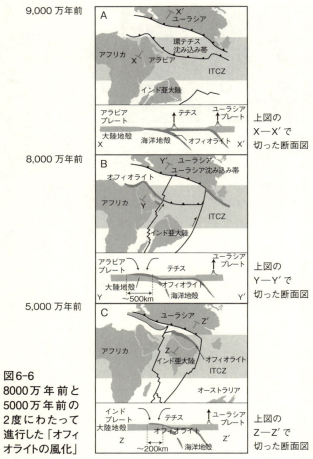

海洋地殻が大陸地殻へと持ち上がった（図６‐６Ｂ）。熱帯域では貿易風がぶつかって活発な上昇気流が生まれる。赤道を挟んで南北におよそ緯度30度の範囲にある熱帯収束帯（ＩＴＣＺ）では、文字どおり、バケツをひっくり返したような「激しい雨」が降る。この収束帯をマグネシウムやカルシウムに富んだオフィオライトが通過することで、激しい風雨にさらされた結果、化学的風化が急速に進み、大気中の二酸化炭素が急速に減少した。

さらにアフリカ大陸に続いて、インド亜大陸も北上し、およそ５５００万年前にオフィオライトを陸上に露出させた。それがＩＴＣＺに突入したことで、同様に岩石の風化が進んだ結果、大気中の二酸化炭素はさらに減少し、急激に寒冷化が進んだのだ（図６‐６Ｃ）。しかし、収束帯を抜けて、インド亜大陸がユーラシア大陸と衝突したころには、降雨量も減少し、岩石の化学的風化も一段落していった。

ヤゴウツらは、ほかの研究によって報告されている、さまざまな岩石についての風化効率を採用し、数値モデルによって、自らの仮説を〝証明した〟。アフリカ大陸やインド亜大陸の動き、そして大気に曝露される岩石の種類を玄武岩や超塩基性岩などと仮定し、岩石の化学風化を計算したところ、レイモが唱えたヒマラヤ‐チベットの上昇とは異なるメカニズムで、大気二酸化炭素レベルが低下し、寒冷化が進むことが裏付けられたのである。

さらにヤゴウツらは同じオフィオライトを、低緯度のＩＴＣＺではなく、レイモ仮説で重要となるチベットの位置する中緯度地域に露出させたとして計算を行ったところ、相対的に低い気温と少ない降水量のため、化学風化に伴う二酸化炭素濃度の低下が思うように進まず、むしろ観測値とは異なる二酸化炭素の増加が認められた。つまり、ＩＴＣＺの緯度帯にオフィオライトが存在したことが重要だったのだ。

ヤゴウツによる寒冷化仮説は、レイモ仮説では十分に説明できなかった「負のフィードバック」不在についても合理的な説明ができた。新生代初期の急激な寒冷化を、アラビア海プレートとインド亜大陸の北上に伴うオフィオライトの高温多湿地域への曝露という期間限定のイベントとみれば、「負のフィードバック」を持ち出さずとも、寒冷化の暴走が起きなかったことをうまく説明できる。

地球惑星科学の分野ではヤゴウツ仮説への評価は高く、新生代の寒冷化メカニズムはこの仮説で説明できると考える研究者は多い。

ヤゴウツの仮説は、地球の炭素循環に注目し、地球全体の風化効率を理論に組み込んでいる点が、チャンバーリンやレイモが主張した単純な大陸隆起説よりも優れていた。レイモはいち早く大陸移動と風化の関係性に気づいた慧眼を持っていたが、炭素循環についての考察が十分でなかった。

炭素循環を１００万年スケールで考えると、地球内部から大気にもたらされる温室効果ガスの時間あたりの量は、地球表層の風化反応で温室効果ガスが大気から除去される率と釣り合うと考えられる。すなわち、大気中への炭素の供給と消費はバランスがとれている。

それゆえ、たとえ大陸移動が起きようとも、風化効率やガス供給率が変化しなければ、大気中の二酸化炭素の取り込みも起きないため、寒冷化は進まないのだ。ヤゴウツの仮説は、オフィオライトが露出した大陸が低緯度帯を通ることで地球全体の風化効率が変化したことを合理的に説明することに成功した。つまり、風化効率が上がったことにより、釣り合いをもたらすために必要な二酸化炭素量が減少したのである。

興味深いことに、現在の地球でもこれとよく似たような現象が、インドネシアのジャワ島付近で起こっている。オーストラリアプレートの北上に伴い、玄武岩質の岩石がジャワ島、すなわちＩＴＣＺの影響下にある陸地に押し上げられて、化学的風化が進行しているのだ。

こうした動きは、長期的には寒冷化をもたらす。現在進行中の地球温暖化問題がこれによって解決できるようにも思えるが、人類が現在放出している二酸化炭素の増加速度はあまりにも急速すぎるため、化学的風化による二酸化炭素の固定ではとても追いつかず、地球温暖化を食い止めるような効果は残念ながら期待できそうにない。

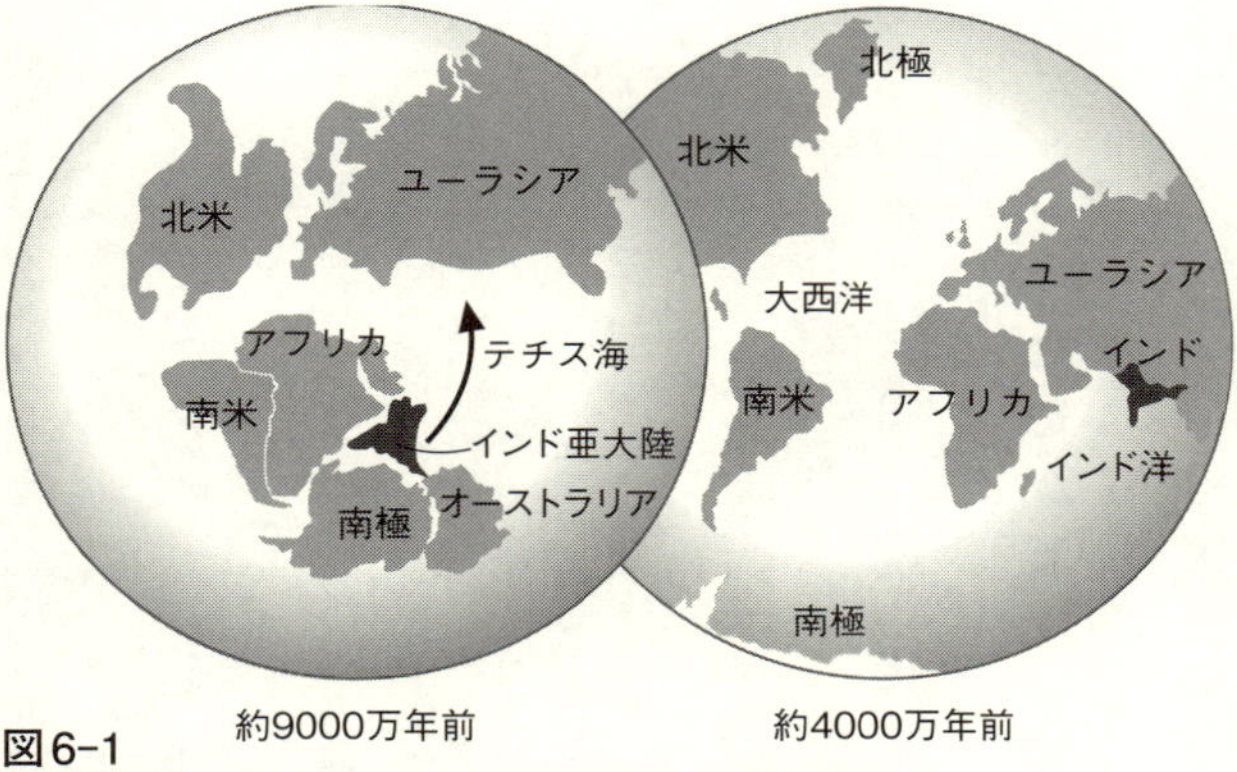

図6-1
地球が寒冷化した当時の大陸の離合集散（再掲）

南極大陸になぜ巨大氷床が形成されたのか？

パンゲアの南半分を構成したゴンドワナ大陸の新たな離合集散は、北半球で急速な寒冷化をもたらしたが、南半球にも劇的な気候変動をもたらした。

かつて1つの陸塊だった南極大陸、南アメリカ大陸、オーストラリア大陸が分離したことがきっかけで、南極大陸が極地に動き、3400万年前に南極大陸に巨大な永続的な氷床が形成されるようになったのである。

氷床に閉ざされた南極大陸を映像で頻繁に目にしている我々には想像もつかないが、南アメリカ大陸、マダガスカル、アフリカ大陸、インド亜大陸がゴンドワナ大陸としてまとまっていたころには、現在、南極大陸になっている陸地にも緑に覆われた自然が広がっていたのである。前述したように白亜紀の地球には巨大氷床など地球のいずこにも存在しなかった。新生代に入ると、高緯度帯にあった南極大陸には小規模な氷床は形成されたが、すべての陸地を覆うほどではなかった。しかし、３４００万年前ごろになると、きわめて短期間で大陸を覆う巨大氷床が形成されてしまう。なぜ南極にこのような劇的な変化が起きたのか。

南極大陸の巨大氷床は、いうなれば、海水を常時冷やしている「超」大型の巨大フリーザーであり、現在の気候変動にも多大な影響を与え続けている。それゆえ、地球惑星科学のみならず、多くの科学者たちが、南極大陸の氷床形成のメカニズムに興味を持ち、解明に取り組んでいる。

冷たい氷が存在する南極では、周りの海にも冷たい風（カタバ風）が吹き、冷やされた海水は表面に海氷を形成する。氷は真水なので、その直下には氷結する際に放出された高塩分の水（ブライン水）が作られる。これは周りの水より密度が大きく、海中をどんどんと沈み込んでいく。これが海洋をかき混ぜるために重要な深層水を形成し、世界的な海洋循環を形作ることで、地球全体の気候をバランスさせている。

この南極氷床形成についてはさまざまな仮説があるが、有名な説の一つが「オーシャン・ゲートウェイ仮説」である。

この説を提唱したのは、アメリカ科学アカデミー会員でもある、ジム・ケネットである。ニュージーランド出身の研究者であるケネットは、カリフォルニア大学サンタバーバラ校（ＵＣＳＢ）にオフィスを持ち、現役教授として多くの研究論文を発表し続けている。

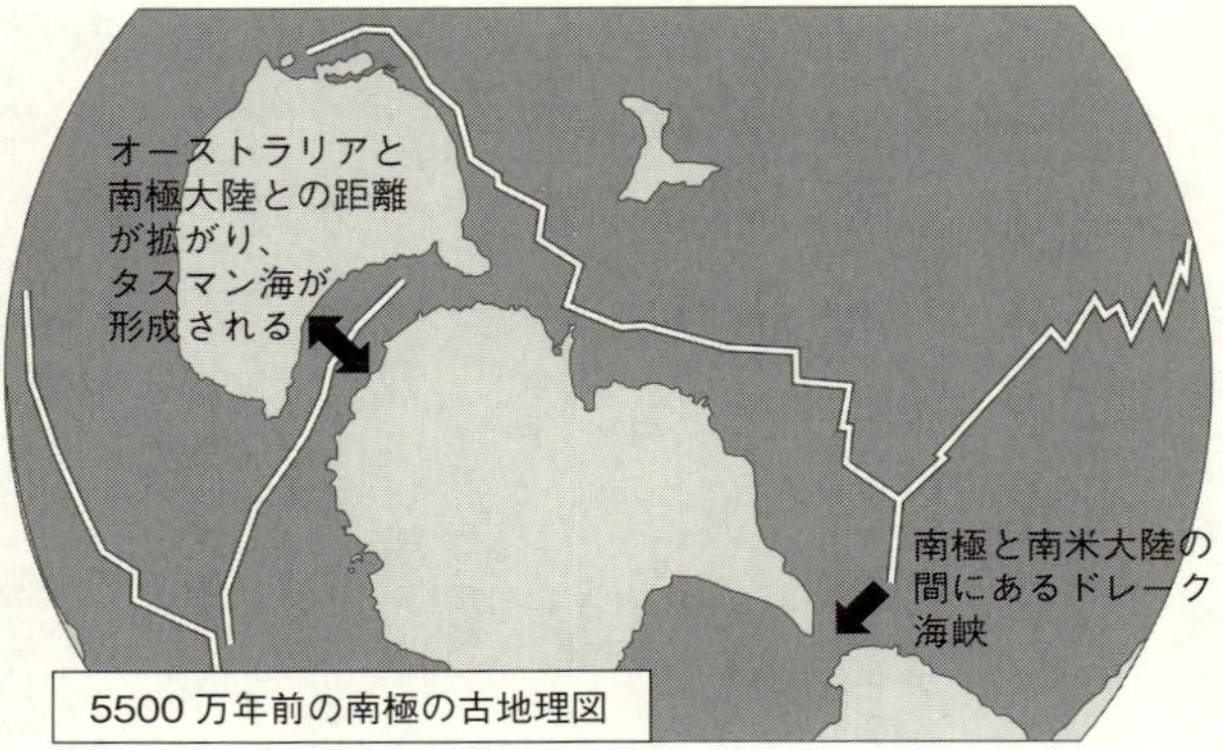

図6-7
南極大陸が、オーストラリア大陸と南米大陸から切り離されることで、大陸を取り巻く周南極海流が形成された

彼は、有孔虫の専門家として知られ、初期の深海プロジェクトの研究船グローマー・チャレンジャー号に乗り、試料採取を行った経験も持つ。

ケネットは、自身の祖国であるニュージーランドとオーストラリアが分離し、タスマン海が形成されたことが、海流の流れを変えて、南極大陸の巨大氷床形成につながったと分析する。

南アメリカ大陸やオーストラリアが南極から離れたのがおよそ５５００万年前。オーストラリアなどと南極大陸の間にタスマン海が形成されるなどして、南極大陸は海に囲まれて孤立していく。それでも前述したようにおよそ３４００万年前までは南極大陸には陸地が残っていた。高緯度にもかかわらず、南極大陸が長らく氷床に閉ざされることがなかったのは、周囲を

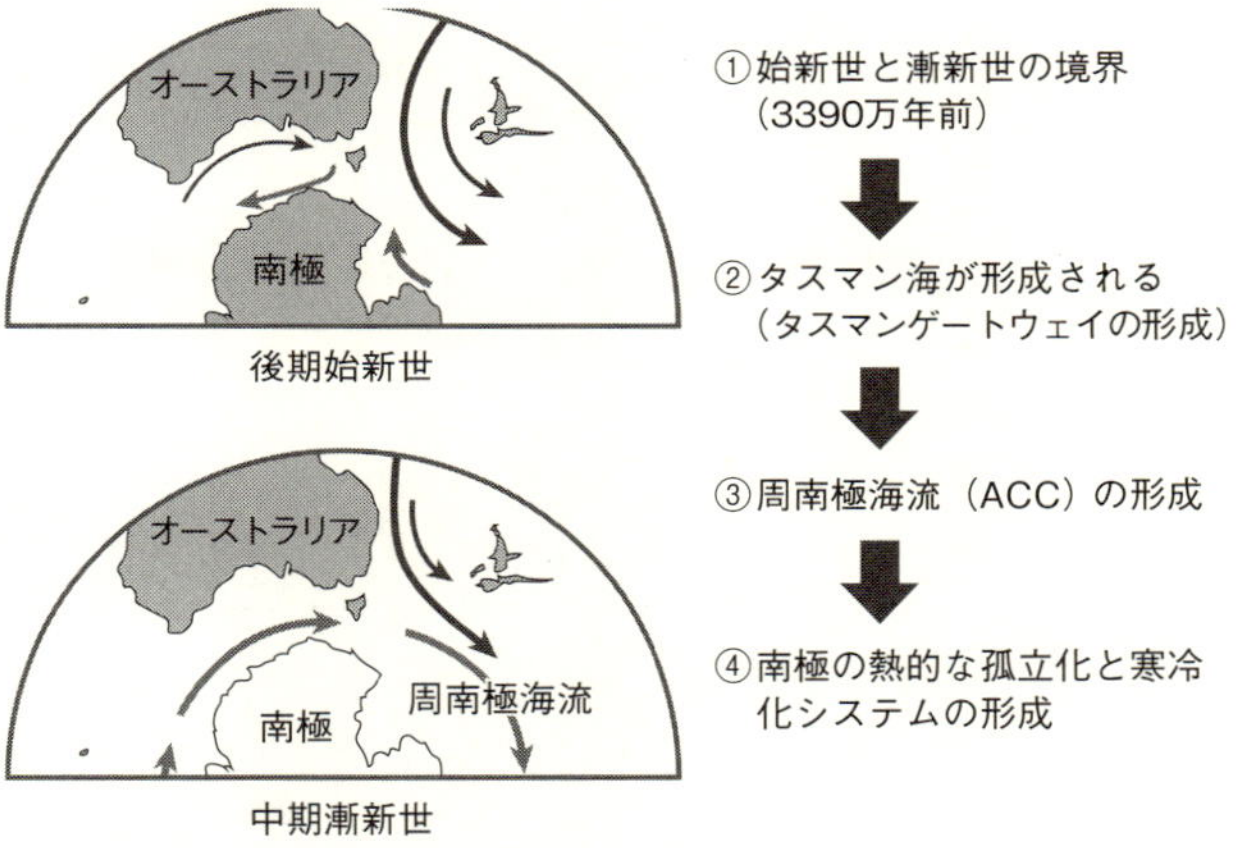

図6-8　オーシャン・ゲートウェイ仮説

（http://www.planetward.org/EarthSciencesTestReview.htmlの図を転載、改変）

流れる海流の影響が大きかった。

　地球表層の大気と海水を動かす原動力である熱は、地球に降り注ぐ太陽光の熱の収支、すなわち大気圏内に入射する量と大気圏外に放射される量との収支によって決まっている。サンゴが棲息するような低緯度域では入射のほうが大きく、南極や北極などの高緯度では放射が多い。この差を埋めるかのごとく、熱容量の大きな水の流れが起きている。低緯度から高緯度へ流れる海流の恩恵により、高緯度地域がマイルドな気候に保たれる。海流が「熱の運搬役」を担っているわけだ。

　現在の地球であれば、北大西洋に面するヨーロッパが高緯度にもかかわらず温暖な気候なのは、メキシコ湾で温められた水がメキシコ湾流でグリーンランド沖まで到達しているからにほかならない。一方、こうした低緯度からの海流が近くにないシベリアは酷寒の地になっている。

かつての南極もヨーロッパと同様に低緯度帯との熱のパイプがあった。東オーストラリアを流れる熱帯からの水が、大陸の近辺まで到達していたためだ。

ところが、オーストラリアが南極から切り離されると、地球の自転により、南極の周りを取り囲む流れが形成された。周南極海流（ACC）と呼ばれる海流がそれだ。

ACCが形成されたことにより、およそ3400万年前ごろには暖流の到達緯度が変わり、いわゆる低緯度からの「熱の宅配便」ともいえる南北の熱の流れが遮断されて、南極が孤立してしまった。このACCは、流幅40km以上で150kmの蛇行幅を持ち、しかも厚さが3000m以上、流量およそ毎秒1億トンという巨大海流で暖流をまったく寄せ付けない。これが、南極の寒冷化をぐっと促進させたと考えられるのだ。

太古の南極氷床を復元する

ACCによって南極氷床はどのようなプロセスを経て形成されたのか。

形成された南極氷床の推定サイズは、およそ3000万km³。世界的な海水準を70m以上下げる規模だ。

1970年代にケネットらが深海掘削試料の中に含まれる有孔虫の酸素同位体比を調べることで、グローバルな海水準の変遷、すなわち南極氷床の形成を示唆して以来、50以上のデータが出され、当時の氷床量や変化のスピードまでもが明らかになってきた。

最新の研究によると、氷床の形成は数百万年というゆっくりとした速さではなく、たったの30万年間という短い期間で起こっていたことがわかってきた。となると3400万年前に形成されたとされるACCによるゲートウェイの誕生前に、南極氷床の形成が始まったことになる。

なぜこんなに早く氷床ができたのか。数百万年というタイムスケールの時間をかけて完成するACCだけでは、このスピードは説明できない。何らかの異なる寒冷化のメカニズムが必要だ。この問題は、多くの地球物理学者を悩ませることになった。

2002年、マサチューセッツ大学のロブ・デコントらのグループは、ポスドク時代からの共同研究者でありメンターでもあるペンシルバニア州立大学（ペンステーツ）のデーブ・ポラードらとともに、南極氷床形成のモデリングに着手した。彼らは、氷の流れや熱の流れなどを物理の数式としてモデル化して計算することで、氷床の成長と融解を復元した。気候モデルと氷床モデルを組み合わせた独創的なアプローチだった。

モデルには、当時の海の状況（海水温や海流の流れ）や陸の形、大気の循環などのさまざまなパラメータが組み込まれた。しかし、彼らのシミュレーションでは、30万年間では南極大陸を覆う

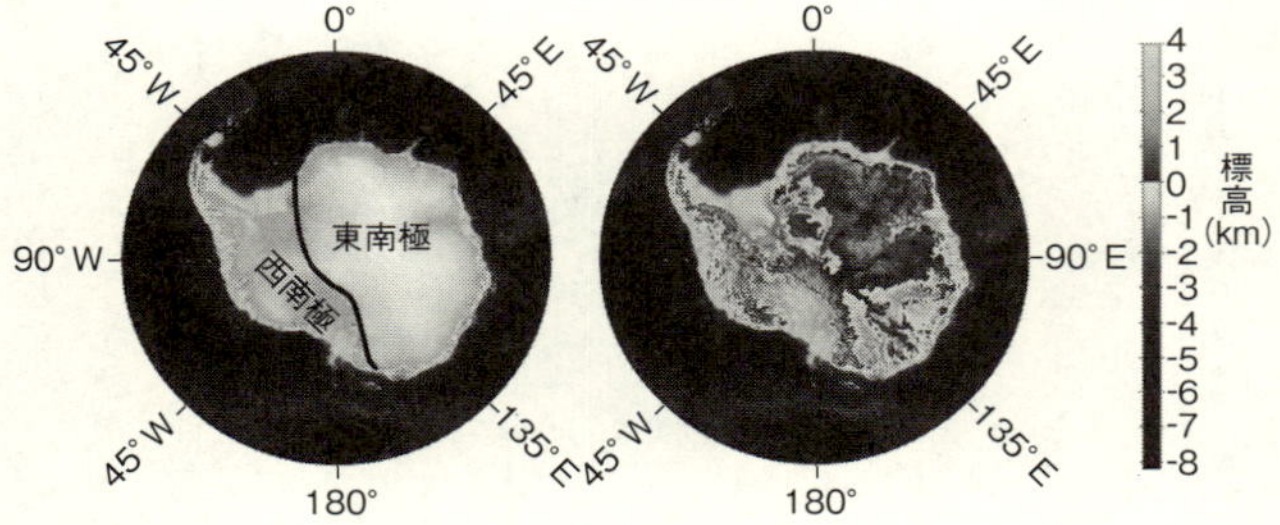

図6-9　南極の地形

（Fretwell et al〈2013〉Bedmap2を用いて作成したYamane et al〈2015〉を基に作成）

南極横断山脈を境に西南極と東南極に分かれる。氷を取り外し、基盤となる陸地の地図を作ってみると、東南極に陸地が偏っていることがわかる。南極横断山脈は左図において、西南極と東南極を分けている実線で書かれた部分。氷を取り除いた基盤の高さの図を表す右図では、基盤が海面より高いところに位置する濃色の部分が東南極に集中していることがわかる。基盤が海面上にあることが、安定して巨大な氷床を形作る重要な要因である

巨大氷床を作ることができなかった。

図6－9は、氷床に覆われた南極大陸と、その氷床を取り除いた陸地を描いた地図だ。南極大陸は、南極横断山脈を境に東南極と西南極に分かれる。東南極は、そのほとんどが陸地であるのに対し、西南極側は海水準より低い。そのためか、彼らの数値シミュレーションでは、氷床が作られるのはやはり東南極側だけで、30万年間で南極大陸のすべてを覆う巨大氷床を形成させることはできなかった。

彼らは、当時の海水温度の影響を軽視した可能性があるのではないかと考えてモデルを修正し、実際は海の水がもっと極端に冷えていたのではないかとも考え

図6-10　右からロブ・デコント、モーリーン・レイモ、著者

（2013年スイスのダボスで開かれた国際会議にて）

た。彼らの計算では、南極の周辺の海水温は現在よりも３℃以上低くしなければ、南極大陸を覆う巨大氷床はできない。

しかし当時の大気中二酸化炭素濃度は現在の１・５倍以上もあった。温室効果ガスである二酸化炭素濃度がこれほど高いにもかかわらず、現在でも極端に低い海水温がさらに３℃も低かったというのは、にわかには信じ難い。

実際、その後の検証で、深層水がほぼ凍るくらいに冷えたというデコントの仮定と相矛盾する事象が次々に報告された。海流の動きや当時の気候を俯瞰的に考えると、海洋は当時も混合して（つまり凍り付いておらずに動いていた）おり、底棲の酸素を必要とする生物も存在していたことが確認された。

南極大陸を覆うために必要な氷床の量は２５００万〜３０００万㎦と推定されていた。これは海水準でいうと90ｍほどの低下量に相当する。ロブ・デコントたちのモデルで

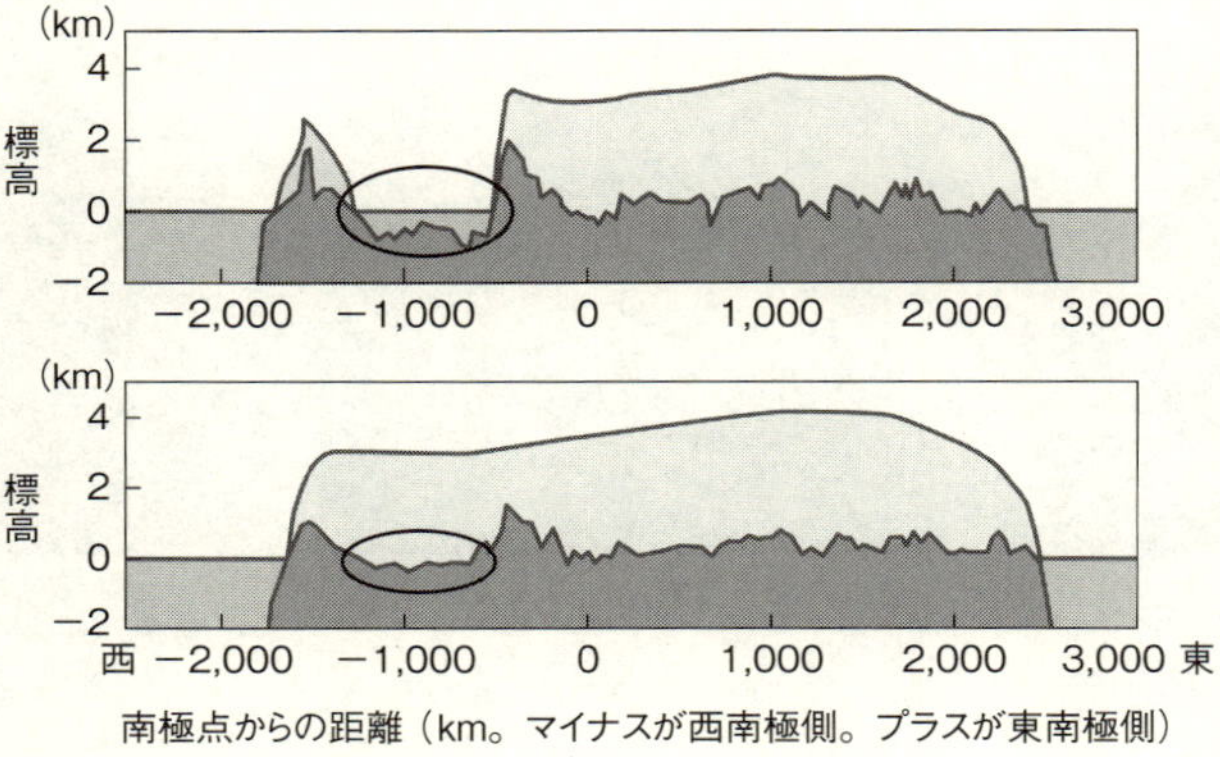

図6-11　南極の氷床の変化

（Wilson et al〈GRL 2013〉）

現在の地形を使った氷床の復元（上）と、ダグラス・ウィルソンが作った地形を使って計算した氷床（下）。海は“温かい”ので氷床を作るには基盤が海面より高いところに位置していないと、これまでに報告されている当時の二酸化炭素濃度では全体を覆う氷は形成されない（上）。しかし当時からこれまでに氷の流動で地形が削剥されたと考え、西南極も陸上に基盤が位置していたとすると、現実的な二酸化炭素濃度変化で大規模な氷床拡大が復元できた（下）。丸で囲んだ地形のほんのわずかな違いで、氷床の形成が促進されたのだった

できる氷床量はそれに遠く及ばなかった。初期条件を変更するなどしても、どうがんばっても５７ｍ分がやっとだった。研究は行き詰まってしまった。

　雲行きが怪しくなってきた南極氷床形成モデルだったが、デコントは粘り強くこの問題に取り組み続け、２０１３年に問題を解決する新しい知見を得ることに成功する。

　海底地形の復元や海洋堆積物の厚さを詳細に検討した結果、約３４００万年前の南極大陸の地形は現在とはかなり違っていたことがわかったのである。図

6-11（下）は、当時の南極大陸の断面図である。現在の南極大陸から氷床を取り除いた陸地をみると、西南極は海底１０００ｍほどの水深を持ち、その海底に氷が存在しているが、かつては西南極にも海の上に陸地が存在していたことがわかった。

南極大陸の陸地を大きく変貌させた「犯人」は、大陸を覆う巨大氷床であった。南極を覆う氷床は不動のように思いがちだが、実際にはじわじわと流動している。ゆっくりとはいえ、２０００ｍの厚さを持つ巨大氷床が動けば、それに伴ってガリガリと地盤も削られていく。いうなれば、氷床がブルドーザのような働きをしていたのだ。

巨大氷床は、３４００万年前に出現した後も、地球気候の変化に対応して拡大縮小を繰り返してきた。その過程で、陸の物質を海底に運搬し続けていたのである。海底に移動された物質の量からは、かつての地形を復元することが可能だ。

また、東南極と違って西南極は火山も存在し、現在でも活発な火山活動を維持している。氷床による削り込みだけではなく、長期間の地球内部からの熱の放出に伴う氷床の縮小も考慮しなければならない。共同研究者でカリフォルニア大学サンタバーバラ校の地質学者であるダグラス・ウィルソンは地球物理学的手法を使って削られた堆積物の量を推定することにより、かつての地形を復元した。

南極氷床形成のモデリングに、修正した当時の地形データを組み込んで計算すると、これまでデコントがどうやっても作れなかった西南極に氷床が形成された。新しいモデルでは、南極周辺の海水温の低下も約1℃でいいというリーズナブルな結果となった。

大陸の地形はつねに変動している。よくよく考えてみると、当然のことなのだが、46億年の地球史の一閃を生きている私たちのタイムスケールでは、この当たり前の事実に気づくことは難しい。目の前にあるシンプルな事実に気づけるかどうか、これが新しい発見につながるシード（種）を見いだせるかどうかの大きな分かれ道になる。

南極氷床崩壊の危機が迫る

一方、ニュージーランド・ビクトリア大学ウェリントン校のピーター・バレットたちは、酸素同位体によって間接的に復元されてきた南極氷床の規模について、なんとか直接証拠をつかめないかと考え、1997年と1999年、ニュージーランド南極基地の近く、ロス海沿岸のケープロバートにて陸上掘削を行った。

ニュージーランドのほか、オーストラリア、ドイツ、イギリス、オランダ、そしてアメリカの合同チームによる研究掘削である。

2016年4月、およそ900mにも及ぶ堆積物の研究成果をまとめた論文がサイエンスに掲載された。

ロス海の東南極側にあるケープロバートは、現在のサイズまで南極が拡大またはそれ以下に縮小した証拠を如実に記録している。南極氷床という巨大ブルドーザが運んできた土砂の最終的な堆積場所になっているところだからだ。

掘削調査で得られたサンプルを分析したところ、大気二酸化炭素濃度が600ppmになると南極氷床が一気に減少に転じる、いわゆる「デンジャーゾーン」（危険領域）に入ることがわかった。彼らの調査結果は温暖化気候と氷床の安定性の議論に衝撃を与えた。

過去の日射量変動や二酸化炭素濃度変動に伴い、想像以上に東南極が敏感に応答していたことがわかったのである。600ppmというのは現在の二酸化炭素濃度400ppmの約1・5倍。産業革命前の二酸化炭素レベルである280ppmより2倍にしか増えていないレベルだ。

南極氷床の成長と融解がこれまで考えられているよりもかなり速いペースで変化し、温暖化に対して脆弱であることが知られるようになった。

ただイギリスのブリストル大学のダン・ルントは、「まだ過小評価している可能性がある」と答えている。

南極に氷ができ始めると、鏡を地面に置いたときのように、太陽光を反射する効果「アルベド」が増す。寒冷化すると、その周囲の大気の気圧配置を変えると同時に海洋の水温変化なども
もたらすことで、変化を増幅させる「正のフィードバック」のスイッチが押されると考えられる

ためだ。

温暖化する場合はその逆で、氷が解けることで、地面が露出し、鏡を取り去ったようになる。反射率が低下することで、氷床の融解のスピードが加速される。

となるとデンジャーゾーンのレベルは必ずしも６００ppmという数字ではなく、それよりも低くなる可能性も十分あり得るというわけだ。

「システム間の相互作用をしっかりと理解するために、古気候の研究を進めていく必要がある」とルントは述べている。

いずれにしても、巨大氷床がなかった温暖な中生代白亜紀から寒冷な新生代への移行で、地球は、つねに南北両半球もしくはどちらかに氷床を持つアイスハウス（氷室地球）に突入したのだった。このことは地球気候変動のメカニズムに劇的な転換をもたらすこととなった。

つねに氷床が存在するということは、寒冷装置を常時表層に持つことを意味する。この寒冷装置によって、冷やされた海水は海氷を作る。前述したように、海氷は形成時に塩分を排出するため、重く冷たい水（ブライン水）を形成する。ブライン水は深海まで到達するため、それが、世界を循環し、熱塩循環という巨大な海のベルトコンベアを駆動することにつながる。巨大氷床の形成によって、地球気候は新たなるステージに進んでいくことになる。深層海流が気候変動にもたらす影響については、第10章で改めて論じたい。

第7章

気候変動のペースメーカー「ミランコビッチサイクル」を証明せよ

アメリカ西海岸ヨセミテ国立公園のハーフドーム。かつての氷河の動きによって頑強な花崗岩のドームが半割された。比高が1000mはある大きな規模の地形をつくる（写真：著者撮影）

ニューヨークのセントラルパーク。市民の憩いの場となっているこの場所は、高層ビルが立ち並ぶマンハッタンから目と鼻の先にある。散歩する人、ジョギングする人、ベンチに座ってコーヒーを飲む人などさまざまだ。その中に、大人が数十人余裕で一度に乗ることのできる、まるでたまごの殻を半分に割ったような形をした流線形の岩がある。地質学的な呼び名をロッシュムトネという。日本語では読んで字のごとく羊背岩《ようはいがん》である。

セントラルパークの「謎の石」

同じセントラルパークには、巨人が置き忘れたかのような岩がゴロッと転がっている。背後に崖があるのであれば、巨岩はそこから崩れ落ちたものだと考えるのが自然だ。しかし、ニューヨーク・マンハッタンでの高い〝崖〟といえば摩天楼の高層タワーだけで、周りにはそれらしきものはない。忽然と現れる巨大岩石は、いったいどこからもたらされたのだろうか。

種明かしをすると、この巨石は、かつて北アメリカ大陸を覆った氷河に載せられて、遠く離れた山間部から運ばれてきたものだ。このように氷河によって遠方まで運ばれてきた岩石を「迷子石」という。

公園内にあるツルッとした羊背岩も、かつて存在した氷河が岩石をガリガリと削って研磨し、光沢を持ちそうなほどに表面を磨いたことが形成要因だとされている。このような迷子石や羊背

図7-1　ニューヨーク・セントラルパーク内にある羊背岩と迷子石

（写真上は片山麻美子氏撮影、写真下は川村紘一氏撮影）

岩は、アメリカ東部に限らずかつて氷河が存在した世界各地に位置している。

図7-2は、アメリカ西海岸カリフォルニア州にあるヨセミテ国立公園にある迷子石の写真だ。迷子石としては小ぶりなサイズだが、大人10人以上が梃子を使っても微動だにしない。氷河は、これほどの重さの石をやすやすと動かしてしまう。

こうした迷子石や羊背岩は、かつてこの地が氷河に覆われていたことを示す「証拠」である。

前章でも述べたとおり、新生代に入ってから地球は急速に寒冷化して、北極や南極に巨大氷床が常時存在する「アイスハウス」の時代に突入した。南極大陸に巨大な氷床が形成されたのが約3400万年前。以来、現在に至るまで〝寒冷化した〟気候が続いている。近年、二酸化炭素濃度上昇に伴う急速な地球温暖化が問題となっているが、地球史的なタイムスケールで見ると、地球は今なお「アイスハウス」の時代にあり、その中の比較的温暖な「間氷期」にある。新生代は、第四紀に入ってから「氷期」と「間氷期」を繰り返しており、これまでのサイクルでいえば、次は「氷期」がくる順番になるが、実際にそうなるかどうかはわからない。

また現在が地球46億年の気候史の中で、比較的に寒冷な「アイスハウス」の時代にあるからといって、早急な対応が求められている地球温暖化が取るに足らない問題というわけではないので、ご注意いただきたい。二酸化炭素濃度上昇に伴う急速な地球温暖化がなぜ深刻なのかは、エピローグにて説明する。

図7-2
ヨセミテ国立公園にある迷子石。小ぶりなサイズだが、大人10人が梃子を使っても、微動だにしない
（アリゾナ州立大学　アージュン・ヘイムサス教授提供）

46歳から始めた地球科学

地球惑星科学が目覚ましく進歩し、地球の気候の歩みが詳細にわかってきた現在、氷河期があったといわれても驚きはないが、実はこうしたことがわかってきたのは、19世紀になってからだった。

「氷期」の存在を初めて指摘したのは、スイス出身のアメリカの自然地理学者だったルイ・アガシーだ。彼は、ヨーロッパでも数多く認められる迷子石や羊背岩の存在や、スプーンでアイスクリームをすくったような形のカールと呼ばれる地形、サンフランシスコ郊外のヨセミテ国立公園にある有名なハーフドーム（花崗岩でできたドーム状の山が完全に半分に削られている）のような地形が、川の流れなどによるものではなく、かつて氷河や氷床が存在したことで統合的に説明できるのではないかと考えた。「アイスエイジ」（地球科学的にはグレイシャルエイジ）、つまり氷期という概念の提唱である。

１８３７年にスイスで開かれた学会にて、アガシーは、北半球全体が、かつて大規模な氷に覆われていたとの「仮説」を発表した。当時はそのような広大な領域に氷が広がるということは考えもされなかった。論争は学会中ずっと続いたものの、アガシーの唱えた説は、荒唐無稽として科学コミュニティからは受け入れられなかった。

伝統的なアカデミズムからは拒絶された「氷期」の仮説だが、徐々に「援軍」が増えてくる。１７９７年生まれのフランスの数学者、ジョセフ・アデマールは、アガシーの説に賛同し、迷子石のような巨石やカールのような地形は氷河によるものだと主張し、太陽を回る地球の公転軌道要素の変化といった天文学的要因によって氷期が発生するとの仮説を１８４２年に発表した。

しかしアマデールの予測した氷床の大きさは厚さがおよそ１００㎞という巨大なもので、今からみると、科学的な裏付けが不足していた。彼は、いわゆる「天変地異説」の支持者で、化石の記録などを過去の天変地異で説明しようとする説を支持する立場を取っていた。聖書の記述内容とも合致するこれらの説は、時節柄、大きな支持を受けた。

一方、そのころ、チャールズ・ライエルは、イギリスの地質学の大家、ジェームズ・ハットンのアイデアを体系づけて、１８３０～１８３３年に『地質学原理』という大作を世に送り出し、「斉一説」という理論を構築していた。

「斉一説」は、過去の地質現象が、現在の地質現象を進行させているのと同じ自然原則のもとで進行したとする考えで、ライエルは、自然の変化は膨大な時間の中では連続的で、地球の年齢がきわめて長い（天変地異説でいわれていた数千年ではなくて）ことを、多くの資料をもとに記述していた。ライエルは、チャールズ・ダーウィンとも友人としての交流があり、かの進化論の発展にも、「斉一論」は大きく影響したと考えられている。

この『地質学原理』が第10刷の出版を控えていた1865年当時、ライエルと彼の研究グループのメンバーたちは、地球の気候現象は大気や海洋などの表層での変化が引き金となって発生すると考えていた。しかし、その説に公然と異を唱える人物が現れた。地球が太陽の周りを回る軌道の要素に変化が生じると、氷期から間氷期への切り替わりが起きるとする「天文学的要素原因説」を提唱したジェームズ・クロールであった。

図7-3
チャールズ・ライエル

彼は1864年に『地質学的時間における気候変動の物理学的要因について』という論文を発表。これまでのライエルが唱えた通説と異なり、長期的な気候変動は、地球がコマのように自転しながら太陽の周りを大きく公転していることに起因していると主張したのだ。

地球の自転速度は赤道でおよそ1秒間に500m、公転速度は時速10万kmという高速回転をしている。自転軸は公転面に対して垂直に立っているわけではなく、23・4度傾いている。これは地球の回転軸を月や太陽の引力が引っ張り起こそうとするために起こる現象だ。コマの軸がゆっくりと、首をぐるっと回すように、およそ2万6000年の周期で1周するこの動きを歳差運動という。これと春分点との位置関係で日射が変化することになる。クロールは計算の結果、この効果だけで氷期を引き起こすのに十分だと考えたのだ。

スコットランド出身のクロールは、ほとんど独学で知識を修得した異色の研究者だ。彼は長い間、アカデミアで職を得ることもなく、40代半ばになるまでさまざまな職を転々としてきた。仕事はどれも長続きしなかった。大工や機械設置組立工は、肘の炎症の悪化のため25歳前に辞めざるを得ず、紅茶商人、ホテルの管理人や保険のセールスマンまでやることになった。しかし46歳になったときに、〝本当に偶然に〟スコットランド地質調査所に雇用されることになったのだ。40歳が平均寿命の当時、この歳で新しい職を得ることになり、しかも気候研究のうえで重要な貢献をするとは、当のクロール自身も思っていなかったに違いない。

肘の障害がもたらした苦味のある人生経験と、11歳のときに初めて興味深い本に出会って以来の読書家であったことが、遅咲きの研究者の滋養となった。クロールは、高校の宿直として働いていたときに、図書館に置いてある物理の本などに強く影響を受け、物事をシンプルかつ定量的に記述してみたいと考えるようになっていた。

当初はクロールの説に対して懐疑的だったライエルが、ジョージ・エアリー（天文学者でグリニッジ天文台長や王立協会会長なども務めた）のアドバイスもあり、『地質学原理』第10刷は、それまで最大でも58ページしか割いていなかった気候に関する章を、なんと１３０ページにまで増やし、かつクロールの提唱していた天文学的な影響については、38ページを当てるに至ったのだ。こうして、いわば在野の研究者としてスタートしたクロールが、地質学に絶大な影響力のあるライエルの主張にまでも影響を及ぼすことになったのだった。アガシーのスイスでの講演から四半世紀が経っていた。

クロールの研究では北半球と南半球の氷期のタイミングが逆位相になる、という点で、しばしば間違った説として取り上げられることがあるが、彼はこのほか気候変化に関する地球内部の熱エネルギーのフィードバック機構についても、海洋循環などに言及しながら論じており、気候を体系的にシステムとして捉えようとしていたことがうかがえる。

セルビアが生んだ天才、ミランコビッチ

クロールによって拓かれた、気候変動の天文学的要因についての研究を引き継いだのが、セルビアが生んだ天才科学者ミルティン・ミランコビッチだ。彼は、オーストリア・ハンガリー帝国に7人兄弟のいちばん上の子どもとして1879年の初夏に生まれたが、8歳のときに父親を亡くし、17歳でウィーンに引っ越した。彼が大学で専攻したのは社会基盤工学、いわゆる土木工学だった。優秀な成績で卒業し、25歳で博士論文を書いた。理論的な考察に基づくコンクリートの強度評価に関する研究だった。

その後ダムや橋脚の設計をし、多くの建築物の構造設計に関わった。実際それらに関する特許

もいくつか持つことになった。

研究者人生が大きな転機を迎えたのは１９０９年の秋のこと、彼がベオグラード大学の応用数学教室の教授に招かれてからだった。

工学から応用数学に鞍替えしたミランコビッチは、基礎科学について研究を進めようという決意に満ち溢れていた。

同僚の気象学者との議論の中で、それまでの気候研究が、理論物理や数学的な記述に基づく定量性というより、経験則に基づく研究が多いことに気づき、みずから理論の構築を考え始めた。

１９１３年には地球の異なる気候区分における日射量について計算を行い、「日射の地球表層での分配についての研究」という論文を発表した。

しかし１９１４年、サラエヴォ事件が勃発し、当時のオーストリア・ハンガリー帝国と母国セルビアとの衝突から、捕虜として捕らえられてしまう。

妻の尽力もあり、解放されてブダペストに移り、数学者でもあるハンガリー科学アカデミーの図書館長に、施設を自由に使っていいという許可を得る。

ミランコビッチは第一次世界大戦のほとんどの間、

図7-4
ミルティン・ミランコビッチ
（ミラコビッチ協会サイトより）

すなわち4年間をブダペストで過ごすことになる。

西岸海洋性気候、砂漠気候、地中海性気候……など、地理の授業で出てきた気候区分を覚えておられる読者も多いことかと思う。この気候区分を提唱したのは、ロシア出身でドイツの気象学者ウラジミール・ケッペンだ。彼は、ミランコビッチの研究成果にいち早く着目し、特に過去13万年間の日射量変化のカーブが古気候研究に大いに役立つと考えた。ミランコビッチは1922年秋にケッペンからの手紙を受け取って以来、気候と太陽の日射について考察を進め、ケッペンやその義理の息子であり地球物理学者であるウェゲナーなどのフィールド研究での知見などと照らし合わせることで、高緯度、特に55度とか65度あたりの日射量の変化が、長期の気候変動に影響を与えることを感じ取っていた。

ケッペンは、ミランコビッチに、彼が作った13万年間の日射量復元カーブを60万年間にのばすように依頼した。このころにはミランコビッチやケッペンは、高緯度の冬や年平均日射量などではなく、夏の日射量変化がきわめて重要なカギを握っていることに気づいていた。

ミランコビッチの天文学的要因による気候変動説は、ケッペンとウェゲナーの著書が1924年に出版されたことにより、広く世の中に知れわたった。

ミランコビッチが日射量計算に用いた地球の公転軌道要素は、（1）自転軸の傾斜角、（2）離心率、（3）歳差であった。

まずは地軸の傾斜角だ。地球の自転軸は公転面に対して傾いており、その角度が現在は23・4度ほどである。それらが22・0〜24・5度の間を約４万年の周期をもって変化している。この変化は季節性の強さに変化を及ぼす。傾きが大きいほど季節性が強くなるのだ。つまり夏はより暑く、冬はより寒くといった具合に。

極端な例を考えてみる。

もし地球の自転傾斜角がゼロだった場合、太陽から地球に到達する日射量は、夏も冬も同じになり、季節そのものがなくなる。

一方で、角度を傾けていき、たとえば90度傾いた場合、北極には、春分から秋分まで太陽が降り注ぎ、秋分から春分までまったく日が当たらないという、きわめて季節のコントラストが強い状況になるのだ。

つまり高緯度では、傾きが大きいと夏に氷は融け、小さいと成長するというわけだ。地球には大きな月が衛星として存在しているので、その傾斜角の変動は比較的小さく抑えられているが、たとえば火星などは長期的に見ると30度以上の変化を起こしてきた可能性が高い。

２番目の離心率の変化は、「ケプラーの第一法則」により、地球が太陽の周りを楕円軌道で回っていることにより生じる。この楕円軌道が真円により近づくかどうかで、太陽と地球との距離は１８２０万km以上も変化し、地球が受け取る日射の総量が変化する。

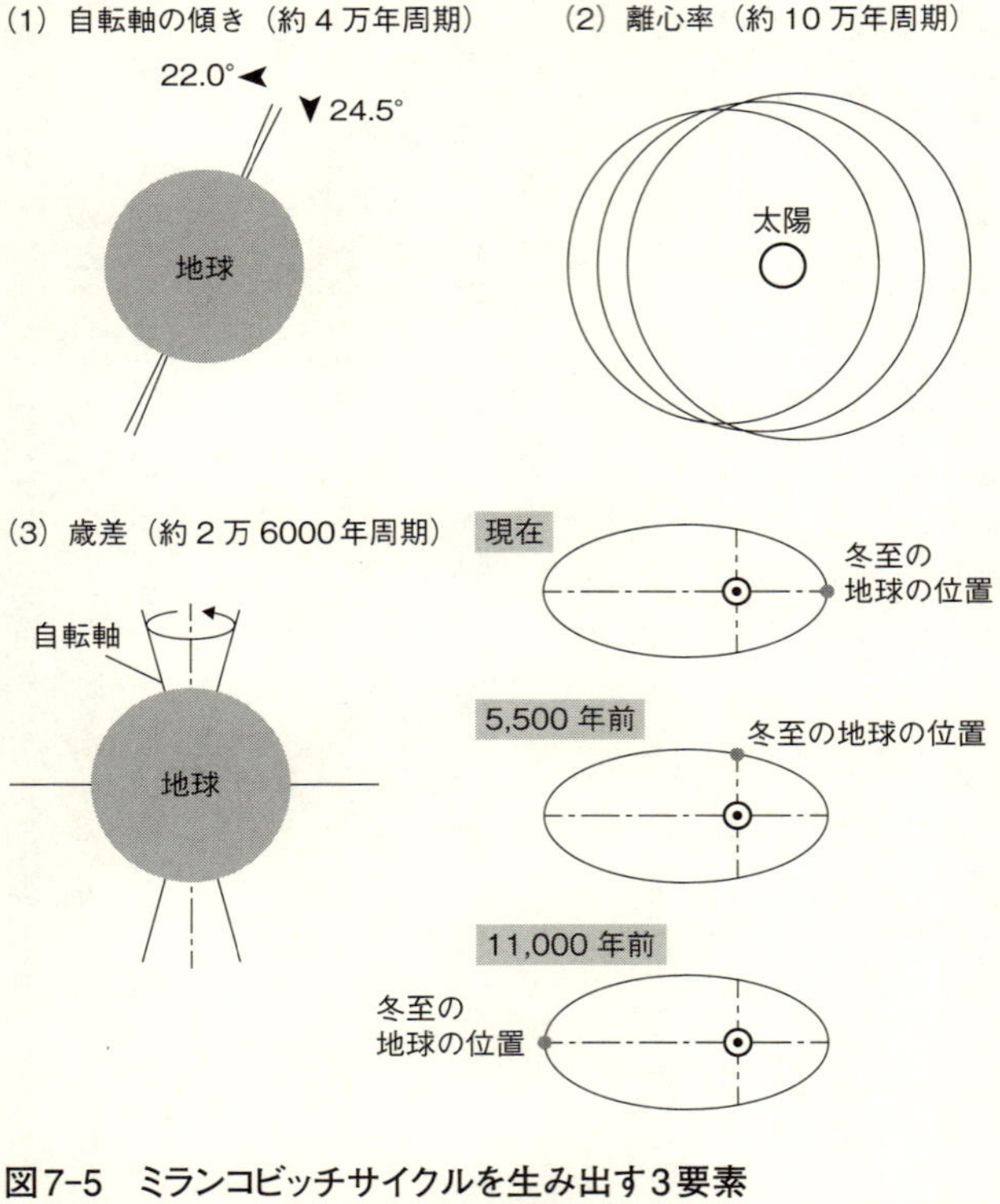

図7-5　ミランコビッチサイクルを生み出す3要素

自転軸の傾きや離心率の変化、歳差などが日射の緯度分布の違いを生み出し、気候変化を起こす太陽はその引力で地球の公転軌道を真円に近づけようとするものの、太陽系には土星や木星といった巨大惑星も存在しているため、地球は太陽以外にそれらの強大な引力を受ける。公転周期の違いにより、公転軌道が変形し、楕円軌道の扁平率が変わるのだ。この周期はおよそ10万年の周期を持つ。

最後に歳差による影響だ。

地球は完全な球体ではなく赤道方向が南北両極を結ぶ方向よりも大きい。つまりみかんのような形をしている。そのため、高速回転しているコマのように、回転軸もゆっくりと円を描く。太陽から離れる方向にあるときは太陽側に倒れかかるように。この周期は約２万６０００年である。

ミランコビッチは、これらの3要素一つ一つが与える影響は小さいが、3つが重なり合うと、巨大な氷床を生み出したり、世界の海面を１００ｍ以上も低下させるような大変化をもたらすと主張したのである。

ケッペンやウェゲナーのフィールドでの観察とも一致するミランコビッチの仮説だった。つまり天文学的要因によって引き起こされる高緯度の夏の日射量の変化、すなわち雪のとけ残りがあるかないかが、巨大な氷床を生み出し融解させる重要な要因であることを示した画期的なアイデアだった。

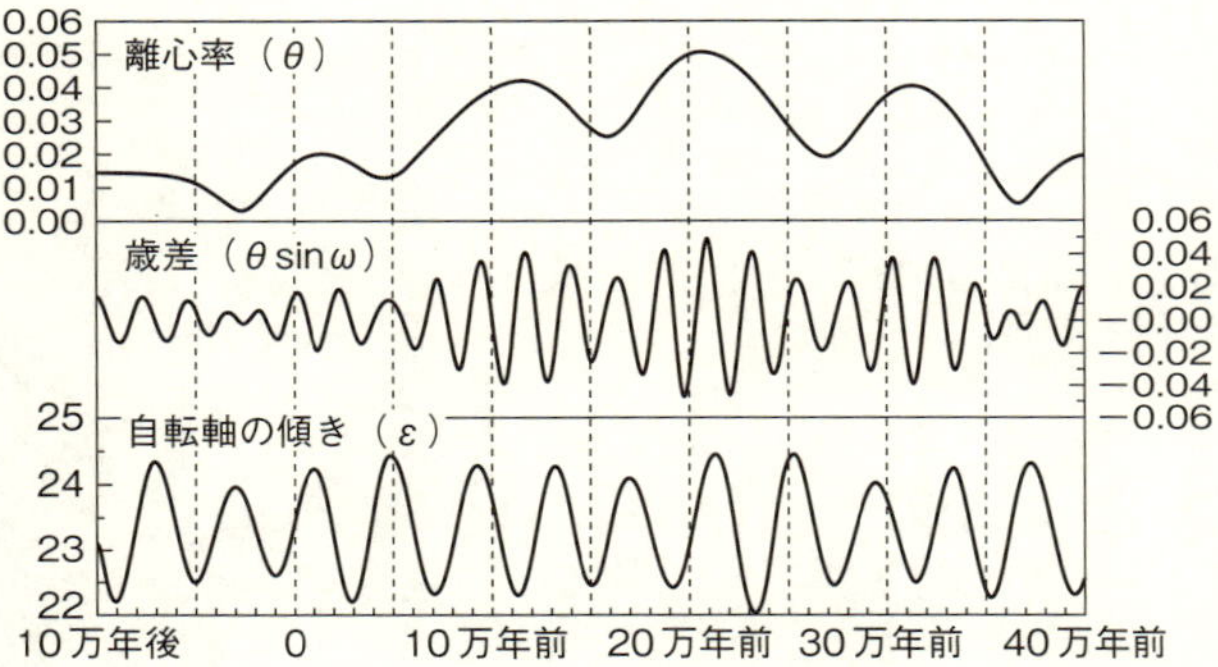

図7-6
計算から求められた過去と現在のミランコビッチサイクルに関する地球の公転軌道要素の変化。離心率は9万5000年、12万5000年、40万年の周期がある。歳差は、1万9000年、2万2000年、2万4000年の周期、自転軸の傾きは4万1000年の周期を持つ
（Berger and Loutre 2002 Scienceを改変）

ミランコビッチの天文学的要因による気候変動についての研究成果は、いろいろな論文や著書にまたがって発表されてきた。そこでミランコビッチは、1939年に、30年にわたる彼の研究成果を集大成した編纂書を刊行することを決意した。

ほぼ2年の月日を費やし、ようやく印刷所に原稿を提出できたのが1941年の4月のことであった。それは、ナチスのドイツ軍がユーゴスラビアのベオグラードを攻撃する4日前のことだった。

印刷所は攻撃によって破壊。これによってミランコビッチの大著も失われたかに思われたが、彼は唯一持っていた印刷版を、セルビアを占領したドイツ軍の担当兵に託した。旧知のドイツの教授にあてて保管を依頼し、のちにドイツ語で出版されるに至ったのだった。

ミランコビッチの説は英語で発表されていなかったことと、当時の「氷期‐間氷期」の地質学的証拠の精度が良くなかったこともあり、１９５８年に彼が亡くなるまでにデータに基づいた〝証明〟がされることはなかった。

引き継がれた氷期‐間氷期研究のバトン

ミランコビッチの壮大な仮説を証明するミッションは、アメリカの海洋学者たちに委ねられた。最初にバトンを渡されたのは、テキサスの農場に生まれたモーリス・ユーイングだった。１９３１年、彼はヒューストンのライス大学で学位を取り、ヘスと同様に海底の音響探査を専門とする地球物理学者となった。第二次世界大戦後、コロンビア大学に教員の職を得た彼は、１９４９年に設置されたラモント・ドハティ地球科学研究所（通称：ラモントまたはＬＤＥＯ）の初代所長となった。カリスマ的な個性で、多くの優秀な研究者を集めた地球科学研究所を引っ張り、世界の当該分野を主導する研究機関の一つに押し上げた。

ユーイングは「ドク」と呼ばれ、海底探査で強力なリーダーシップを発揮した。当時、まだプレートテクトニクスの概念は登場しておらず、ウェゲナーの大陸移動説もアメリカでは広く受け

図7-7
北西オーストラリア・ダーウィン沖のジョセフ・ボナパルト湾でのコア採取の様子

（著者撮影）

重さが500kg以上の重りを金属製パイプの上に載せて海底に突き刺し、柱状の試料を採取する。東京大学の研究船「白鳳丸」にて

入れられていなかった。しかし海底探査のニーズは、引き続き継続していた米ソの冷戦も相まって、高く維持されていた。

「ラモントの船はどんな調査をしていても1日に必ず2本のコアを採取し持ち帰る」

これはドクが研究所の構成員に課した命題だった。

今でもそうなのだが、生物調査や物理探査など、直接海底の堆積物を採取する必要性のない研究航海の場合は、堆積物コアの採取を行うことはない。

通常シップタイムという自分の航海および航海中の研究に割り当てられる時間は、要求に対して「満額回答」が出ることはきわめてまれである。航海期間や予算、海況によって実施可能な調査項目に限りがあるからだ。しかしラモントでは、ドクの命令により個別の研究を犠牲にしてまで、コアのライブラリを充実させることに力を注いだ。こうした努力により、ラモントには開所以来10年経つか経たないかの間に、およそ１０００本にも及ぶコアのライブラリが出来上がっていた。

ある研究の発想がわいたとき、実際に航海が実施できるまでどんなに早くても通常２年はかかる。しかしラモントの場合は、所内のコア保管庫に行けば南極海だろうがインド洋だろうが欲しいコアがすぐに手に入る。

アイデアとサンプルの質が成功のカギともいえる物質科学的な研究には、ラモントのようなシステムの存在はきわめて強力だ。実際21世紀に入った現在でもそれらの試料は広く使われ、ネイチャーやサイエンスといったインパクトの大きいジャーナルに論文が出され続けている。

ドクが持つ先見の明による「指令」が功を奏した格好だ。

そのラモントを中心に繰り広げられた研究により、ミランコビッチの計算について有効性の証明がなされた。

チームCLIMAP誕生

そのカギを握る人物は、のちにクライマップ（ＣＬＩＭＡＰ）を結成し、ミランコビッチ周期によるアイスエイジの証明を行ったジョン・インブリーである。

大工や機械設置組立工を経て46歳で地質学者になったクロール、コンクリート建築物の設計から地球物理学に転じたミランコビッチなど、天文学的要因が気候変動に与える影響を研究テーマに選んだ研究者のキャリアは波乱万丈だったが、インブリーもまたユニークな人生を歩んだ。

第二次世界大戦開戦当時、インブリーは大学生だった。同級生が次々に戦争にかり出されたが、彼は大学生で物理を専攻していたため、徴兵を免れた。しかし、彼は、それを潔しとせず、得意なスキーを活かせるアルプスの山岳部隊を志願し、ヨーロッパ戦線でドイツ軍やイタリア軍と戦った。不幸にもつま先を怪我で失って、部隊を離れることになり、治療の最中に戦争が終了することになる。

戦後、インブリーは、「GIビル」と呼ばれる復員軍人援護の年金によって、大学の学部に再度入学しようと考えた。そして、父も祖父も学んだプリンストンへと進学した。

大学では、自分の興味のある地球科学と将来弁護士になるために法学を専攻した。イエール大学大学院の進学試験では法学専攻と地球科学専攻に応募し、いずれも優秀な成績を収め、双方から入学許可を得る。さんざん悩んだ挙げ句に、彼は法学を選択した。

進学したインブリーは法学専攻のガイダンス資料を取り寄せ、どの講義を聞くか思案に暮れたが、まったくもってシラバスの内容がわからない。専門的な用語がずらりと並んでいて、それらをひたすら解読することに時間を費やす間に、法律家になる意欲はどんどん薄らいでいった。

彼が次に取った行動は、学部生のときに結婚していた妻を説得したのちに、大学の事務部へ転部届を出しに行くことだった。異例ともいえる畑違いへの転身だったが、地球科学専攻からも合格をもらっていたことが功を奏し、届は無事受理された。

彼が大学院を過ごしたのは「ギヨー・ビルディング」だった。そう、ハリー・ヘスが在籍したイエール大学の地球科学教室だ。当時のイエールには、多くの著名な研究者が在籍しており、インブリーも、岩石学または地球年代学の大家として有名なアドルフ・コップらの薫陶を受けた。

大学院を終えて博士号を取得した彼は、イエール大学の古生物学者であるカール・ダンバーに呼びとめられ、カンザス大学行きを打診される。彼はそのプロポーザルを受けて、カンザス大学の層序学・古生物学の教員に着任する。

図7-8　ジョン・インブリー

（コロンビア大学　サイトより）

カンザスに妻と引っ越したインブリーは、ペルム紀のアメリカ中西部の地層を順番に調査し、それらの層の上下関係を明らかにする作業を進めた。時には学生たちと州境を越えて、地層を追いかけた。

しかしである、彼を招聘した教授が1年間のサバティカル（研究休暇）を取ってヨーロッパに行っている間に、ニューヨークから、彼の運命を変える1

本の電話がかかってきたのだ。ドイツ語なまりの英語を喋るコロンビア大学地球科学科の学科長、ウォルター・ブチャーからだった。

コロンビア大学では、微化石、過去の原生動物の殻など、顕微鏡で見ないと観察できない微少な生物化石を研究している研究者を探していた。インブリーの研究対象は、数十ミクロン（髪の毛の太さ程度）から数㎜程度の大きさの有孔虫だった。つまり適任者だったのだ。ブチャーは、彼に採用面接に来るように熱心に勧誘した。

彼は迷った。生涯カンザスに住むことは考えていなかったにせよ、まだ大学に来て1年経つか経たないかというタイミング。おまけに自分をカンザス大の教員として迎えてくれた恩師はヨーロッパに行っていて不在だった。当時はまだ国際電話の料金も高く、相談しようにも、大学から電話使用の許可が出る見込みはなかった。

コロンビア大学からのオファーは魅力的で、研究所は、彼の出身地に近いニューヨークに立地していた。誘ってくれているブチャーは、著名な研究者でラモントのドクにも近い人物だった。ドクの名声は轟いており、インブリーの心は揺らいだ。結局、彼は面接に行くことにした。

飛行機を使ったのは生まれて初めてで、東海岸に向けてプロペラ機で移動した。コロンビア大学の出した結論は、彼を研究所の一員として迎えるというものだった。

嬉しいニュースを得たのもつかの間、インブリーは悩んだ。

日本に限らず、アメリカでも若くて前途有望な教員が、着任してすぐ異動するのは、喜ばれるものではない。憂鬱な気分で学科長と面会すると、意外な言葉が返ってきた。「インブリー君、君を失うのは学科にとって大きな損失だ。しかし学科にはこれからも多くのチャンスが回ってくる。しかし個人にはチャンスは多くない。応援しているよ」というものだったのだ。

彼はひどく感激した。

大学のポストは基本的に欠員が出ないと募集がかからない。いくら良い研究をして輝かしい業績をあげていても、ポストが空かない限りはその大学に就職できない。特にコロンビア大学のような名門となれば、空きポストはたちまち埋まってしまう。

学科長は、〝買い手市場〟である研究者のリクルーティング事情を熟知していたからこそ、短期間で転身を決意したインブリーを責めることなく、その決断を応援するメッセージを送ったのだった。

コロンビア大学に移ったインブリーは、のちに述べるラモントのウォーリー・ブローカーや、現在の有孔虫の生態を研究していたアラン・ビーらとともに共同研究を行った。

地球科学教室では、放散虫という微化石を専門に研究するジム・ヘイズと意気投合した。専門分野が近いうえに、教室運営でもいろいろな相談ができる相手であった。のちにモーリーン・レイモの指導教員となるビル・ラディマン（第６章）との議論も充実していた。

インブリーの最も大きな業績はミランコビッチ周期に関する研究だ。特に更新世と呼ばれるおよそ258万年前から1万年前の時期に対するもので、90％が氷期と呼ばれるアイスエイジに相当する。

しかし、コロンビア大学に移籍した当初、インブリーは、ミランコビッチ仮説には手をつけなかった。

実は、当時アメリカでは、ミランコビッチが主張した天文学的要因が気候変動の周期を生み出すという仮説を懐疑的に捉える研究者が多かった。

放射性炭素を使った年代測定法を用いたサンプル分析の結果も、ミランコビッチサイクルには不利に働いた。もし、ミランコビッチの仮説が正しければ、間氷期や氷期などの転換周期はおよそ10万年、4万年、もしくは2万年の値が出るはずだ。そのようなデータが得られれば、仮説をサポートする証拠となるのだが、当時得られたサンプルは、なぜか3万年前後に転換期があったことを示唆するデータばかりだった。インブリーが、雲行きの怪しいミランコビッチサイクルに取り組む意欲を持てなかったのも無理はない。

インブリーがブラウン大学に移ったのは、皮肉にもラモントで深海堆積物を使った研究の重要性を認識し、研究をスタートした直後だった。

インブリーは、コロンビア大学の教育担当責任者である学科長という自らの立場と、ラモントの将来について、研究を前面に出した研究所にしていくというドクの強い方針とが合致しなかったことなどから、コロンビア大学を後にした。かつての教え子であるリー・ラポルテから、「インブリー先生、静かなキャンパスで研究に専念しませんか？」とオファーを受けたからだった。

しかしヘイズとの交流は引き続き進んでおり、地球の磁場を利用して地質年代を特定する古地磁気学を専門としていたニール・オプダイクらとも頻繁に会合を持っていた。コロンビア大学に在籍していたときには、２つのキャンパスの移動や、学科長としての仕事、社会人向けに開講している講座での講義などに追われていた。ブラウンに異動してからのインブリーは自分の研究に費やせる時間が実際にずいぶん増えた。

14年間のコロンビア大学での研究教育生活を終え、ブラウン大学に移ったインブリーは、またしても彼の研究人生を変える重要な電話を受けることになる。電話の主は親友ヘイズだった。

彼はインブリーに海洋調査のビッグプロジェクトへの参画を呼びかけた。発案者はドクだった。彼の情報によると、今後10年間、ＮＳＦ（アメリカ国立科学財団）が海洋調査に巨大な予算を付けるという。国際海洋調査計画と銘打った10年間のファンドだった。

ドクが考えたのは、ラモントにある膨大なコアを使った海洋の研究だった。

ドクはヘイズにこの話を持っていき、ヘイズがインブリーに参画を打診したのだ。コロンビア大学を去る際、組織運営の方向性の違いで決別した相手だったが、ドクはインブリーがメンバーに入ることに異を唱えなかった。彼の器の大きさを感じるエピソードでもある。

インブリーはヘイズと議論を重ね、大学や研究機関の枠組みを超えて、各分野のエキスパートを招聘し、過去にない強力なチームを作るべきだとの結論に達した。

チームには、全米の有名大学から錚々たるメンバーが集結した。ブラウン大学からは、サンゴ礁を使った海水準の研究をしていたボブ・マシューズ、コロンビア大学からはヘイズやオプダイクが参画し、陸域の環境復元を行う役割をジョージ・ククラらが担当した。インブリーは、西海岸にある大学の研究者にも声をかけ、オレゴン州立大学のニック・ピシャスとアラン・ミックスが参加した。過去の海水情報を保存している微化石（有孔虫、ケイソウ、放散虫）、酸素同位体比、古地磁気などの研究者がラモントに集結した。古気候研究では伝説的な研究チームであるクライマップが結成されたのである。

目標は、今から約2万年前の最終氷期最盛期の海面温度を復元した世界地図の作成と、将来気候の予測。プロジェクトには、氷床学者のジョージ・デントンらや気候モデルの研究者が合流し、活動は活発化していった。

クライマップは、世界中から採取したコアの中に含まれる有孔虫の化石データを数学的に解析することで、海面温度を復元する手法を開発しようとしていた。しかし、チームは最初から難題にぶち当たる。世界の異なる海から取られた膨大なコアの泥層がいつごろ形成されたのか、高精度で特定することができなかったのだ。

コアに保存されている化石データの地質年代が特定できないと、特定の時期の海面温度の分布を地図にすることはできない。一見する限り、何の変哲もない泥が、それらがいつどのようにして海底に降り積もったのかを明らかにするのは至難の業だった。

「クライマップ」の中でオプダイクがこの役を担った。

オプダイクが注目したのが「地磁気逆転」イベントだ。地球には地磁気と呼ばれる磁場が存在し、北極付近にＳ極、南極付近にＮ極が存在する。ご存じの方も多いと思うが、地磁気は周期的に逆転する。このＳ極とＮ極が反対に入れ替わってしまうのだ。実は、この現象を世界で初めて発見したのが京都帝国大学（現在の京都大学）教授の松山基範だった。１９２９年松山は兵庫県玄武洞の岩石の磁場が逆転していることを発見した。その後の研究で過去３６０万年間に11回地磁気逆転が起きていることがわかった。直近の逆転時期は、松山に敬意を

図7–9
ラモントに保管された深海堆積物コア
（コロンビア大学　サイトより）

評し、松山-ブルン（M-B）地磁気逆転境界と名付けられている。

岩石に残された地磁気の情報は、地質の年代特定においてきわめて重要な意味を持つ。火山の噴火などによりマグマが噴出され、高温の岩石が冷やされてキュリー点を下回ると当時の磁気情報が記録される。鉄ではおよそ770℃である。1955年に登場したカリウム-アルゴン年代測定法で、火山岩の年代決定ができるようになっていた。

それまでに、地上の岩石でM-Bイベントの存在が報告されており、年代がおよそ78万年前と決定されていた（最近では77万年前とする研究も出てきているがいずれにしてもそのあたりの年代だ）。オプダイクは、ラモントが採取した膨大なコアに含まれる磁性鉱物の磁性の向きを丹念に調べて、M-Bイベントが起きた78万年前の堆積物の層の位置を決めていった。

コアの浅い部分、つまりより最近の部分については、放射性炭素年代測定法（第1章参照）が使える。当時は、およそ1万2600年前までの年代特定ができた（現在は5万年前まで年代特定が可能）。大洋の沖合で取られたコアは、川や洪水などによる堆積速度の急激な変化にさらされることはない。しずしずと、ある一定のスピードで堆積するという仮定を立てれば、地質年代を機械的に割り出すことができる。

ただし、この年代特定の方法は、お世辞にも精密とはいえなかった。採取したコアから、地磁気の逆転が起きた78万年前と炭素による年代測定が可能な1万2600万年前を結び、均等に分割することでおおよその地質年代を割り出すものだったからだ。いわば大なたで丸太を割って、その情報をもとにコアの年代を測定するような乱暴なやり方だった。

約２万年前の最終氷期最盛期という時間断面を正確に切り出すことができなければ、クライマップは絵に描いた餅になってしまう。プロジェクトはのっけから暗礁に乗り上げてしまった。

再びのシャックルトン

クライマップが注目したのは、同位体分別を利用して古気温を復元する手法を確立したシカゴ大学グループに連なるチェザーレ・エミリアニの研究だった。

シカゴ大学からフロリダ大学に移ったチェザーレ・エミリアニは、エプスタインらと開発した「酸素同位体温度計」を使って、過去の水温変化を復元する研究を進めていた。分析に用いたのは、堆積物コアに含まれる有孔虫だった。

分析装置の性能からくる制約のため、分析には多量の試料が必要となる。有孔虫には海洋の表層に棲息するものと、海底近くに棲息するものがいる。前者を浮遊性有孔虫、後者を底棲有孔虫と呼ぶ。堆積物コアには、大量の浮遊性有孔虫が存在しているのに対し、底棲有孔虫はわずかだ。たとえば、ティースプーン１杯の海底堆積物を調べたとき、浮遊性有孔虫は何百個体と採取することができるのに対して、底棲有孔虫は４～５個体くらいしか発見できない。そのため、エミリアニは浮遊性有孔虫を使って水温復元の分析結果を発表していた。

クライマップは、エミリアニがやったように、浮遊性有孔虫を用いて古気温を復元することで、コアの地質年代を特定しようとしたが、すぐに断念した。精度の高い解析を行うには大量の有孔虫が必要だったことに加えて、各コアから復元された古気温は非常に振幅が大きく、およそ使い物にならなかったからだ。第2章で述べたように、エミリアニが、海水の酸素同位体変化が与える影響を軽視していたためだった。

窮地に陥ったクライマップを救ったのは一人の英国人だった。ケンブリッジ大学のシャックルトンである。彼はみずから開発した高精度の質量分析装置で、微量での測定を可能にし、数個体の有孔虫の酸素同位体比も測定できるようにしたことは第2章でも述べたとおりだ。その感度は、エミリアニのシステムの10～100倍にも及んだ。

シャックルトンはそのパワフルな装置を使い、エミリアニが復元した古水温は信頼性に欠けるもので、微化石に含まれている炭酸カルシウムの酸素同位体比を調べただけでは古水温を復元できないことを明らかにした。これはユーリーやエプスタインが確立した古気候学の限界を白日の下にさらすものだったが、シャックルトンは「逆転の発想」で、斬新なアプローチを考案する。

威力を発揮したのが、彼が考案した底棲有孔虫の分析だった。

シャックルトンが観測に利用した底棲有孔虫は、大量のサンプルを入手できない反面、海洋の

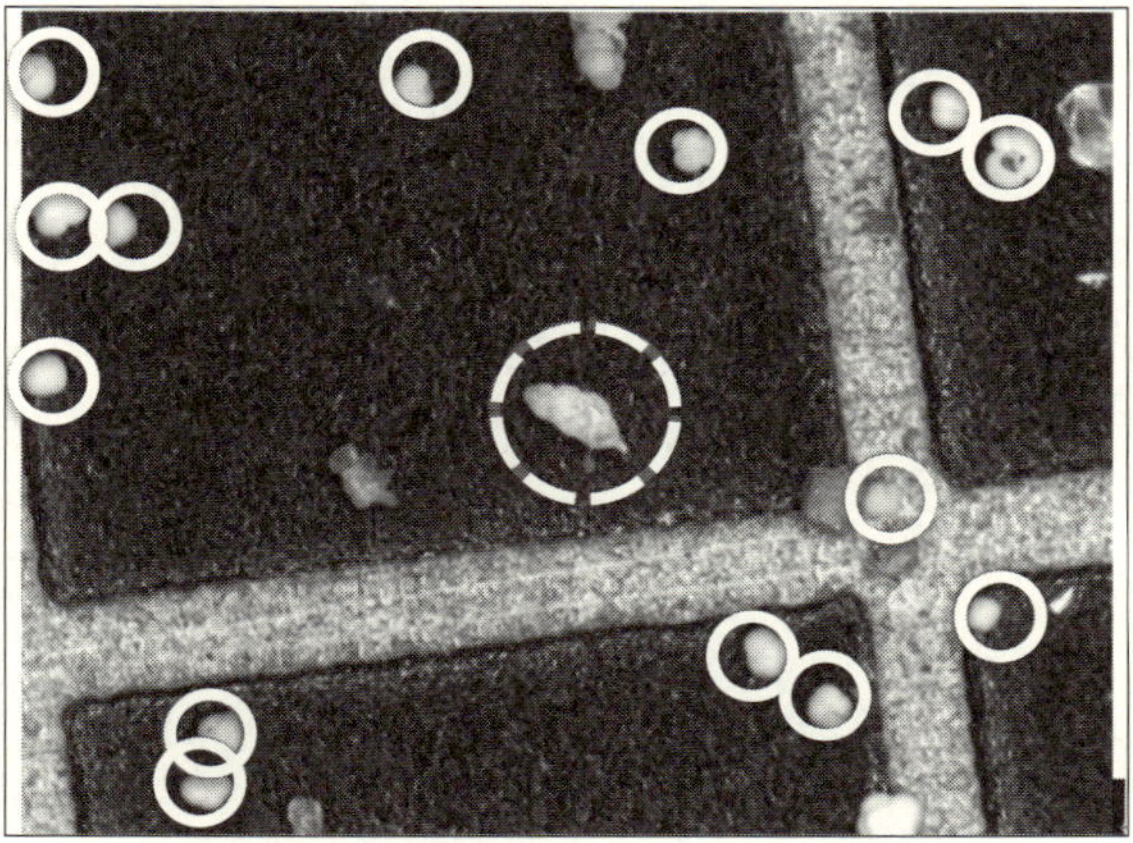

図7-10
顕微鏡で捉えた浮遊性有孔虫の殻。点線の丸が底棲有孔虫
（著者撮影）

表層に棲息する浮遊性有孔虫に対して決定的なアドバンテージがあった。

表層の海水温は、場所によっては年間10℃以上変化するところも少なくない。必然的に表層に棲む浮遊性有孔虫が記録している水温にも棲息域によって大きな差が出てくる。これに対して、深海の水温は海域によってのバラツキが少なく、水温の変化は最大でも２℃ほどしかない。深海に棲む底棲有孔虫が記録している海水温は、海洋の表層に棲息する浮遊性有孔虫のそれよりもはるかに精度が高く、信頼のおけるものだった。実際、同じ海域で同時に測定した浮遊性有孔虫と比べてみると、なんと１‰（パーミル）以上の差が出てくる。

シャックルトンが、底棲有孔虫を用いて

過去の海水温を分析したところ、興味深い結果が出てきた。底棲有孔虫の酸素同位体比の振幅は、すべてを水温の変化で説明すると、明らかに深海が凍っていたとしなければならない大きさだったのだ。深海の水温は現在でも0℃に近いが、海水が凍るためにはマイナス1・8℃以下にならなければならない。しかし、ラモントが保有している深海コアの分析では、最終氷期においても海流は存在し、堆積物の堆積は進行していたことが確認されており、深海は氷結していなかったことがわかっている。

この矛盾する状況を前にして、シャックルトンは、底棲有孔虫の酸素同位体比の振幅は水温ではなく、海水の同位体比、すなわち氷床量の変化によってもたらされたものであることに気づく。そして彼は、年間を通じて深海の温度変化が少ない地域のコアを用いることで、温度による酸素同位体比変化の影響を排除して、海水の酸素同位体比の変化、すなわち氷床量の変化を復元するアプローチを考案する。この発見によって、人類は過去の氷床量の復元ツールを手にしたわけである。

さらにシャックルトンはラモントの持つ世界各地の膨大なコアの時間軸を揃える斬新な手法を考案した。温度変化が少ない海域で採取したコアにある浮遊性有孔虫と底棲有孔虫の酸素同位体比の復元カーブを標準として、各地のコアで得られた復元カーブと相互参照することで、カーブの相同性から時間軸を揃えたのだ。

ミランコビッチは正しかった

ラモントでのクライマップの会合で、シャックルトンが浮遊性有孔虫と底棲有孔虫の酸素同位体比の復元カーブを見せたとき、クライマップのメンバーは一見しただけでその重要性を認識した。

インブリーはさっそく、シャックルトンとヘイズとともに作業に取り掛かった。ミランコビッチの予想した天文学的要因による地球の気候変動についての仮説を確かめようというのだ。

まず、M‐B境界が決まっているコアで、連続的に堆積し、現在と氷期との水温変動の影響が大きくないと考えられる地域のコアを使うことにした。間氷期の今でも海水温の低い、南大西洋のコアが選ばれた。

シャックルトンは質量分析装置を使い、有孔虫の酸素同位体比を測定し、ヘイズは顕微鏡を使ってどんな放散虫がいるかを分析することで、水温の推定を行った。インブリーはコンピュータを使った統計解析を担当した。

過去の「氷期‐間氷期」の変動を表す氷床量の変化は、海の水の重さとして有孔虫の殻に情報が刻まれている。そこから、ミランコビッチの計算で導き出した周期、つまりおよそ2万年、４

万年、10万年といったものが出てくるかどうかを調べたのだ。

コンピュータで計算させた過去の水温と有孔虫の群集組成に基づく水温、そして酸素同位体比から導き出した氷床量の推移を見たインブリーは、身震いを覚えた。

「ミランコビッチは正しかった！」

急いでヘイズとシャックルトンに電話をし、3人はその重大な瞬間を祝福したのだった。

1976年、その論文はアメリカの科学誌サイエンスに発表された。

タイトルをどうしようか悩んだ彼らは、結局「ペースメーカー」という言葉を入れた。天文学的要素がそのまま「氷期-間氷期」のシグナルとしてのリズムを刻んでいるわけではなく、あたかも心臓の鼓動を定期的に脈動させるペースメーカーのようにそれが機能していることを示唆するものだった。

天文学的要素の変化による日射量変動という「ペースメーカー」は、地球の気候システムの中にある「大気-海洋圏」「雪氷圏」「陸域」などのサブシステムにさまざまな影響を及ぼす。こうした影響が、二酸化炭素濃度の変化や海洋循環の変動などのさらなる変化をもたらし、シグナルが増幅したり変調したりして、結果として、氷床量が変化しているという研究結果だった。

放射性炭素年代決定法による過去の気候変化の証拠が、どれもミランコビッチサイクルと矛盾する2万～3万年を示していたのはなぜだろう。それは、^{14}Cが1兆分の1から10兆分の1以下な

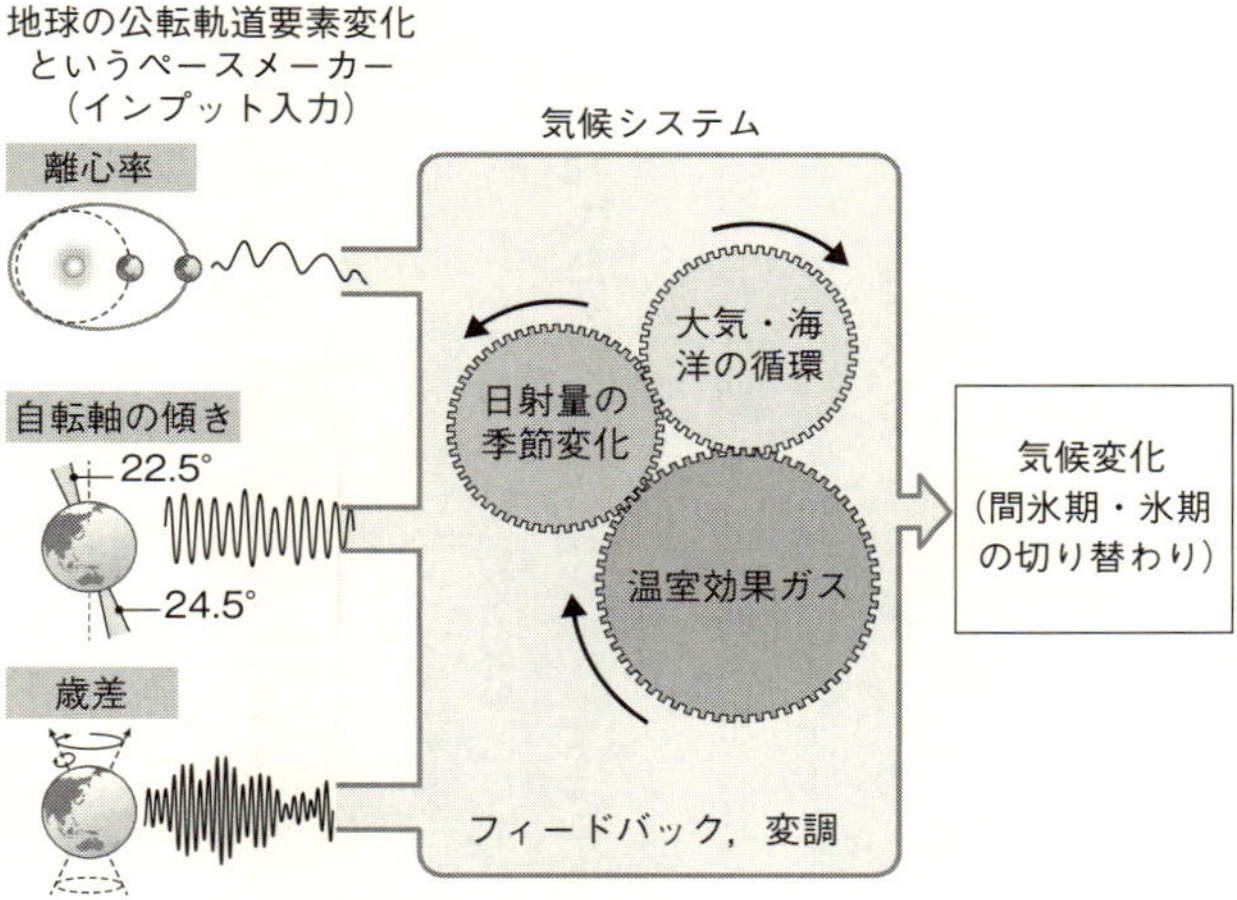

図7-11
ミランコビッチサイクルを生み出すペースメーカーと気候システム
（Hoddell,2016 Science）
ペースメーカーである公転軌道要素の変化はあくまでも地球内の気候システムのリズムの変化をもたらす役割を果たしていて、その少しの変化が、氷期－間氷期といった大規模な気候変化をもたらしている

どというきわめてわずかな存在度でしかないことが原因だった。試料の保管や採取、そして実験中のわずかな汚染でも、簡単に年代を1万年以上若返らせることが起こりうる。

当時は現在と異なり、β線をカウントして測定を行っていたので、10g以上の試料を丸2日かけて化学処理し、測定装置に1～2週間入れておかねばならなかった。それだけ多くの試料と、たくさんのステップを踏むとなると、汚染の可能性もおのずと高くなる。放射性炭素年代測定の黎明期の当時には、まだその影響についてよくわかっていなかったのだ。

かくして当時の状況では、M－B境界を使った年代測定によるコアの分析が、放射性炭素年代決定法によるコアの年代決定よりも結果的に正しい答えを導き出したのである。

ヘイズを筆頭に書かれた1976年の論文は、ミランコビッチの唱えた説が正しいことを定量的に語った。しかしそこに至るまでには、ドクのコア採取の指令やエミリアニとエプスタインの温度計開発、シャックルトンの技術開発、そしてヘイズらに訪れたクライマップの結成チャンスなど、科学者たちの不断の努力といくつかの僥倖があった。

1976年のこの論文は、一方でまた多くの謎も引き続き研究者たちに残した。

周期解析で強く出てきた周期は、4万年と2万年であるのに対し、過去100万年間は、10万年の「氷期－間氷期」変動周期が卓越している。いちばん弱いシグナルである10万年周期が気候シグナルの解析では最も強いシグナルとして現れているのだ。これ以外にも未解明な課題は少なくない。

インブリーは2016年、91年の生涯を終えた。

クライマップの論文発表から40年が経過し、コンピュータの演算能力と質量分析装置の性能は飛躍的に向上し、シミュレーションの理論も目覚ましく発展したにもかかわらず、いまだアイスハウスの謎について、統合的な解を得るには至っていない。

第8章

消えた巨大氷床はいずこへ

NASAのIceBridgeミッション(極域氷床の空中調査)によって撮影された巨大氷河。かつて緑に覆われていた南極大陸はなぜ短期間に氷に閉ざされることになったのか(写真:NASA/Joe MacGregor)

インブリーを中心とするクライマップのメンバーによって、ミランコビッチサイクルの存在は証明された。しかし、「公転軌道の周期的な変化」という「ペースメーカー」の存在は確認されたものの、それですべての現象が説明できるわけではなかった。2万年、4万年、10万年という地球の公転軌道の変化が、なぜ間氷期と氷期を切り替えるシグナルとなるのか、ミランコビッチサイクルの「からくり」は依然としてブラックボックスの中にあった。

「からくり」を解き明かすうえで、どうしても解決しなければいけない問題が横たわっていた。「氷床」である。氷床は氷河よりも格段に規模が大きく、そのスケールは大陸規模だ。氷床はその周辺の空気を冷やすほか、定常的に高気圧を生み出す。地表面が温かいと上昇気流が生じて低気圧が作られるのに対して、冷却により高気圧が作られるのだ。加えて、高さが2500mを超えるような巨大氷床になると、対流圏上層を流れるジェット気流の風向きを変えて、気候の攪乱要因となる。さらに氷床の白い表面は太陽光を反射して、熱の吸収率を変化させて寒冷化を促進する「アイス-アルベドフィードバック」をもたらす。気候のサブシステムとして「氷床」が決定的な役割を担っているのは間違いなかった。

氷床量を復元せよ

研究者たちが最初に取り組んだのが氷床量の正確な復元だった。シャックルトンの功績により、有孔虫の殻の酸素同位体比の変化から氷床量が復元できることはわかっていた。しかし、この方法には重大な限界があった。
　有孔虫の殻の酸素同位体比は、海水の同位体比（氷床量）と海水温という2つの変数によって決まる。２つの変数がある方程式を解くためには、２つの方程式が存在しなければならないが、彼らの手元には、ユーリーが考案した古水温の復元式しかなかった。方程式が1つしかなければ、２つの変数を同時に確定することは不可能だ。

図8-1
ヌナタック。現在の氷床より上に山々が見える。東南極氷床にて
（ダン・ツウォーツ博士提供）

　シャックルトンは、この難題を、氷期と間氷期の海水温がほとんど変化しない海域にあるコアを試料に用いるという「力技」で〝解決〟した。そして間氷期と氷期で氷床量が周期的に増減していることを突き止め、ミランコビッチサイクルの存在を証明した。つまり、この方法では、氷期にも間氷期にもその海域の水温が変化しないことが仮定されていた。また、同位体の変化と氷床近くの地形地質の情報では、氷床量の相対的な変化は捉えられても、具体的な精度の高いデータは得られない。

さらにいえば、氷床量を独立して確定しない限り、気候変動で重要な、間氷期と氷期における海水温の正確なデータも得られない。方程式が1つしかなければ、2つの変数を同時に確定できないという理屈は、氷床量（海水の同位体比）のみならず逆に海水温にも当てはまるからだ。

逆説的にいえば、過去の氷床量を独立して計測できるようになれば、2つの変数の1つが消えるので、過去の水温情報もより正確になる。さらに、過去の氷床の平面的、空間的な分布が再現できれば、気候変動に与える影響もより具体的に見えてくる。研究をさらなる高みにあげるために氷床量の正確な復元は避けては通れない課題だった。氷床学者、地球物理学者、地形学者、古生物学者、そして海洋学者、多種多様な研究フィールドの科学者たちがさまざまな手法を使って、氷床量の復元を試みた。

氷床の広がり、つまり二次元的な分布については、第7章で紹介した迷子石や羊背岩、モレーンなどの氷河の痕跡を通じて、ある程度把握できる。しかし、三次元情報の復元は簡単ではない。

氷床の片側に〝壁〟があったり、ヌナタックと呼ばれる地形的な高まりがあれば、地形情報に残された痕跡を手がかりに氷床量を復元できる。しかしそのような場所はまれで、氷期に完全に大陸を覆っていた北米の巨大氷床のように、現在は影も形もなくなっている氷床を復元することは、物理的なシミュレーション以外の方法ではほぼ不可能といっていい。

氷床量の形状や高さを直接的に調べることができないとしたら、過去の氷床体積変化の復元をどうしたらいいのか。残された方法は、氷床量の増減を間接的に記録している地形情報を読み解くことしかなかった。

潜水艇「よみうり号」の功績

科学者たちが、氷床量の増減を間接的に記録している試料として注目したのはサンゴ礁だ。

平均気温が低緯度域でも現在より3～5℃ほど低かった最終氷期最盛期の北半球の高緯度帯や南極では、海面から蒸発した水蒸気は、雪や氷となって大地を覆った。この結果、氷床は拡大して、海水準は急激に低下していった。

その後、間氷期になって気温が上昇すると、陸地を覆っていた氷雪が融けて、海に流れ込み、海水準が上昇した。すなわち海水準の変動は、氷床量の増減に連動しているのである。

では、なぜサンゴ礁が重要なのか。種明かしを先にすると、サンゴ礁には海水準の痕跡が記録されているのだ。

サンゴには海面近くに棲息し、サンゴ礁を形成する造礁サンゴと、宝石サンゴなどを含む深海サンゴがある。海水準の測定に使われるのは、海面すれすれに棲息している造礁サンゴのほうだ。

深海サンゴは1年間に数mmしか成長しないのに対して、造礁サンゴの成長スピードは速く、年間10cm程度成長する。造礁サンゴの成長スピードが速いのは、光合成をする褐虫藻という藻類を共生させており、これらが光合成した有機物を成長に使うことができるためだ。必然的に、造礁サンゴは共生している褐虫藻が効率的に光合成できる海面近くに棲息している。つまり造礁サンゴの棲息していた地点は、過去の海水面にほぼ一致しているといっていい。

しかしながら、造礁サンゴを用いた海水面の見積もりにはバラツキがあった。1960〜70年代に世界中でさまざまな調査が行われたが、最終氷期最盛期の海水面は現在のレベルよりもマイナス80〜マイナス150mとバラバラであった。最大値と最小値の差はじつに70m。これは、現在の東南極氷床をすべて融かした海水量（60m）よりも大きく、およそ信頼できるデータではなかった。原因は一つには、氷床が融けて、陸地を押さえつける力が弱まることで陸地が上昇する「アイソスタシー」による地形変化が考慮に入っていなかったことがあげられる（詳しくは後述）。

さらにいえば、棲息する造礁サンゴのタイプ分けが十分でなく、サンゴの採取深度が、かつての棲息深度を高い精度で保存していなかったこと、質の高い統計的なアプローチを行うには、試料の量が十分でなかったことなどがあげられる。

造礁サンゴを用いた海面高度の測定が難しい理由の一つに、サンプル採取の困難さがあげられ

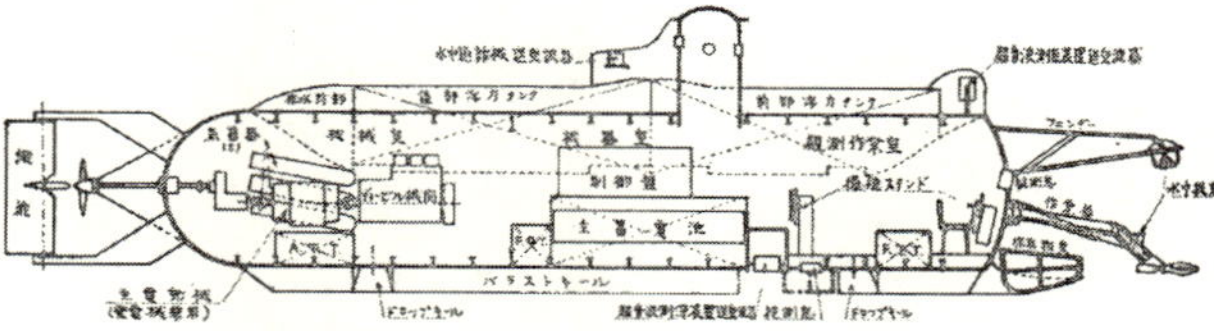

図8-2　よみうり号の概略図
（関西造船協会誌1964-11-30, v115, p54-59）

る。人間が酸素ボンベを背負って潜水し、サンプル採取をする場合、水深30mよりも深いところでの作業は困難を極める。潜水の途中で、事前に準備された特別な空気タンクにつけかえながら、圧力に体を順応させ、その深度にしばらくとどまりながら移動しなければ潜水病になってしまう。また海中では、水圧と水の抵抗を受けるうえに浮力が働く。海底に固着した試料を水上まで運ぶのは、宇宙飛行士さながらの難しい作業となる。

　潜水艇でのサンプリング調査もハードルが高い。150mより浅い水深では座礁の危険が隣り合わせであり、サンゴ礁のように入り組んだ地形での操船はきわめて難しい。こうした調査に協力を求められても、潜水艇の船長は簡単には首をタテに振らない。

　さまざまな困難にもかかわらず、オーストラリア国立大学（ANU）を中心とする研究チームは、造礁サンゴを用いた海水面の復元に並々ならぬ熱意を注いでいた。オーストラリアは、世界最大のサンゴ礁「グレート・バリアリーフ」を抱えており、サンゴは海洋国家のアイコン（象徴）になっていた。国の強力な後押しもあり、A

NUが主体となって、かつての海岸線の証拠を記録したサンゴの化石を海底から持ち帰り、年代を決定して海水準の復元を行うという計画がスタートした。

オーストラリア政府からの協力要請が日本に寄せられたのは1960年代の終わりだった。東京オリンピックの開催年（1964年）に完成した潜水調査艇よみうり号の使用についての打診だった。よみうり号は読売新聞社が所有する潜水艇で、海洋調査や資源調査などを目的として建造された。全長14・5m、搭載人員3名と小型ながら、300mの水深まで潜ることができた。日本側は要請を快諾し、1969年、グレートバリアリーフで調査が行われることになった。

南半球のオーストラリアでは12月は真夏にあたり、サイクロンのシーズンだ。一方、4月になると貿易風による海のうねりが強くなり、調査には向かない。潜水調査はその合間である2月に実施された。

よみうり号は、現海水準より175mも深いところにあるサンゴ礁の化石の採取に成功した。当時ANUに在籍していたハーブ・ビー博士は、シドニーにあるマッコーリー大学のジョン・ビーバーズと一緒に分析を行った。放射性炭素年代測定法を用いた分析によって、この化石は、1万3600～1万7000年前のものであることがわかった。

サンプルとして入手した造礁サンゴの棲息深度が当時の海水準0mを示したと仮定すると、1万3600～1万7000年前には今よりも海面が175mも低かったことを示唆する。のちに私自身、ＡＮＵに在籍した時に彼らのサンプルを再測定する機会に恵まれた。１９９０年代後半のことである。30年ほど経った当時の最先端の装置で測定した結果もみごとに１万７０００年前を示した。

ＡＮＵの調査結果はイギリスの科学誌ネイチャーを飾った。マイナス１７５ｍ。これが彼らの出した直近の氷期の最低海水面の位置だった。ほんの５点にも満たないサンプル数でネイチャーに掲載されたことからも、当時の技術でのサンプリングと分析の困難さがうかがい知れる。

ミランコビッチサイクルを証明したバルバドス島のサンゴ礁

カリブ海に浮かんだリゾート地としても知られるバルバドス島は、イギリスの元植民地で、レッサーアンティル諸島に位置する人口25万人ほどの島国である。かつてはロンドンからコンコルドが飛来していた時期もあるほどイギリスとの結びつきが強い。

バルバドス島は島全体がサンゴ礁でできており、古くからアメリカやヨーロッパの研究者の研究対象とされてきた。

クライマップのメンバーの一人、インブリーの同僚のボブ・マシューズも何度となくこの島を訪れては地形や地質に関する研究を進めていた。

バルバドスの地形を船から遠景で眺めてみると、階段のようなステップ状の地形が認められ

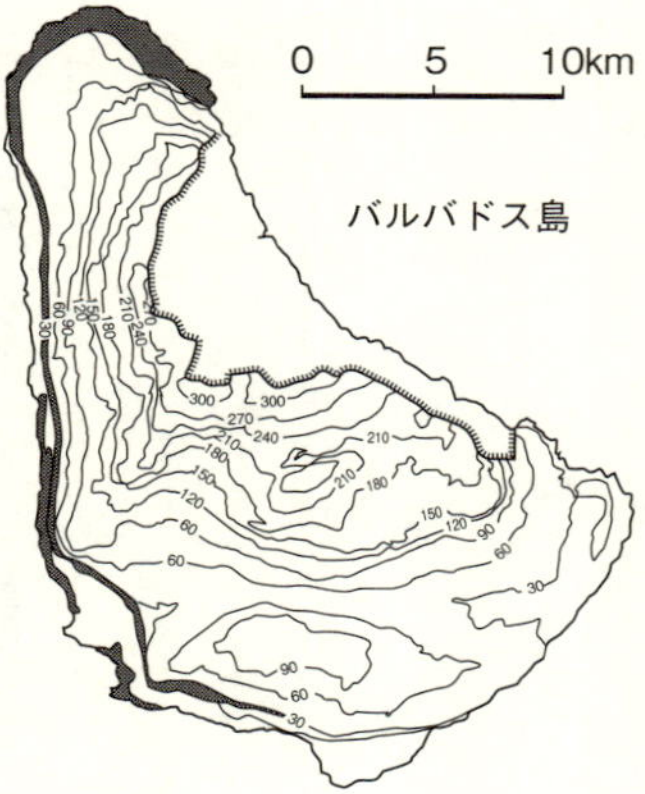

図8-3　バルバドス島の隆起段丘。数字は標高(m)

Broecker et al 1968 より

る。

マシューズは、この特異な地形は、かつて海岸線近くにあったと思われるサンゴ礁が、プレートの沈み込みに伴う地殻変動によって徐々に隆起したためだと考えた。陸上にあるサンゴ礁の化石はサンプルの採取も容易で、水深の復元を行いやすいメリットがある。マシューズたちは、バルバドス島の隆起速度が一定であるという独立した証拠を得て、層状に積み重なった造礁サンゴの年代測定を通じてミランコビッチサイクルの証明を試みた。シャックルトンらが有孔虫の殻を用いて間接的に導き出した海水面の変動を、サンゴ礁の化石を用いて直接導き出そうというのだ。

ここで重要なのは年代決定の手法である。

リビーが提唱した放射性炭素年代測定法は、^{14}Cの半減期が約5730年と短いため、最長でも5万年前までしか遡ることができない。炭素を含む多くの試料に適用できるという大きなメリットがある反面、10万年周期で気候変動が繰り返される「氷期-間氷期」の半分足らずしかカバーできないのだ。しかも当時の放射性炭素年代測定法は、間接的に^{14}Cを計測するβ線計測法を用いていたため、分析には10g以上という大量の試料が必要だった。放射性炭素年代測定法は微量の放射線を測定するため、汚染サンプルの混入の影響を受けやすい。試料の量が増えれば増えるほど、「コンタミ」と呼ばれる試料汚染が起きる危険が高まるため、検出限界とされていた年代は約３万年前だった。これでは10万年単位で繰り返されるミランコビッチサイクルの解明などおよそおぼつかない。

そこでマシューズたちは、ウラン系列の同位体を使う年代測定法を採用した。ウランは放射壊変を繰り返して、トリウム、ラジウム、ラドンなど化学的な性質の異なる同位体を経て、最終的に鉛の同位体に変わる。天然に存在する同位体としては、ウラン２３４、ウラン２３５、ウラン２３８などがある。ウラン２３８は最終的に鉛の２０６に放射性崩壊し、その半減期は45億年と非常に長いため、地球誕生当時の岩石や隕石の年齢を測定するために用いられる。

しかしこのような長い半減期では、10万年以下の年代測定には使えない。だが半減期が24・5万年と比較的短いウラン２３４を用いて年代測定を行えば、10万年周期のミランコビッチサイクルの証明にも利用できる。マシューズらはこのウラン２３４を用いて年代決定を行った。幸いにしてウラン２３４は海水中に広く分布しており、サンゴにも取り込まれる。

また、もうひとつのポイントは、ウラン２３４から放射壊変によって生まれるトリウムが、海水中に存在しないことにある。必然的にサンゴが生きているときのトリウムの量はゼロになる。すなわち、サンゴ化石に存在するトリウムは、ウラン234から放射壊変により生成したトリウム230と断定できる。つまりトリウム230の量を調べることで、サンゴの形成年代を決定できるのである。

測定を担当したのは、研究者としてデビューしたばかりのコロンビア大学のウォーリー・ブローカーと台湾からの留学生だったティールン・クーの二人の若い科学者だった。

彼らの分析によると、かつての間氷期に形成されたと考えられる隆起サンゴ礁の形成年代は、ミランコビッチ仮説によって予測された北緯65度の夏の日射量変動と対応が良く、ミランコビッチの考えをサポートするものだった、マシューズらの研究は高く評価され、アメリカの科学誌サイエンスに複数の研究論文が掲載された。

読者の中には、バルバドス島の陸上に隆起したサンゴ礁を用いれば、直近の氷期の最低海水面を簡単に復元できるのではないかと思った方もあるかもしれない。しかし、バルバドス島の隆起スピードは1万年で10m程度しかなく、氷期の最低海水面を記録したサンゴ礁はいまだ海中にとどまっており、地上に隆起したサンゴ礁では海水面を復元することはできない。例えば、前述のよみうり号で採取した試料はマイナス175mのものだったが、1万5000年経っても15mしか浅くならず、海面上に顔を出すには10倍以上の時間が必要なのだ。

この〝宿題〟を解決したのが、バルバドス島の研究に若くして加わったリック・フェアバンクスである。彼は、マシューズのもとでサンゴ礁の持つ大きな可能性について認識を深め、１９７８年にラモントに移ってからも、引き続き研究を継続していた。目標は、最終氷期最盛期の海水準の復元だった。

フェアバンクスは、海底の様子を音波探査で探りながら、海水準が低かった時代の造礁サンゴをボーリングで海中から採掘するアプローチを採用した。

しかし、サンゴ礁の掘削は、海底に堆積した泥の採取とは異なり技術的にも難しいものだった。均質な物質を採取するのは比較的容易だが、不均質な物質になるとたんに難度が上がる。

図8-4
リック・フェアバンクス
（著者撮影）

たとえばゼリーにストローを挿して吸い出すことは簡単だが、ケーキのスポンジのように内部に空洞を含む物質は容易には吸い出せない。サンゴ礁の場合は、お米でできた、粒子の形が残っている「おこし」に近く、ドリルをうまく使わないとボロボロになってサンプリングができない。

シュノーケリングでサンゴ礁に潜るとよくわかるのだが、ダイビングポイントと呼ばれる場所でもサンゴがび

図8-5
主に水深5m以浅に棲息する造礁サンゴ、アクロポーラ・パルマータ
(著者撮影)

っしりと群生していることはほとんどなく、間には砂や岩などの堆積物が挟まっている。このため海底に堆積したサンゴ礁は不均質で、内部に空洞を含む。このような堆積層をボーリングで連続的に取り出すには、回転数を工夫するとか、空洞の前後での押し込みの長さを変えるなどさまざまな工夫をする必要がある。フェアバンクスらは、こうした技術的な困難を克服して、造礁サンゴのコアを掘削する手法を確立した。

フェアバンクスらのグループは予備調査を行った後、1988年11月18日から12月6日まで、アメリカ海軍のミサイル発射装置のテストを行うRVレンジャー号をチャーターし、バルバドス島の南方沖で16本の掘削コアを採取した。採取されたサンゴは、アクロポーラ・パルマータという、鹿の角のような枝状のサンゴだった。

大西洋の浅い海ではサンゴの多様性が低く、アクロポーラ・パルマータが大半を占める。このサンゴは、５m以下の浅海域でしか棲息できない特徴を持つ。つまり海底掘削で採取されたコアで発見されたアクロポーラ・パルマータの深度は、かつての海面（つまり０m）から水深５mまでと推定できる。

フェアバンクスらは、採取した40個以上の大量のサンゴの化石に放射性炭素年代測定を行ったところ、海水準が最も下がったのは１万７０００年ほど前で、水深は、現在の海面から１２１m（誤差は±５m）も低かった、と結論づけた。これはＡＮＵのハーブ・ビーらがよみうり号を用いて分析したマイナス１７５mよりも50m近く浅い。

海水準に50m近いズレが生じたのは、よみうり号が採取したサンゴの棲息水深がアクロポーラ・パルマータよりも広かったこと、潜水艇が採取したサンゴ礁のサンプル数が少ないため、大きな誤差が生じたものと推測されている。フェアバンクスらの調査は、16本の掘削コアを用いて、棲息水深が海水面に近いアクロポーラ・パルマータを大量に分析に用いている点で、きわめて高い精度を持っていた。

ただし、フェアバンクスらが得たデータにも解決すべき問題が残っていた。年代測定に用いた^{14}Cは、地球の磁場の影響を受けて年によって大きく変動するため、実際の年代よりも若くなるという欠点があったのだ（図８-６）。通常は、こうした問題を克服するため、樹齢を重ねた巨木の年輪に刻まれた^{14}Cを年ごとに測定し、データを補正する。ただし年代補正に使える巨木には１

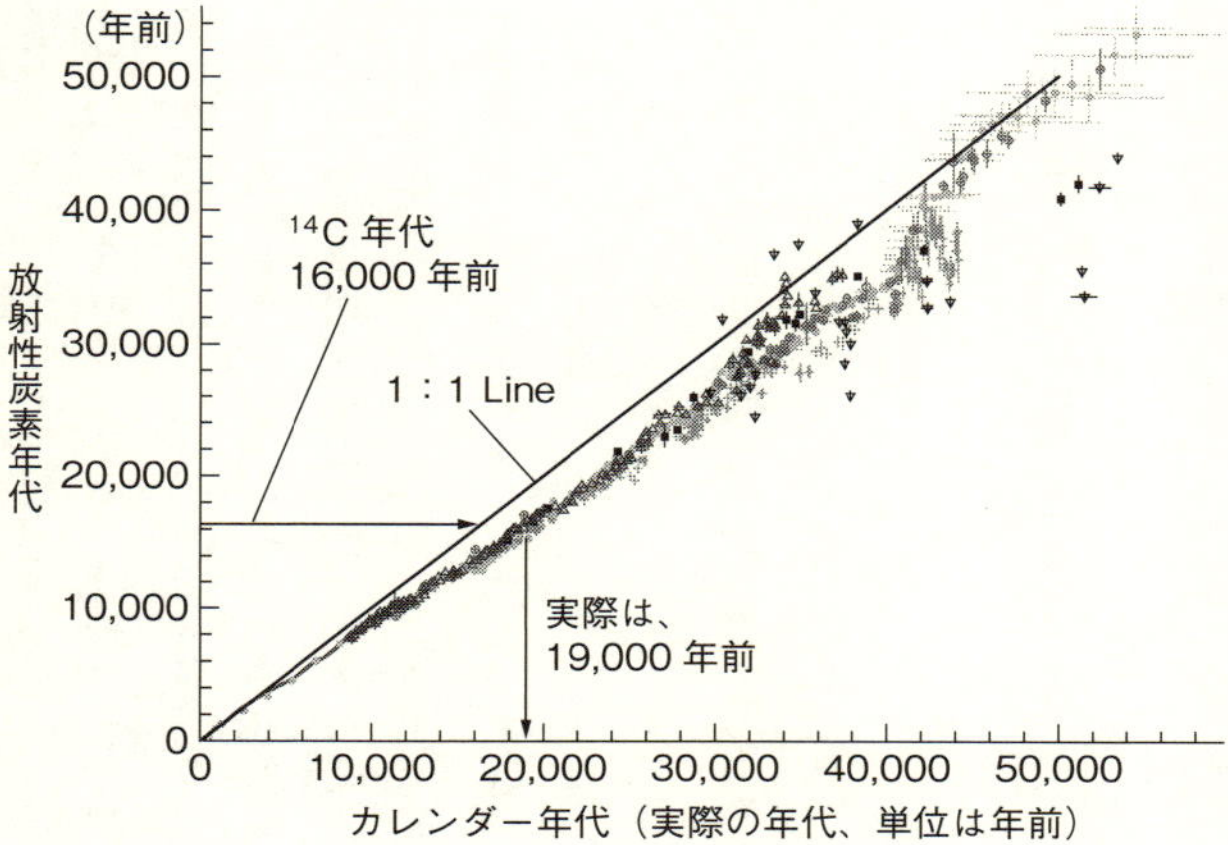

図8-6
放射性炭素年代と、カレンダー年代を表す方法（木の年輪、サンゴや鍾乳石などウラン-トリウム年代測定法）によって求めた「カレンダー年代」

過去のイベントのタイミングを知るのにはカレンダー年代が必要で、もし放射性炭素年代が現在と同じ「スピード」で過去も動いていたならば1：1の線にのる。しかし実際は地球の磁場が弱かったことで、大気中での放射性炭素の生成量が現在よりも大きかったため、放射性炭素年代測定の結果は実際よりも「若く」出てしまう

万3000年より前のものは存在しない。これより古くなると、氷期になるため、分析に使えるような巨木がほとんど存在しなくなるためだ。

フェアバンクスが採取した造礁サンゴは1万7000年前のものであるため、巨木の年輪による年代補正が使えなかった。この難問を解決したのが、パリ大学で博士号を取ったばかりのポスドク、エドアー・バードだった。

バードはフランス南部の

マルセイユ大学のブルーノ・ハメリンから手ほどきを受けたウラン‐トリウムの年代測定法を用いて、計測された放射性炭素年代の誤差を補正した。その結果、巨木の年代で超えることができなかった１万３０００年の壁を突破し、およそ３万年間の放射性炭素とウラン‐トリウム年代測定の結果を示したのだった。

バードによると、最も海面が下がった氷期の最盛期の時期はおよそ２万年前で、ウラン‐トリウムの年代測定結果は、放射性炭素年代測定法によって求められた１万７０００年より３０００年近く遡った形になる。現代と弥生時代が３０００年間離れていることを思えば、この差がいかに大きいかがわかるだろう。

微量で高精度の分析が行える放射性炭素の弱点を、ウラン‐トリウム年代測定法とのコンビネーションでみごとに解決できる可能性を示したという意味でも、バルバドスのサンゴ試料は、広い研究分野に大きなインパクトを残した。

フェアバンクスやバードらが１９８９年と１９９０年にネイチャーに発表した論文の被引用回数は「怪物級」で、多くの地球科学研究者が生涯かけて発表したすべての論文の被引用回数を集めても到達できない数字である。

フェアバンクス以後も、最終氷期最低海水面をめぐる研究は行われているが、その信頼性は主な部分では揺らいでいない。

１９９９年、私も、オーストラリア北部のジョセフ・ボナパルト湾でサンプルを採取し、最終氷期最低海水面を試算した。ナポレオンの名前に由来するジョセフ・ボナパルト湾は、現在の水深から逆算すると最終氷期の最低海水準期に干上がっていた可能性が高い浅い海だ。フェアバンクスは、約1万７０００年前までの海水準しか復元できなかったため、彼が捉えた海水準が最終氷期最盛期のものか断定できなかった。そこで私たちは、湾の中央部の複数地点からバルバドスでは得られなかった、さらに古い時代のサンプルを採取し、分析を行った結果、マイナス１２５ｍまで海水準が下がっていたというデータが得られた。この研究報告はネイチャーに掲載された。

科学界においては、競合するテーマの論文が時を置かず掲載されるジンクスがあるが、私たちの論文がネイチャーに掲載された翌月に、サイエンスにドイツグループの成果が発表された。彼らがサンプリング調査を行ったのは南シナ海南部のスンダ海。ここもかつては陸地になっていたと考えられるところだ。ドイツチームは、この海域の海水面も現在より１２０ｍ低かったと結論づけた。

バルバドスのみならず世界のまったく異なる場所から得られたデータがどれも同様な規模での海面低下を示しており、最終氷期の最低海水準はこの値でおおむね問題はないというコンセンサスが確立した。

近年、従来説は、間氷期になって氷床から融けて海に流れ込んだ海水準１２０ｍに相当する海水の重量を軽視しているとの意見が出ている。氷期から現在までに増えた海水準に相当する海水の体積はじつに５２００万㎦。現在という間氷期になり新たに加わった海水の〝重し〟によって、海底はゆっくりと沈み、反対に陸上は、氷床という〝重し〟が消えたことで、場所によっては陸地が２００ｍも上昇したと推測される。こうした現象を、地殻均衡もしくは「アイソスタシー」という。

アイソスタシーによって海底が沈み込んだことによって横に押し出されたマントルは大陸へと向かい、海岸近くを含め隆起させた可能性が高い。こうした要素をモデルに組み入れてシミュレーションすると、当時の氷床量に見合う海水準はマイナス１３０ｍになる。フェアバンクスが導き出した１２１ｍに、約10ｍを上乗せした数字が、現在最も信頼すべき最終氷期最盛期の最低海水準のベンチマークといえるだろう。

消えた巨大氷床、ミッシングピースはいずこに

フェアバンクスらの功績により、最終氷期最盛期の氷床量のおおよその見当がついた。次なる課題は氷床の分布である。前述したとおり、氷床の配置や形状は、地球の表層の気候に大きな影響を与える。海水準１３０ｍに相当する氷床はいったいどこに存在していたのだろうか。

「氷河」という文字が物語るように、固体である氷も、ゆっくりとではあるが流動する。迷子石が生まれ故郷から遠い場所で見つかるゆえんである。

迷子石の分布などから、最終氷期最盛期に存在した大陸氷床は、カナダをすっぽりと覆い、スカンジナビア半島の中心にあるバルト海にも広がっていたことがわかっている。

では、大陸氷床の形はどんなものだっただろう。

氷床学者たちが、迷子石の分布などから氷床の拡大範囲を割り出し、氷床の物性を考慮して最も安定な形を求めたところ、ドーム形であることがわかった。真ん中が最も高く周りに行くほど低くなる形が、最も安定した構造となる。クライマップがサイエンスに１９７６年に発表した論文では、カナダ直上の氷床の高さは３０００ｍにもなった。

こうした知見をもとに、地球物理学者たちがシミュレーションを行ったところ、カナダ全部が氷雪に覆われていた時期の氷床の量は、それだけで世界の海水準を約90ｍも変化させる量に相当した。一方、スカンジナビア半島とバルト海に存在した北欧氷床の寄与分はおよそ15ｍ。この２つの氷床だけで、１０５ｍの海水準の低下に相当する。しかし、フェアバンクスたちが導き出した最終氷期最盛期の海水準マイナス１３０ｍを満たすにはまだ25ｍ足りない。

一つの可能性がシベリアだった。間氷期に入ってからもシベリアは永久凍土が残っており、この寒冷な地に巨大氷床が形成されていたとしてもけっして不思議ではない。

しかし、氷ができるためには気温が寒冷なだけでは不十分で、水分の供給が必要だ。湿度が低ければ、いくら温度が低くても雪は降らない。冬に日本海側に大雪を降らせる空気団も、太平洋側に来た段階では乾燥して冷たい空気団となっていて晴れの天気をもたらす。同様に、ユーラシア大陸でもスカンジナビア半島周辺で雪を降らせ氷床を成長させた空気団は、シベリアに来る前にほとんどの水分が取り除かれているので、冬期であっても降雪量はさほど増えない。こうした状況は、最終氷期最盛期においても変わっておらず、シベリアに巨大氷床が存在した可能性は低いことがわかった。

かくして、海水準マイナス25ｍに相当する巨大氷床が形成された可能性がある場所として、消去法で残ったのが南極大陸であった。

図8-7　マイク・ベントリー
（著者撮影）

南極氷床復元でわかった意外な結果

イギリスの南極研究所に所属し、現在はイングランドの北部、ダラム大学で教鞭を執るマイク・ベントリー教授は、巨大氷床の「ミッシングピース」の謎に果敢にチャレンジした科学者だ。彼は、南極研究の第一人者として知られるエジンバラ大学教授のデイビッド・サグデンの門下生で、何度も南極に足を運び、ウェッデル海の沿岸にある山々から迷子石などを数多く集め、年代測定を行ってきた。

しかし、南極氷床の復元は、ベントリーにとってもきわめて難度の高いものだった。通常であれば、年代決定の最強のツールである^{14}Cを用いた放射性炭素年代測定法が有効だが、氷床に閉ざされた南極大陸には分析に使える有機物がそもそもごくわずかしかないため、分析の精度が格段に落ちる。また、現在でも南極は氷床にすっぽり覆われている地域がほとんどであることから、現在の地形を手がかりにかつての形を復元することがきわめて難しい。

ベントリーは、21世紀に入って盛んに行われるようになった最新の年代測定法「宇宙線曝露（露出）年代」を用いて、この難題に取り組んだ。これは、地上に降り注いだ宇宙線と岩石との相互作用により形成される同位体の濃度を分析する方法である。

宇宙線が岩石に降り注ぐと、多くの同位体が作られるが、特に盛んに用いられているのがBe（ベリリウム）の極微量の同位体である^{10}Beを用いた分析だ。地球の地殻に最も多く含まれているケイ素と酸素でできている二酸化ケイ素、つまり水晶などの石英に宇宙線が照射されると^{10}Beなどが作られる。一年間に生成される^{10}Beの量がわかれば、岩石中の^{10}Beを計測して、地表もしくは岩石の表面が何年間宇宙線にさらされ続けたのかを特定できる。

「宇宙線曝露（露出）年代」は生物試料の化石だけでなく岩石に対しても適用できるので、南極のような有機物の少ない地域では特に有効な手法だ。

宇宙線曝露によって生じる同位体が10兆分の１から１００兆分の１以下しか存在しないため、年代測定には技術的な困難が伴うが、21世紀に入り、ごく微量な同位体の濃度を計測できる加速器質量分析法が開発されたことで、一気に普及した。宇宙線曝露年代による年代測定を北半球のかつての氷床存在地域に応用したところ、これまでに得られていた年代と同様の値が得られ、その高い信頼性は折り紙付きとなった。

一方、南極については、宇宙線曝露年代を用いたベントリーの観測結果は意外なものだった。彼の試算によると、最終氷期最盛期の南極氷床のサイズは今とほとんど変わらなかったのだ。

同様の報告は東南極の沿岸を調査していたニュージーランドのグループなどからも出された。彼らの見積もりだと、最大の氷床拡大期に南極が海水準変動に貢献した量はたかだか８ｍだというものだった。

ベントリーらの観測結果が正しいとすれば、フェアバンクスらの突き止めた海水準との不足分25ｍに相当する巨大氷床は南極大陸には存在しなかったことになる。巨大氷床のミッシングピースの行方は依然としてわからなかった。

図8-8
ライス大学教授のジョン・アンダーソンと彼の研究室の学生たち 南極調査についての打ち合わせをしている様子
（著者撮影）

やはり南極巨大氷床は存在した

ところが、２０１４年に、アメリカチームがベントリーたちの研究報告とは異なる調査結果を報告した。最終氷期最盛期の南極では、大陸棚と呼ばれる水深が５００ｍ以上もある海底にまで巨大氷床がどっぷりと腰を下ろし、めいっぱい海のほうまで拡大していたというものだった。

海洋に存在していたと思われる巨大氷床のサイズは、推定で海水準にして水深25ｍに相当する。フェアバンクスらの観測データとの不足分をピッタリ埋めるサイズだった。

研究を行ったのは、１９６０年代からこの海域を調査してきたライス大学のジョン・アンダーソンだった。彼は20回以上南極周辺海域に調査船で出かけ、海底の音波探査で地形を復元したり、海底に堆積した泥を採掘するなどして、最終氷期最盛期において南極氷床が海洋のどこまで広がっていたのかを調べてきた。

アンダーソンは、ベントリーらの宇宙線曝露年代とは異なるアプローチで、この問題に取り組んだ。アンダーソンは、陸上で行っていた地形復元の研究を応用して、南極の大陸棚にあった氷床がどのように縮小し、現在の姿になったかをシミュレーションした。アメリカチームは、海底地形をくまなく調査し、巨大氷床が海底を削りながら縮小していった痕跡を、年代に沿って集めていった。その結果、大陸棚に鎮座した巨大氷床の存在が裏付けられたのである。

ベントリーたちの研究は、主に陸上に残った岩石の宇宙線曝露年代から、南極大陸を覆っていたドーム形の巨大氷床のサイズを推定する方法を採用していたため、海洋にせり出した巨大氷床の復元が不完全だった。アンダーソンらのチームの研究データは海水準の研究から独立に求められた値とも整合性が取れており、水深25ｍに相当する巨大氷床が南極大陸および海洋に存在したことはほぼ間違いないと思われる。

実際私が率いる国際チームでは、世界遺産でもあるグレートバリアリーフからサンゴ礁サンプルを系統的に採取し、ミッシングピースは南極に存在した可能性がきわめて高いことや、氷床の挙動はこれまで考えられていたよりも、かなりダイナミックであることを２０１８年にネイチャーに発表した論文で報告した。

やはり、巨大氷床のミッシングピースは南極に存在したのである。

暖かくても南極氷床が大きくなる「意外な理由」

私たちは、氷床の拡大は地球表層の気温が低下する「氷期」に進むと考えがちだが、２０１４

年にこの常識を覆す報告がＮＡＳＡ（アメリカ航空宇宙局）から発表された。衛星観測に基づく氷床の高度変化のモニタリングから、ここ最近10年間の東南極氷床はわずかに大きくなっていたのだ。

ＮＡＳＡの報告は、地球温暖化による南極氷床の融解が危惧されている現状と相反するようにもみえる。しかしこれは南極の周りの水温が温暖化で上昇し、水蒸気の輸送量が増えたためであり、東南極氷床は拡大しているものの、西南極では温かい海水の影響で、氷の流出の加速が観測されている。

東南極氷床の拡大は、地球温暖化が加速して、大気を通じた水蒸気輸送が活発化していることを示唆する。私の研究室でも、先の宇宙線曝露年代を使って南極の地盤を調査したところ、鮮新世と呼ばれる５００万年前～２６０万年前の気候温暖期には、東南極の氷床が現在よりも高かったというデータが得られた。この成果は、２０１５年のネイチャーコミュニケーションで発表された。現在観測されている氷床の拡大は、地球温暖化にブレーキがかかっているのではなく、むしろアクセルがかかり、大気の水蒸気輸送が大幅に強化されているとみるべきだ。このペースで地球温暖化が加速すると、海にドップリと腰をおろした西南極にある巨大氷床が融解し、氷が雪崩を打つように崩壊し、回復不可能な状態になる危険がある。この問題についてはエピローグで改めて取り上げてみたい。

第9章

温室効果ガスを深海に隔離する炭素ハイウェイ

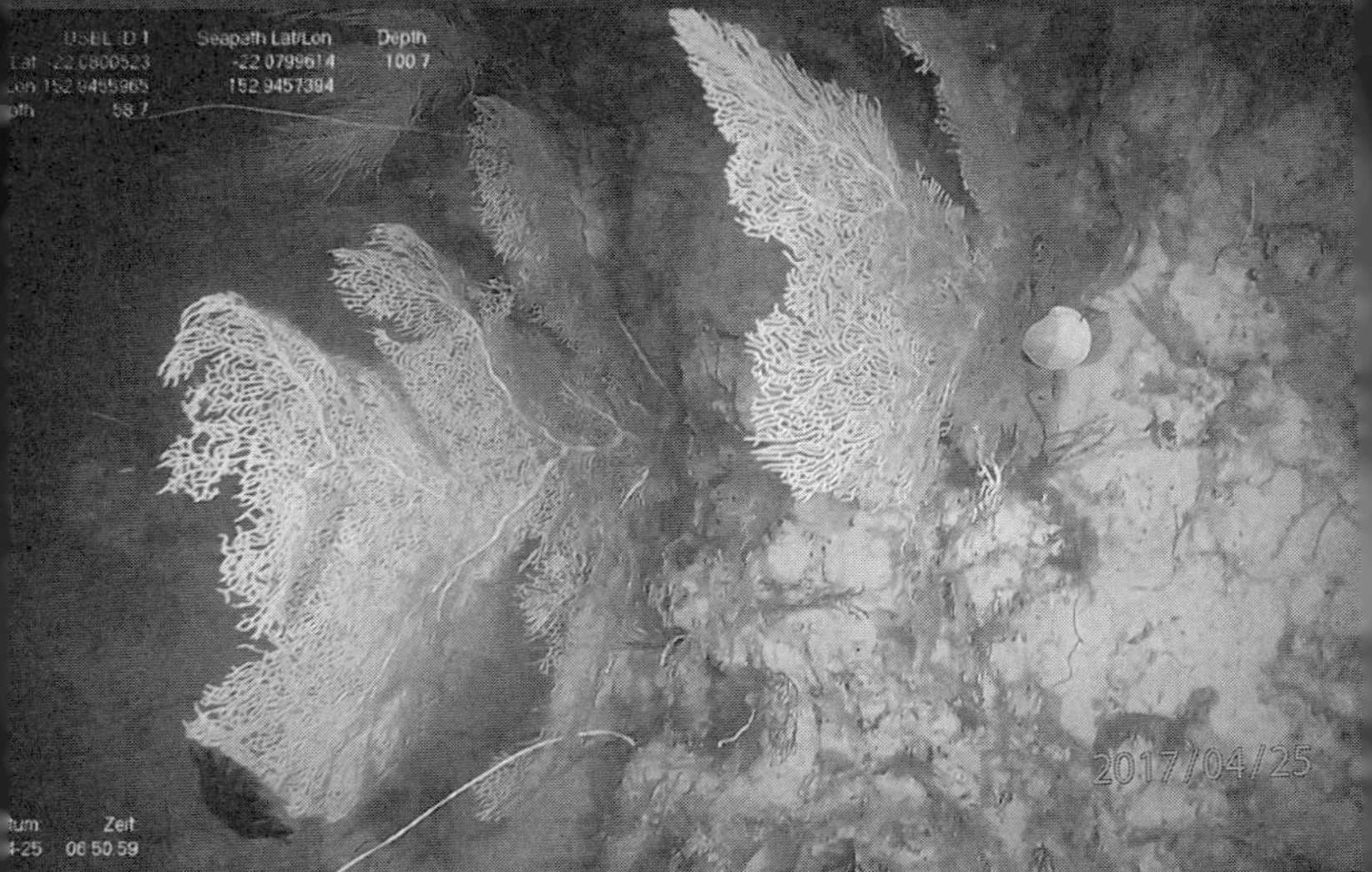

グレート・バリアリーフ沖合の珊瑚海の海底に生息するサンゴ。光が届かない海底にも生態系が存在する。その海底まで炭素を届けるシステムが存在する（写真：著者撮影）

第7章でも述べたとおり、地球では、少なくとも過去280万年にわたって、地球の公転軌道変化に対応して、氷期と間氷期が4万年や10万年周期で交互に繰り返す気候変動「ミランコビッチサイクル」が続いてきた。

この氷期と間氷期の変化には、北半球高緯度の夏の日射量が決定的な役割を果たしており、ミランコビッチサイクルは「北半球主導」の現象である。ご存じのとおり、地球の自転軸が傾いているため、北半球と南半球では季節が逆である。本来であれば、南北半球で逆位相、つまり北半球が「氷期」であれば、南半球は「間氷期」になるはずだ。しかし、少なくとも過去80万年間のデータを検証する限り、南半球が「氷期」なら北半球も「氷期」で、南半球が「間氷期」なら北半球も「間氷期」であり続けた。グローバルな気候変化の位相はつねに一致してきたのである。

こうした現象を説明するには、日射量とは別の「プレイヤー」の存在が不可欠になる。

本書をここまで読み進めてくださった皆さんなら、その「プレイヤー」が誰なのかすぐに思い至るだろう。本書でも何度も登場してきた温室効果ガス、二酸化炭素である。気体である二酸化炭素は、拡散するのに南北半球で1年ほどの時間差はあるものの、ほぼ全球に一様に分布する。温室効果ガスである二酸化炭素が大気中に広がることで、地球表層全体に毛布をかぶせたように全体を暖める。温室効果ガスである二酸化炭素が、地域的な偏りを打ち消してきたのだ。

図9-1は、過去80万年間の大気中の二酸化炭素濃度と南極の気温の推移である。これらのデ

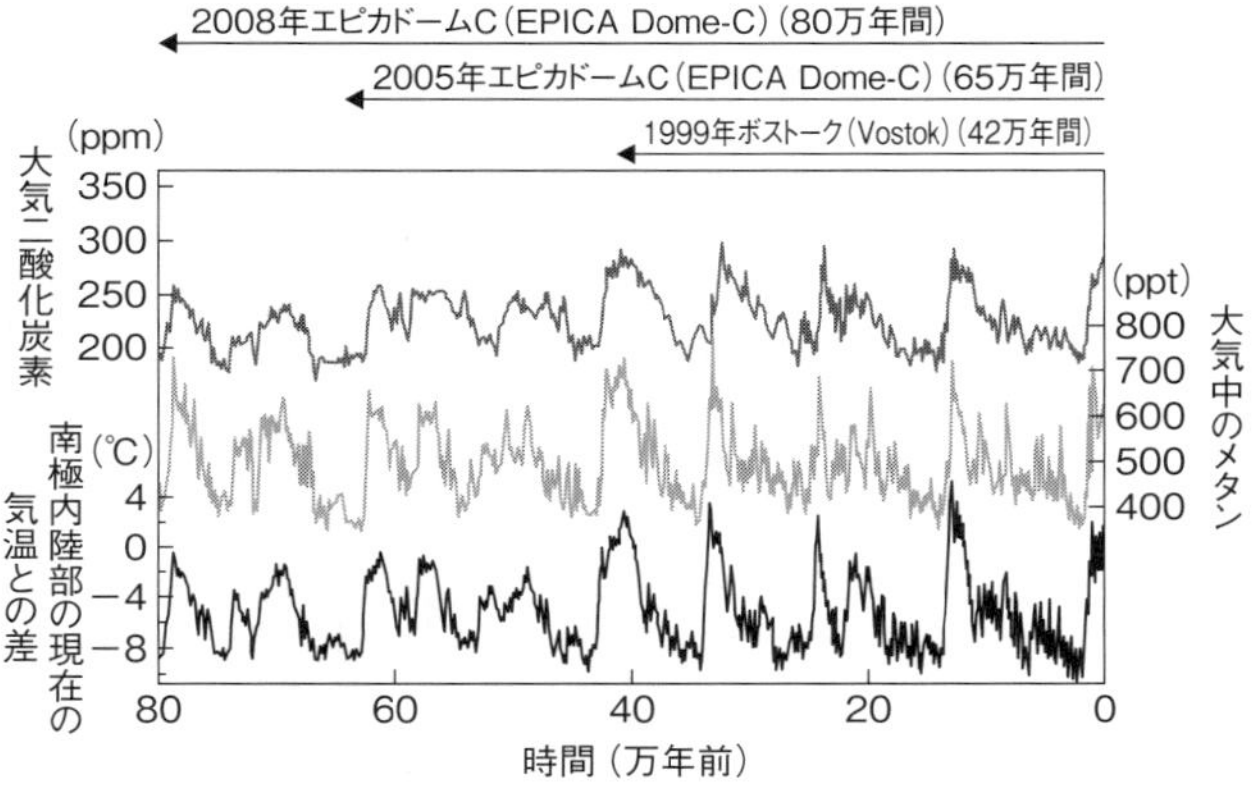

図9-1　南極氷床コアの記録

（Brook 2008 Nature）

まず欧州のグループが掘削したボストーク（VOSTOK）基地での掘削結果は、気温と温室効果ガスが同調して周期的に変化していることを明らかにし、その後、同じく欧州のエピカ（EPICA）プロジェクトで得られた研究結果でも、過去80万年間にわたって同様の関係が続いていたことが明らかになった

ータは、ヨーロッパの南極探査チームが掘削した東南極氷床「ドームC」（正式名称はEPICA Dome-C）から取られたコアの分析から得られたものだ。

南極の内陸部は地球上で最も厳しい気候にあるが、グラフを見ると、氷期は現在よりさらに10℃以上気温が低かったことがわかる。「氷期－間氷期」のサイクルはおよそ10万年と４万年周期。これはクライマップが示した世界の氷床量増減の周期、つまり深海堆積物から取り出した有孔虫の酸素同位体比から導き出された周期と強い一致を見る。

大気中の二酸化炭素濃度はまるで

「ハンコで押したように」氷期は約180〜200ppmの間で振幅し、間氷期は約280ppmとほぼ一定であった。

ちなみに2018年現在の大気二酸化炭素濃度は400ppmだ。過去80万年間の気候データでは、このレベルに到達した時期はまったく見当たらない。現在の地球の二酸化炭素濃度が地球史的にみても異常な高さにあることがご理解いただけるだろう。二酸化炭素濃度は、18世紀の産業革命以降に急速に上昇しており、その原因が人類にあるのは、化学指標の結果からも示されていて議論の余地はない。

氷期-間氷期間における二酸化炭素濃度のおよそ80〜100ppmの変化は、あたかもそこに枠が決められているかのように一定していて、かつ南極の気温の変化とも同調性が高い。氷期-間氷期のみならず、数百年から1000年スケールの、より短い時間スケールでも驚くほど一致が良い。一見すると気温のカーブと大気二酸化炭素濃度の変化のカーブとを見間違えてしまうほどだ。

実は、南極の東南極氷床には、ヨーロッパチームの「ドームC」のほかに、日本の極地研究所が掘削した「ドームF」（FはFujiyamaの頭文字に由来する）があり、世界で2番目の長い記録を保持している。この氷床コアからも同様な気候変動の軌跡が得られており、過去80万年間にわたり、大気二酸化炭素濃度は一定のリズムを正確に繰り返してきたことが確認されている。

深海に炭素を送り込む「３つのポンプ」

ではこの規則正しい大気二酸化炭素濃度変化の要因は何か？　答えは地球表層の70％をしめる領域、そう、海にある。実は、海は炭素を貯蔵する巨大な貯蔵庫（レザボア）であり、その増減が大気中の二酸化炭素濃度にリンクしている。

１０００万年を超える時間スケールといった超長期の地球の気候変動では、大気とマントル（固体地球）との炭素のやり取りが重要であった。二酸化炭素やメタンなど、温室効果ガスが固体地球と大気、海洋を行き来し、これが大規模な気候変動をもたらした。しかし10万年周期などもっと短い時間スケールでは、固体地球との炭素のやり取りはさほど変動しない。大切なのは、表層地球での炭素循環、具体的には「海」と「大気」の間での二酸化炭素のやり取りである。

地球の炭素貯蔵庫（炭素レザボア）の中で、大気のサイズを1とすると、陸上に繁殖する植物に取り込まれている量も、大気のそれとほぼ同じくらい。土壌はその２・５倍にもなる。ところが、海のレザボアは陸上のそれをはるかに上回り、現在の大気の45倍以上もある。したがって、海の状態がほんの少し変わるだけで、大気への影響が顕著に現れるのだ。気候の寒暖のハンドルを握っているのは、陸地ではなく明らかに海なのである。

レザボアを表した図９－２から、特に貯蔵量が大きいのが「海洋中深層」、すなわち深海だということが読み取れる。では、深海にどうやって炭素を運ぶのだろうか。深海へ炭素を隔離するメカニズムとしては、以下の3つがあげられる。

ルート① 溶解ポンプ

二酸化炭素は水によく溶ける。一般に、二酸化炭素の溶解度は温度と塩分に反比例するため、熱帯域でも3〜5℃低かった氷期には、現在よりもさらに溶けやすかった。海水に溶けた二酸化炭素は炭酸などに変わり、海流によって海の深い部分に運ばれる。このように大気から二酸化炭素が溶けて隔離される作用を「溶解ポンプ」と呼ぶ。

約2万年前の地球は、最終氷期最盛期にあたり、低緯度海域で約2・5℃、高緯度海域で約5℃水温が低かった。前述したように、気温が下がると、二酸化炭素の海水への溶解度が高まるため、その結果、大気中二酸化炭素濃度は減少する。簡単なモデルを使った計算では、この作用だけで、当時の大気中二酸化炭素濃度が、現在より約30ppm低くなったことがわかっている。

また、最終氷期最盛期は、現在より陸地に氷床が多く存在し、海水準が約130m低かった。水深130m相当の海水は、全海洋の平均水深の約3%に相当する。氷期には、この海水は蒸発することで、雨や雪となって陸地に降り注ぎ、陸地で氷床となった。その結果、当時の海水に含まれる塩分は約3%増加した。塩分が増えると二酸化炭素溶解度の低下が起きるため、7ppmの大

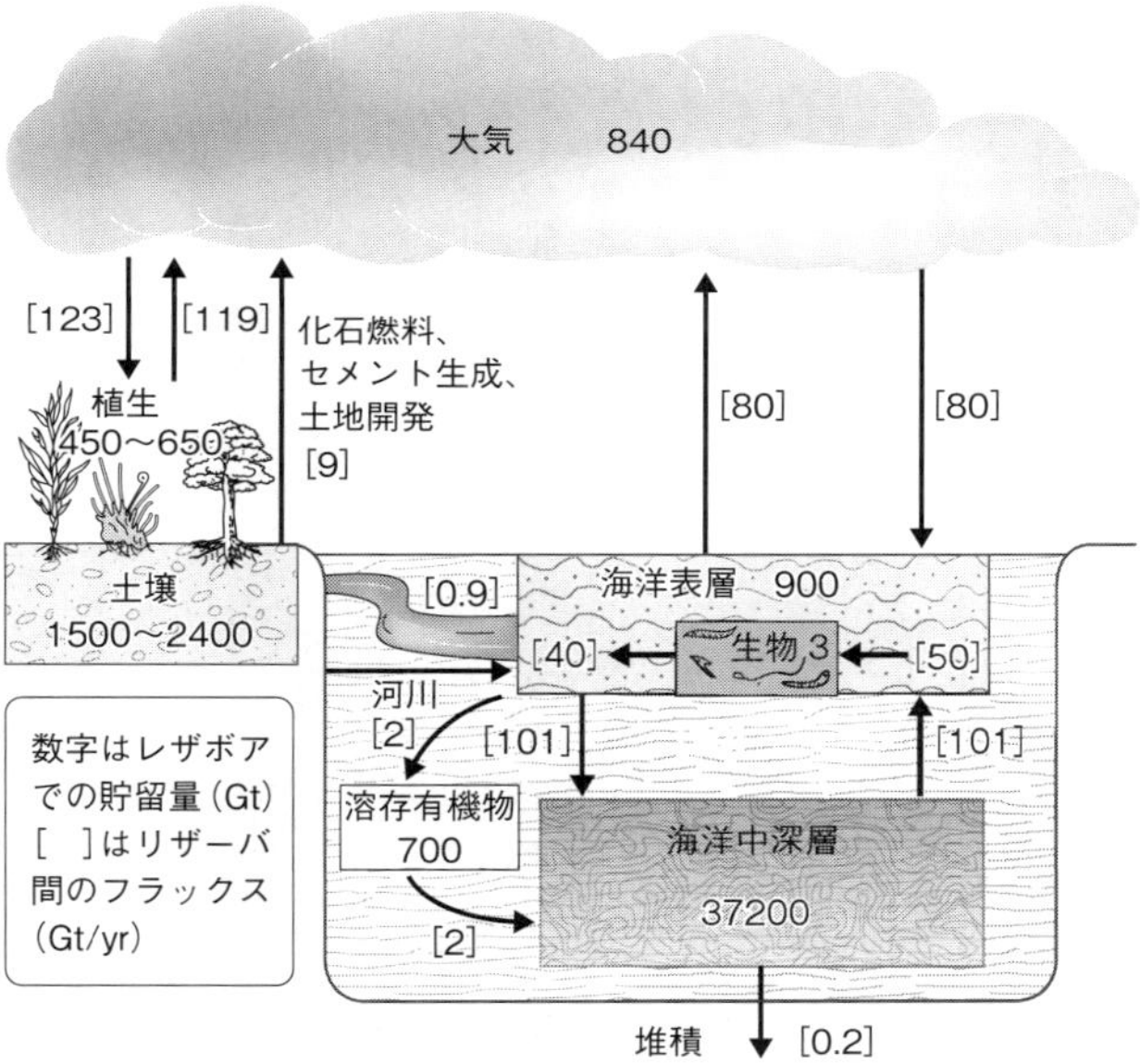

図9-2　現在の地球の炭素レザボア

数字はそれぞれのレザボアでの炭素の貯蓄量をギガトンで表している。矢印の隣のかぎ括弧の中の数字はそれらが年間どれだけ移動しているかを示す。海洋の中深層は大気の40倍以上のサイズがあることがわかる

気中の二酸化炭素濃度上昇をもたらした。

つまり、気温低下と塩分上昇による２つの相反する効果で正味23ppmの大気二酸化炭素濃度が低下したことになる。しかし、この解析結果は、氷床コアに記録された、間氷期より80ppmも低い大気二酸化炭素濃度と乖離している。この差を埋めるものは、何だろうか。

実は海には、溶解ポンプ以外にも、深海に炭素を送り込む２つの重要な

ポンプが存在する。しかもこの2つのポンプには生物活動が深く関係しており、地球の気候を大きく変動させるほどの影響を与えているのだ。次にそれらについて見ていこう。

ルート② 有機物ポンプ

陸上に比べて、海の生態系は貧弱で、生物が気候変動を左右するような役割を果たすことなど不可能だと思われるかもしれない。確かに、植物プランクトンが圧倒的多数を占める海洋表層の生物量は陸上に比べるとおよそ2000分の1にすぎない。

しかし単細胞生物である植物プランクトンは、多細胞生物に比べて、個体を増やすスピードが圧倒的に速いため、効率的に有機物を作ることができる。少ない生物量でも、陸上に勝るともとらない量の炭素を固定できるのだ。一連の海水中での分解および再生サイクルのことを「生物ポンプ」、または有機物を作ることで駆動しているため「有機物ポンプ」と呼ぶ。この生物由来のポンプが、深海という炭素貯蔵庫に二酸化炭素を送り込んでいる。

高校化学で習った「ヘンリーの法則」を覚えているだろうか。温度が一定のとき、一定量の液体に溶解する気体の質量はその気体の圧力に比例するというあれである。当然のことながら、海洋に溶け込む大気のガスにもヘンリーの法則が当てはまる。人類が放出してきた二酸化炭素は、この法則だけに従うと、これまで排出した量のおよそ3%程度しか溶け込めない。

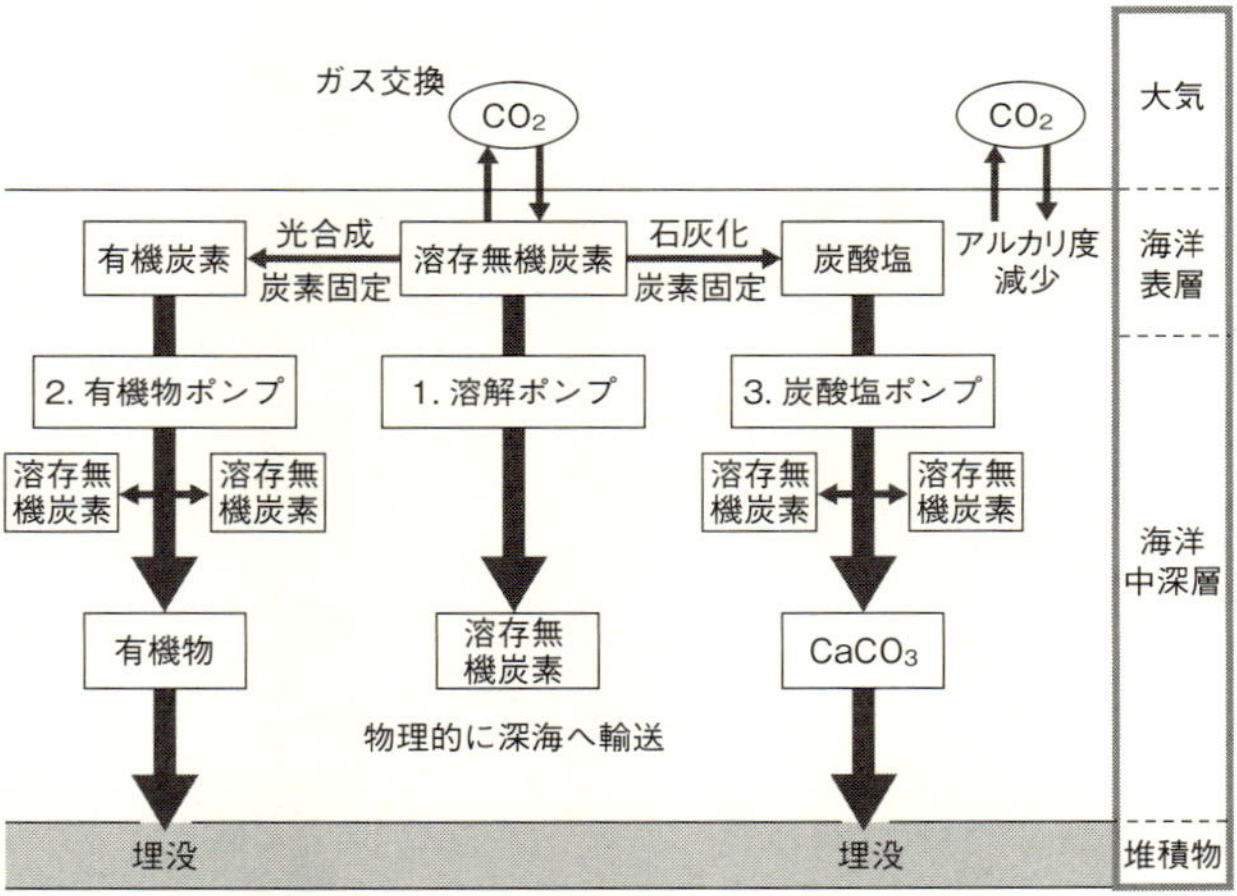

図9-3
大気中の二酸化炭素を海中に隔離する重要な３つの〝ポンプ〟

（横山〈2010〉より）

CO_2は二酸化炭素を示す。大気の二酸化炭素濃度は、自然界に存在する主に３つのポンプの駆動によって海洋への移行プロセスが進行し、コントロールされている

しかし生物が間に入ることで格段に効率があがる。

海洋表層に棲息する植物プランクトンは、光合成によって、気体である二酸化炭素を有機物という固体へと変換する。植物プランクトンが生み出す個々の有機物のサイズは小さく、それだけでは、表層を漂ううちに分解されて再び二酸化炭素に戻ってしまう。沈降していったとしても、サイズが小さいため、海底に到達するのに数十年もかかる。結局、深海に至る途中で分解されて二酸化炭素に戻ってしまうだろう。

しかし実際の海では、いったん固体になった二酸化炭素は簡単には気体には戻らない。これを実現しているのが、「海の生態系」である。

光合成によって二酸化炭素を固体化した植物プランクトンは動物プランクトンに取り込まれ、動物プランクトンは小型の魚類のエサとなり、さらに大型の魚類や哺乳類のエサになり……というように、有機物となった二酸化炭素は、海の食物連鎖の中で、バトンリレーのようにより大型の生物に次々に受け渡されていく。

その過程で、魚類が摂餌した動物プランクトンは消化され、排泄物として体外に出される。これらの排泄物は大きさが数ミリから数センチにもなり、これを糞粒（フィーカルペレット）と呼ぶ。また、近年ではこのような沈降粒子以外のプロセスも注目されている。例えば、植物プランクトンや細菌から放出される透明細胞外ポリマー粒子（TEP）は凝集体を形成し、この粒子に小さな粒子が吸着・脱着を繰り返すことで、もとは小さな粒子が大型化して深海に運ばれていく。

水の中を沈んでいく粒子の速度は、その粒子サイズに比例して変化する。つまり当初は微小な有機物として固定された炭素も、このサイズになると、1日数十から数百メートル沈降していく。

液体の中を沈降していく物質の速さは、「ストークスの法則」によって決まる。重量が増えれば増えるほど、沈降スピードが速まるため、大きな粒子になると、表層から深い海底に到達する時間が数日以内に縮まる。「マリンスノー」として観察される現象だ。つまり海には、海の表層から深海へと炭素を送り込む、目に見えない「高速道路」が存在する状況なのだ。

ただし、これらの有機物も海を沈んでいく間、または海底に到達してから、バクテリアなどに分解され再び無機炭素として海水に放出される。

これでは元の木阿弥。大気中に二酸化炭素が放出されてしまうと思われるかもしれない。しかし、深海で発生した無機炭素はすぐに大気中に放出されることはない。なぜか？

詳しくは後述するが、海洋には、海水の温度と塩分の違いによって生じる、地球規模の海水の循環が存在する。これを「熱塩循環」と呼ぶ。この循環のベルトコンベアに載せられることで、無機炭素は深海を流れる深層海流によって遠く運ばれていき、なかなか大気に放出されないのである。

驚くなかれ、深海まで運ばれた有機物は、大気との接触を平均で１０００年以上断たれることになる。この作用によって隔離が成功し、大気の二酸化炭素を海に閉じ込めることができるのだ。もしこの有機物ポンプが駆動しなくなったら、海の炭素が放出され、大気にある二酸化炭素量は現在の３倍ほどに増加すると考えられる。

ルート③　炭酸塩ポンプ

海水への二酸化炭素取り込みを考えるうえで、有機物ポンプと並んで大きな役割を果たしているのが「炭酸塩ポンプ」である。文字どおり、炭酸塩ポンプは、サンゴ骨格や有孔虫の殻などを形成する炭酸塩の生成と深く関連している。

二酸化炭素は酸性気体なので、弱アルカリ性の海水の中に取り込まれると、中和反応を起こす（$CO_2+H_2O+CO_3^{2-} \rightarrow 2HCO_3^{-}$）。

これによって二酸化炭素が海に溶け込む。この化学反応では、海水中の炭酸イオン（CO_3^{2-}）が消費されるが、海水にある炭酸カルシウム（$CaCO_3$）の溶解反応で補完されるので尽きることはない。平衡状態にある海水では、$CaCO_3 \rightarrow Ca^{2+}+CO_3^{2-}$ という反応が起こる。

炭酸カルシウムを介したこのポンプはアルカリ度を変化させることで駆動するのでしばしば「アルカリポンプ」と呼ばれている。アルカリ度とは酸を中和できる度合いがどのくらい強いかという指標である。（美容院などでもパーマ液やシャンプーなどで頭髪や頭皮にダメージを与えないように濃度調整されているが、アルカリ度は、その際に用いられる）。

炭酸塩ポンプにおいても、生物活動がきわめて重要な役割を果たしている。なぜなら、海水に溶け込んでいる炭酸カルシウムの生成に生物が深く関わっているからだ。

潮干狩りでおなじみのアサリなどの二枚貝や、サザエやアワビなどを含む海の貝類には炭酸カルシウムでできた硬い外組織がある。サンゴ礁を作る造礁サンゴも炭酸カルシウムの硬組織を持つ。硬組織はこうしたマクロサイズの生物にだけあるものではなく、ミクロサイズの生物にも存在する。たとえば、動物プランクトンで天使の羽根を持ったような形状のクリオネも炭酸カルシウムでできた殻をまとっている。サイズこそ小さいものの、動物プランクトンは棲息数も多いので、それらが生成する炭酸カルシウムの量も桁違いに大きい。海の生態系には、このように炭酸イオンの主たる供給源となっている炭酸カルシウムを生成する生物が多数棲息している。

注意してほしいのは、生体鉱物である炭酸カルシウムが作られる際には実は二酸化炭素が放出されるという点だ。よく間違えられるのは、サンゴ礁を増やすと二酸化炭素を硬組織として固定してくれるので、温暖化の対策として有効だという議論だが、これは簡単な化学式を考えるとすぐに誤りであることがわかる。

$$Ca^{2+}+2HCO_3^- \rightarrow CaCO_3+H_2O+CO_2\uparrow$$

サンゴ礁の形成は、二酸化炭素濃度の海洋への取り込みを促進するどころか、むしろ二酸化炭素濃度の上昇につながるのだ。しかし、その一方で、この化学反応では大気中の二酸化炭素を海水に取り込む中和反応に必要な炭酸カルシウムを増やしている。

この「炭酸塩ポンプ」も、海が大気二酸化炭素を「ヘンリーの法則」で許される量を超えて取り込むために重要なプロセスだ。

氷期の二酸化炭素濃度低下はなぜ起きたのか?

以上の説明で、海洋には深海に炭素を隔離する3つの強力なポンプが存在し、これが大気中の二酸化炭素濃度を一定レベルに保つうえで重要な役割を果たしてきたことがご理解いただけたと思う。では、この3つのポンプだけで、氷期をひき起こすほどの二酸化炭素濃度の低下を実現できるのだろうか。

前述したように、約2万年前の最終氷期最盛期には間氷期よりも80ppmほど大気中の二酸化炭素濃度が低かった。これほどの乖離は溶解ポンプだけでは説明不能で、有機物ポンプと炭酸塩ポンプの手助けが必要である。しかし、有機物ポンプにしても炭酸塩ポンプにしても、氷期にのみ機能するものではない。私たちが生きている現在においても、この2つのポンプは有効に機能している。つまり、80ppmもの二酸化炭素濃度低下を起こすためには、有機物ポンプと炭酸塩ポンプの生産性を現在よりもはるかに高めていく必要がある。地球惑星科学の専門家たちは、それを実現するためのさまざまな仮説を考案してきた。

最初に有力視されたのが、最終氷期最盛期にはリン酸(リン酸塩)や窒素(硝酸塩)などの栄養塩が海水に潤沢に供給された結果、現在よりも植物プランクトンの光合成が盛んに行われていたのではないかという仮説だ。

「リービッヒの最少養分の法則」をご存じだろうか。植物の生産量は、生育に必要な元素の中で最も少ないものによって支配されるという考えだ。19世紀のドイツの化学者リービッヒが、肥料の三大成分（窒素、リン酸、カリ）のどれが不足しても植物は正常に生育しないところから導き出した。

海洋に棲む植物プランクトンの増殖にも、陸上の植物と同様にリンや窒素などが必要である。いずれかの栄養塩が不足していれば、それが律速（ボトルネック）になって、増殖に歯止めがかかっている可能性がある。この要因を取り除けば、海洋の生物の生産性が飛躍的に上昇するかもしれない。

実際、低緯度や中緯度の海域では栄養塩が表層で使いつくされ、しかも追加の供給が少ないため植物プランクトンによる有機物の合成が制限されているところが見られる。低緯度の海域は、表層と中層の海水が分離して、混じり合うことがなく、中層や深層にある栄養塩が表層にまでなかなか上がってこない。お風呂を沸かすと、表層のみが熱くなり、深い部分がぜんぜん温まらないことがあるが、それと同じような理屈である。

しかし、南極などの高緯度海域ではどうだろうか。

南極の周りの南大洋は、一年を通じて激しい風が吹くことで海水が攪拌《かくはん》され、表層と中層の境界が明瞭でなくなるほど、水が混ざり合う。その結果、深層の栄養塩に富んだ海水が表層にもたらされている。そのため、南大洋は、表層の硝酸やリン酸が多い海域だ。

「鉄仮説」

となると、爆発的に植物プランクトンが増殖してもよさそうなものだが、必ずしもそうはなっていない。栄養も豊かで、光が十分に到達する表層海域で、なぜ植物プランクトンが増えないのであろうか。この謎に迫ったのが、カリフォルニアのモス・ランディング海洋研究所のジョン・H・マーティンだった。

彼は、海水中の鉄に注目した。きっかけは、海水中の微量元素の測定だった。マーティンは、汚染のない非常にクリーンな手法で海水を採取することに腐心していた。多くの研究者が試みてきた採水試料に含まれる鉄の分析には、環境中にある鉄からの汚染によって、高感度の分析が妨げられていた。海水のサンプリングを行う際に近くにある船の鉄錆や採水器の鉄製のケーブルなどの汚染源の影響を限りなくゼロにすることが肝要だ。彼は、その手法を開発し、みごとに海水中に含まれる鉄の深度分布を明らかにしたのである。

マーティンは、微量元素を測定する過程で、海洋が含有する鉄分の差が思いのほか大きいことに驚いた。そこで、植物プランクトンの増殖において、鉄不足がボトルネックになっている可能性に思い至ったのだ。

しかし、鉄不足が光合成のボトルネックとなるというマーティンの仮説は、科学界ではなかなか支持されなかった。鉄不足より、リン酸塩や硝酸塩の不足のほうがより深刻な要因とみなされていたからだ。

装置を使って海水を深度方向にサンプリングし、それを分析するとき、リン酸塩より硝酸塩が先に枯渇するという観測事実があった。海洋表層の生物の増殖スピードの制限要因はリン酸塩ではなく硝酸塩の不足だと考えられていたゆえんだ。しかし、南大洋や北太平洋、それに太平洋東赤道海域は、湧昇流による海水の鉛直混合のため、深層からの栄養塩の供給があることで、リン酸塩、硝酸塩のいずれも潤沢に供給されていた。にもかかわらず植物プランクトンの一次生産が制限されていた。マーティンは、これこそが鉄不足の証拠だと考えた。

確かに鉄は重要である。鉄は、光合成の際に必須の化学物質であるクロロフィルの合成に必要であり、増殖を左右する重要な元素だ。

しかし陸上には、豊富に鉄が存在する。地球の表面に存在する元素の割合を表す「クラーク数」で、鉄は４・７で、酸素、ケイ素、アルミニウムに次いで第４位につける。地球は「鉄の惑星」といわれるように、地上では鉄はありふれた金属である。こうした常識が、科学者たちの目を曇らせた。

1988年、米国のウッズホール海洋研究所でのセミナーで、マーティンは自らの鉄仮説をサポートする議論をたたかわせていた。そんな中、「私にタンカー半分の鉄をくれたら、地球を氷期に突入させることが可能だ」と啖呵《たんか》を切ったエピソードは有名だ。

鉄仮説はその斬新さゆえに、反対意見も多く、大きな議論を呼んだ。しかし最後までマーティンは自らの主張を頑ななまでに守り抜いた。彼の主張は、長年にわたり海洋中の微量金属の精密かつ正確な分析を行ってきたキャリアに裏付けられており、その自信がみじんも揺らぐことはなかった。

マーティンは1993年に逝去したが、その数ヵ月後に、同じモス・ランディング海洋研究所の同僚たちによってガラパゴス沖での鉄の散布実験が行われ、不足分の鉄を補給することで植物プランクトンが増殖することが確認された。分析結果はネイチャーに大きく取り上げられた。同様の実験は東京大学大気海洋研究所教授の津田敦が率いるグループによって北太平洋で行われ、類似の結果が確認されている。

しかしこれは鉄を散布した実験にすぎない。仮にマーティンの鉄仮説が正しいとして、これだけで、氷期の二酸化炭素濃度が間氷期より80ppmも低いことを説明できるのだろうか。それ以前に、1万年以上前の海洋への微量元素の供給プロセスなどをどのようにして調べればよいのか。

幸いにも、南極氷床とグリーンランド氷床で掘削された円柱状試料（氷床コア）にその証拠が

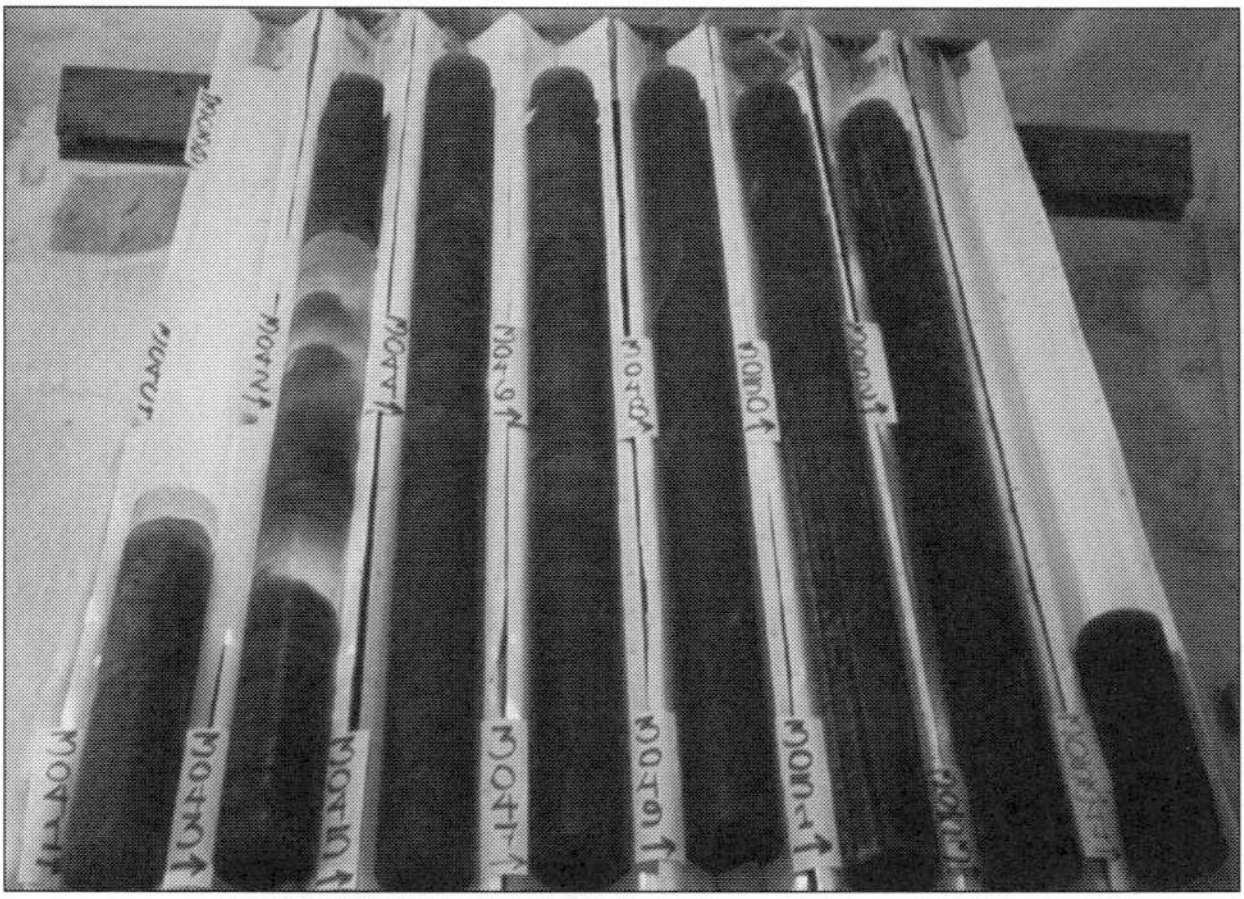

図9-4　真っ黒に見える氷床コア

（National Ice Core Laboratory 発行のニュースレター「In-Depth」）

残っていたのである。1980年代にコペンハーゲン大学の研究チームが調べたところ、1万年以上前の記録を残すグリーンランドの氷床コアの中に、陸上由来のミネラルが含まれていたのだ。それも現在の何倍という量で！　また鉄の量は、気温の変動を鏡でうつしたように、温度の変化に対して反比例していた。間氷期のような暖かいときには鉄分量が少なく、氷期のような寒いときに鉄などの分量が劇的に増加していた。

写真（図9-4）は、グリーンランドで採取された氷床コアだ。ダストと呼ばれる陸上から供給されたミネラル成分が、雪に混じって積もり、真っ黒になっていることがわかる。南極でも同様の現象が確認された。こうしたミネラルは、南極の場合は南米から供給されたと考えられる。

陸地から離れた南大洋だが、氷期には広大な乾燥地帯がすぐそばに存在していた。当時の地図を眺めてみると南極にいちばん近い大陸の縁辺に浅い大陸棚が広がっていることが見て取れる。アルゼンチンの沖合、現在ではフォークランド諸島がポツンと浮かんでいるだけに見える地点だが、氷期に大陸氷床が発達していたときは、広大な陸地が広がっていた。アンデス山脈にはパタゴニア氷床も発達しており、現在と異なる「風系」だったことが示唆される。こうした陸地から河川や風によって、海洋に大量のミネラル成分が供給されていた。

フランスのジャン・ジョーゼルらが所属しているパリのグループにより、東南極のロシアの基地であるボストークで採取された氷床コアからも、これを裏付ける調査結果が出ている。

ただ、鉄仮説のみで、氷期における大気二酸化炭素濃度の低下のすべてを説明できるわけがなく、未知なる要因の一つが解明されたと解釈するのが、妥当なところであろう。

前述したように二酸化炭素の溶解度は水温に反比例する。試算では、およそ5℃の低下で30ppmの大気二酸化炭素濃度低下をもたらすことができる。

しかしである。繰り返し説明しているとおり、氷期の大気二酸化炭素濃度は間氷期よりも80〜100ppm低かった。5℃の気温低下だけではこのうちの30ppmの低下しか説明できない。残り50〜70ppmをどうやって説明すればよいのか。

もう一つの謎は、あまりに規則正しいサイクルを生み出しているメカニズムだ。メトロノームが正確にリズムを刻むように、10万年という地球の公転軌道の周期に合わせて二酸化炭素濃度も周期的なリズムを生み出している。科学者たちは、このような〝美しいリズム〟は、複数のメカニズムの組み合わせではなく、単一の要因によって生み出されるシンプルなものである可能性が高いと考えた。複数要因が毎回「氷期‐間氷期」の変化に合わせて示し合わせたように、協調的に変動するというのは、あまりにもご都合主義がすぎる、と考えたのだ。

そこで研究者たちは、氷期の大気二酸化炭素濃度をシンプルに説明できるさまざまな仮説を考案した。カギを握るのは、巨大な炭素レザボアである「海」だった。大気から海へと二酸化炭素を移動させ、一定期間、隔離すればいいことだけはわかっていたので、前述したような「有機物ポンプ」「炭酸塩ポンプ」をはじめ、さまざまなシナリオが提案されてきた。

「サンゴ礁仮説」

サンゴ礁仮説を提唱しているのはオーストラリア国立大学（ANU）で海洋学を研究しているブラッドリー・オプダイクだ。クライマップのプロジェクトチームメンバーとしても活躍した、古地磁気学者のニール・オプダイクの息子である。

ブラッドリーはミシンガン州立大学に所属していたときに、炭素循環の巨大なサーモスタットの解明に貢献したジム・ウォーカー（第1章参照）と知り合い、大気二酸化炭素のミステリーに取り組んでいた。オプダイクが収集した地質学的データの解析とウォーカーが得意とする数値計算を組み合わせた結果、炭酸カルシウムが海の沿岸で作られるのか、それとも遠洋で作られるのかの違いにより、海洋への二酸化炭素の取り込み効率が変わることがわかった。これは1982年にカリフォルニア大学スクリプス海洋研究所

図9-5
ブラッドリー・オプダイク

のベルジェが提唱した仮説を発展させたものだった。

氷期には海面が120m以上低下したので、大陸棚のほとんどは陸地と化した。サンゴ礁を形成するサンゴは、光合成を行う藻類を共生させているので海面近くでないと棲息できず、この海面低下によりほとんどが干上がってしまい、多くは死滅した。

サンゴ礁が増えるとその過程で炭酸カルシウムが海水中で作られる。その副産物として二酸化炭素が大気に放出されるため、二酸化炭素の海水への取り込み効果を減殺することは前に述べた。しかし、氷期には、前述したように海水面の低下によりサンゴの多くが死滅したことで、こうしたリミッターが働かなくなった。

つまり、サンゴ礁の減少に比例して、炭酸カルシウムの生産量が減った結果、二酸化炭素の排出量が減り、総体でみると、大気の二酸化炭素濃度の取り込み能力が高まったのである。

一方で、海水面の低下によって大陸棚が広がったことで、そこを洗う河川により大陸棚に含まれたミネラルを豊富に含んだ水が海洋に流れ込んだ。その結果、海洋の炭酸塩の保存度も上昇したとみられる。炭酸カルシウム（$CaCO_3$）に代表される炭酸塩は、補償深度と呼ばれる水深で、水に溶解する。海水に溶け込んだ炭酸塩の増大は、二酸化炭素取り込み能力の増大につながる。

オプダイクらは、このように浅海域と深海の２ヵ所で起きた変化で、大気中の二酸化炭素濃度が大幅に低下する「サンゴ礁仮説」を提唱した。

しかし、氷期に起きた80ppmに及ぶ大気二酸化炭素濃度の減少を単独で変化させるには、これでも困難だった。

「ケイ酸リーク仮説」

米国ミネソタ大学教授の松本克美が考案したのが「ケイ酸リーク仮説」である。

松本は私と同年代の地球惑星科学者で、日本で生まれたのち、アメリカに移り、小学校から大学院までの教育をアメリカの教育機関で受けた。日本語も英語も完璧に使いこなす松本だが、研究のトレーニングをアメリカで受けたため、アメリカ人と同様の思考を持つ。さまざまな場面でアメリカ人がどのように考えるのかを、日本語で説明し、微妙なニュアンスまでも伝えてもらえるのが、彼との雑談の中でいつもとても興味深く感じる点だ。

松本は数値計算モデルを駆使し、炭素の行方を探索する研究スタイルを持つ。コロンビア大学在籍中には、海洋大循環の描像を提案し、海洋科学の大家としてもよく知られているウォーリー・ブローカーらとも日常的に議論を交わしていたという。

中緯度と低緯度の海では一般にケイ酸〈$Si(OH)_4$〉が不足している。ケイ酸はイネ科の植物の肥料に使われていることからわかるとおり、光合成をする植物プラクトンにも有用な微量元素である。

海洋表層に棲息しているケイソウなどの植物プランクトンが活発に光合成をすると、ケイ酸が大量に消費されることによって、ケイ酸不足が起きるといわれる。松本は、これがボトルネックとなって、植物プランクトンによる炭素固定にブレーキがかかると考えた。

南太平洋を例に考えてみよう。ここは深層水が湧昇してくる海域で、本来であれば栄養塩やケイ酸に富んでいるはずだが、実際には、恒常的にケイ酸不足の状態にある。これは南大洋の海水の鉄分が不足しているため、ケイソウの光合成の効率が悪く、これを補うためにケイ酸を大量消費してしまうために起きる現象だ。

実際、南太平洋のケイソウはほかの海域に棲息するケイソウに比べて、硝酸に対するケイ酸の取り込み量が圧倒的に大きい。その結果、南太平洋でケイ酸を使いつくされてしまい、周辺の海にほとんど漏れ出す（リークする）ことがない。「中緯度-低緯度」の海域では、枯渇したケイ酸を補うことができないため、これがボトルネックとなって植物プランクトンの炭素固定にブレーキがかかってしまう。

松本は、こうした現象に注目し、氷期には、何らかの原因で南太平洋においてもケイ酸が消費し尽くされることなく、周辺海域に潤沢に供給されたと推測した。間氷期である現在と違ってケイ酸不足がボトルネックになることなく、植物プランクトンによる炭素固定が盛んに行われた結果、大気中の二酸化炭素が大量に海洋に取り込まれたのではないかと考えたのだ。

オプダイク同様に、松本が注目したのも、陸地から海洋に流れ込んだミネラル成分だった。氷床コアに残された記録で明らかになったように、当時の地球は〝ホコリっぽかった〟。南大洋も例外ではなく、激しい風によって陸地から削り取られた土砂がこの海域に飛来し、鉄などのミネラル成分の供給が増えていた。これにより、ケイソウがケイ酸を取り込んでも消費し尽くされることはなくなり、余剰ケイ酸が生まれた。これが、低緯度から中緯度へリークしたことで、植物プランクトンの生産性が高まったとの仮説を提唱したのだった。炭素循環について海洋の生物化学の知見を集積し、総合的に考えたとてもユニークな説である。

しかし、「ケイ酸リーク仮説」も「サンゴ礁仮説」と同様に、これだけでは氷期の大気二酸化

1．陸上における$CaCO_3$風化の増大
2．浅海でのサンゴ礁の減少
3．海洋沈降物質の有機物と$CaCO_3$の比の変化
4．大陸からのダスト供給増による南大洋での有機物生産
5．海洋全体での栄養塩増大による有機物生産増加
6．有機物中の炭素／栄養塩の比の増大
7．海水温低下によるCO_2溶解度増加
8．海氷増大による大気－海洋間のガス交換減少
9．南大洋の成層化による炭素の深海への隔離

図9-6
氷期に大気の二酸化炭素濃度を下げると考えられる主なメカニズム
（IPCC第4次評価報告書より）

炭素濃度の急激な減少を説明できるものではなかった。

地球惑星科学の研究コミュニティは、長らく「単一のメカニズムで大気二酸化炭素変化を説明できる」という考えに固執し、研究者たちは競っていろいろなメカニズムを探してきた（図9－6参照）が、どれも80～100ppmの変化を単独で説明するには力不足だった。どのシナリオを単独で走らせても、大気の二酸化炭素濃度を80ppm下げることはできず、せいぜい3分の1ほどがやっとだ。

2000年代に入り、科学者たちは、単一のメカニズムで氷期の大気二酸化炭素濃度の低下を説明することをほぼ諦めて、複数のメカニズムが、まるでかみ合った歯車のように、あらかじめ決められた順番と決められた規模で作用することで、80～100ppmの変動を起こしたとの仮説を受け入れつつある。しかしまだその細かなメカニズムやそれぞれの寄与率については、コンセンサスが

得られず、結論が出ていない。炭素循環の複雑さと観測データの不足が相まって、数値計算モデルの構築は今もって困難を極めており、結論が出るまでにはまだまだ時間がかかりそうだ。

二酸化炭素を1000年間隔離する驚異の熱塩循環

氷期における大気二酸化炭素濃度をめぐるミステリーは未解決のままだが、大気中の二酸化炭素の海洋への取り込みが、未知なるシステムの中核を成していることは疑いようがない。

海洋の深層で二酸化炭素を１０００年にわたって大気から隔離する海洋の深層循環とはいかなるものだろうか。この循環は、海水の水温と塩分による密度の違いによって駆動されており、前述したように熱塩循環と呼ばれる。

海洋の循環は、地球表層をめぐる表層流と地球の深海部分（約２００～４００ｍ以深）に分かれる。低緯度、中緯度で温められた表層流は、平均的に見ると太平洋やインド洋などを大きく蛇行しながら、海水温の冷たい高緯度帯に向かっていく。

南極や北極などの極地帯に近づくにつれ、北上途中に蒸発と陸域への降水などにより、次第に海水の塩分が高まっていく。さらに北大西洋のグリーンランド沖と南極大陸の大陸棚周辺でさらに冷却されると、冷たく高塩分の重たい水が深海へと沈み込む。ひとたび沈み込んだ深層流は、１秒間に１㎝ときわめて歩みが遅く、海底を這うように移動する。そして約１０００年かけて、

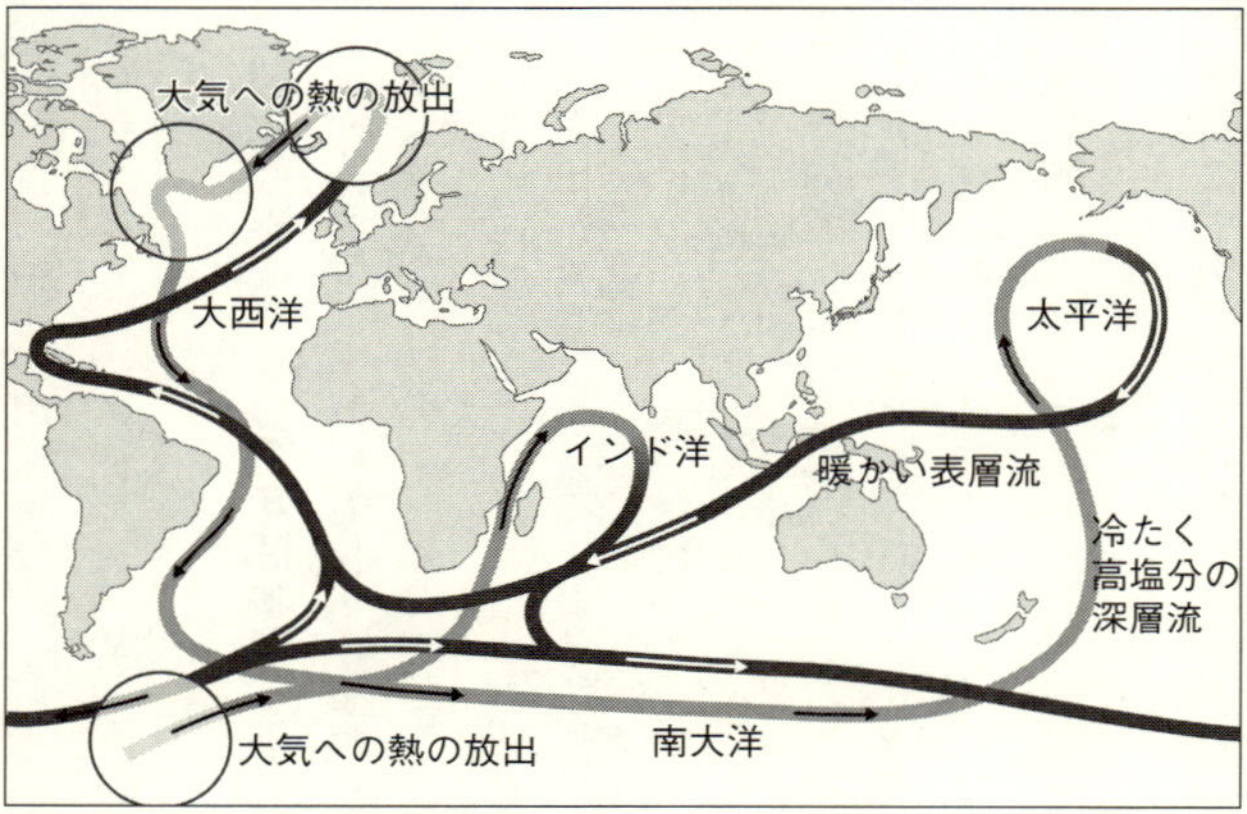

図9-7　熱塩循環の海流の動き
（IPCC第４次評価報告書より）

海洋の循環を表層と深層の２層で単純化したもので、薄い線は深層流、濃い線は表層流を示す。ただし、これは単純化した模式図である

世界の海洋を循環する。

熱塩循環について、もう少し解説しよう。地球の海水は、表層が太陽の熱で温められている。地熱など深海からの加熱もあるが、それらは局所的である。海洋の断面の温度分布を見てみると、表層が最も高く、４００ｍ付近にかけて温度が低下し、それより下は、およそ４℃で海底に至るまで一定であることがわかる。水深４００ｍを境に表層と深層（または中層および深層）に分かれているのだ。

このように表層と深層で温度差がある海水は混ざりにくい構造になっている。

二層に分離された海の水を混ぜるにはどのようにすれば良いか。カギを握るのは「サーモクライン」と呼ばれる、ある深度で温度が急激に低下する層である。この層をうまく攪拌できれば、表層の温かい水と深層の冷たい水とがうまく混ざり合うことができる。「攪拌」の原動力となるのが「風」である。風によって表層の水が移動すると、それを補うために下の層から水がわき上がってくる。

北大西洋のグリーンランド沖では、北上してきたメキシコ湾流が、蒸発と温度低下によってその密度が増加して沈み込む。一方で、大西洋の南に位置する南極海は強力な冷却による海氷形成から、高塩分のブライン水（重たくて冷たい水）を形成し、高密度水を生み出している。密度の大きい水は沈み込み、深海まで一気に潜り込むことで深層水を形成する。このように表層海流が沈み込むのは、現在の地球ではラブラドル海と南極海の2ヵ所に限られる。沈み込む量は、北大西洋でおよそ1秒間に2000万m³、南極海でもそれと同じかそれ以上の海水が沈み込んでいる。その流量はアマゾン川の流量のじつに100倍。目に見えないが、北極と南極の海の中には巨大な「滝」が存在している。海中の見えない〝滝〟を作り出しているのは、蒸発および冷却化によって生み出された高密度の高塩分水なのだ。

北太平洋の深海の水が一番古かった

今でこそ広く知られる熱塩循環だが、そのメカニズムが解明されたのは比較的最近のことである。

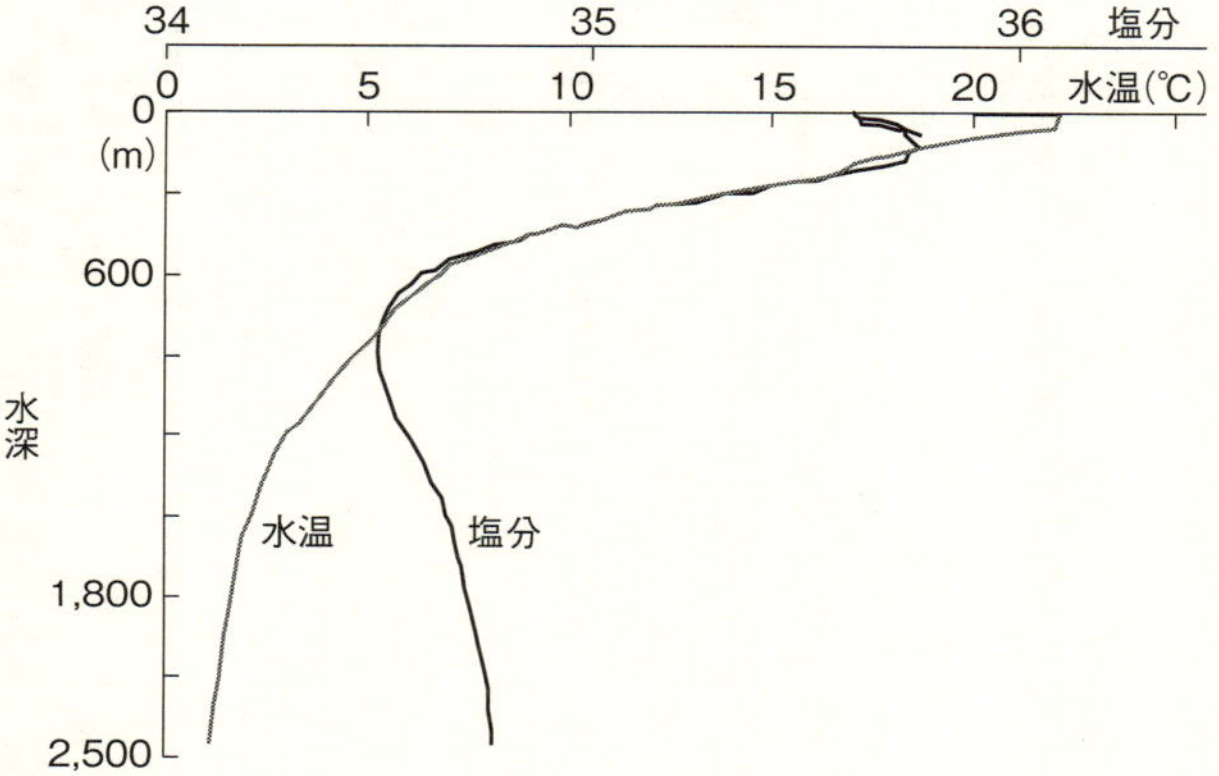

図9-8　海水中の温度・塩分と水深の関係

海面から水深400mまでは、塩分濃度、水温とも急激に減少するが、水深600mあたりから、そのペースが遅くなり、海底でも水温がマイナスになることはない。ただし、海域によって水温や塩分の鉛直分布は大きく異なる

熱塩循環に関するアイデアを最初に思いついたのは米国マサチューセッツ工科大学のヘンリー・ストンメルだった。力学的に海洋の流れの循環について計算し、海洋の流れが太平洋や大西洋などを含め、どのようになっているかをシミュレーションした。

1970〜1980年代になると、海洋に溶け込んでいるガスの動きを捉えることで海洋の流れを追跡する国際プロジェクトが立ち上がった。

分析には、人間活動に伴って発生する人為起源ガスが用いられた。代表的なものとしては、フロンガスがあげられる。オゾン層を破壊するとして、モントリオール議定書でその使用が国際的に禁止された「厄介者」だが、人為起源の大気にしか存在しないガスなので、海流の動きを追跡するには都合がよい。

表層と深層の水の混合を観測するには、どのくらいの深さまでフロンが観測されるかを見てやればよい。

フロンガスと並んで、海流循環を探索する際に利用されているのが、炭素同位体の^{14}Cである。大気中の炭素の同位体比は98・９％が12の質量を持つ同位体^{12}Cで、中性子を捕獲して質量が14になった^{14}Cは、現在の大気中でも、１００億分の１％の存在割合しかない。

１９６０年にノーベル化学賞を受賞したウィラード・リビーの時代から、^{14}Cは年代測定の切り札として頻繁に使われてきた。大気上層での高エネルギー宇宙線との相互作用により作られた^{14}Cは速やかに酸化されて二酸化炭素となり、光合成を通じて有機物となり、食物連鎖などさまざまなプロセスを経て、拡散されていく。海洋でも、溶解ポンプ、有機物ポンプ、炭酸塩ポンプなどそれぞれのポンプによってさまざまな場所に運ばれていく。海水中に含まれる^{14}Cをさまざまな海域で測定すれば、海洋循環の描像を描くことができる。

世界中の研究者が、１９７０〜１９８０年代にも世界各地で莫大な海水を採水し、長い時間をかけながら海水の〝年齢〟もしくは、大気から隔離された時間を測定したところ、北大西洋と南極海がいちばん〝若く〟、北太平洋の深海がいちばん古いことが判明した。１０００年をかけて世界の深海をゆっくりと動く、熱塩循環の存在はこのようにして発見された。

図9-9
水温や電気伝導度センサーと一緒に投入される採水器。東京大学大気海洋研究所　調査船白鳳丸にて
（著者撮影）

一言で書くと簡単だが、その計測には膨大な費用と人材が投じられた。計測が行われた1970～1980年代は、^{14}Cが崩壊する際に出すβ線を計測し、間接的にその量を測定していたため、大量の海水が必要だった。異なる海域の異なる深度からおよそ500～1000リットルの海水を調査船で採水し、測定していた。

しかし、技術革新によって、^{14}Cの分析は格段に微量の試料で高精度な分析が行えるようになった。私の研究室でもそうだが、現在では加速器質量分析装置という大型の分析装置を使って分析するため、わずか100～200ミリリットルの試料で済むようになった。水温や塩分のセンサーとともに、異なる深度でボトルの中に海水を自動的に採取していく「採水器」も登場し、大量のデータを正確に測定するシステムが確立し、同位体分析を用いたさまざまな研究が世界各地で盛んに行われている。

前述したように、深層海流の年齢を調べてみると、北大西洋とウェッデル海がいちばん〝若く〟、北太平洋の深海がいちばん〝古い〟ことが判明した。

沈み込みが北大西洋と南大西洋の先にある南極ウェッデル海に限られているのはなぜだろうか。北太平洋でも冬季には海洋表層が強い冷却により、かなりの低温に達する。しかし深層水を形成することはできない。

それは、大西洋が太平洋に比べて少しだけ〝しょっぱい〟からだ。実は、太平洋は、大西洋に比べて０・１％だけ塩分が小さい。塩分が小さいと水が軽くなるため、冷却効果によっても十分な密度を得ることができず沈み込めないのだ。太平洋には中国や東南アジアなど、モンスーンによる雨が陸上に淡水をもたらし、巨大な河川を通して太平洋に流れ込んでいることや大気循環による蒸発・降水パターンの差が影響していると考えられる。

熱塩循環の平均的な流れをたどっていくと、まるでベルトコンベアのように北大西洋からスタートした海水がベルトに載って深海に到達し、そのまま南下した後に太平洋に移動し、乱流という渦によって徐々に表層に上がってくるとともに、インドネシアの狭い海峡を抜けて、インド洋経由で大西洋に戻る、という描像が完成する。

コロンビア大学のウォーリー・ブローカーが提唱したベルトコンベアモデルである。１９８５年にネイチャーに発表され、「海洋循環のシルクロード」ともいわれて世界を驚かせた。近年の精密な研究で、海洋循環はもっと複雑なものであることがわかってきたが、基本的な理解としてはおおむねこれで問題ないといえるだろう。地球物理学者たちは、あたかもヘンゼルとグレーテルが光る小石をたどって家に帰り着いたように、大海に漂う^{14}Cの痕跡を拾いながら、誰も見ることのできない深層海流の大循環を見いだすことに成功した。

第4のポンプ「微生物炭素ポンプ」

最新の科学的知見をもってしても、氷期の大気二酸化炭素濃度のミステリーは解決されていないが、ブレークスルーを生むかもしれない斬新な仮説も提唱されている。

ここまでの説明で、大気の温室効果ガスである二酸化炭素の濃度が変化するには海洋の役割が重要であり、さらに、地球の温度分布の南北勾配を抑制してマイルドな気候にする役割を持つのも海洋の役目であること、そして二酸化炭素の海洋への取り込みにおいて「溶解ポンプ」「有機物ポンプ」「炭酸塩ポンプ」という3つのポンプが貢献したことは、ご理解いただけたと思う。

実は、2010年代になって、これまでに観測されなかった「第4のポンプ」があると主張する科学者が現れている。

2010年にネイチャーレビューマイクロバイオロジーに掲載されたニャンジャン・ジャオらの論文では、海洋には「微生物炭素ポンプ」なる第4のポンプが存在するという仮説が提唱された。海洋の微生物は、分解がされにくい海水に溶け込んだ溶存態の有機物を作り出しており、こ

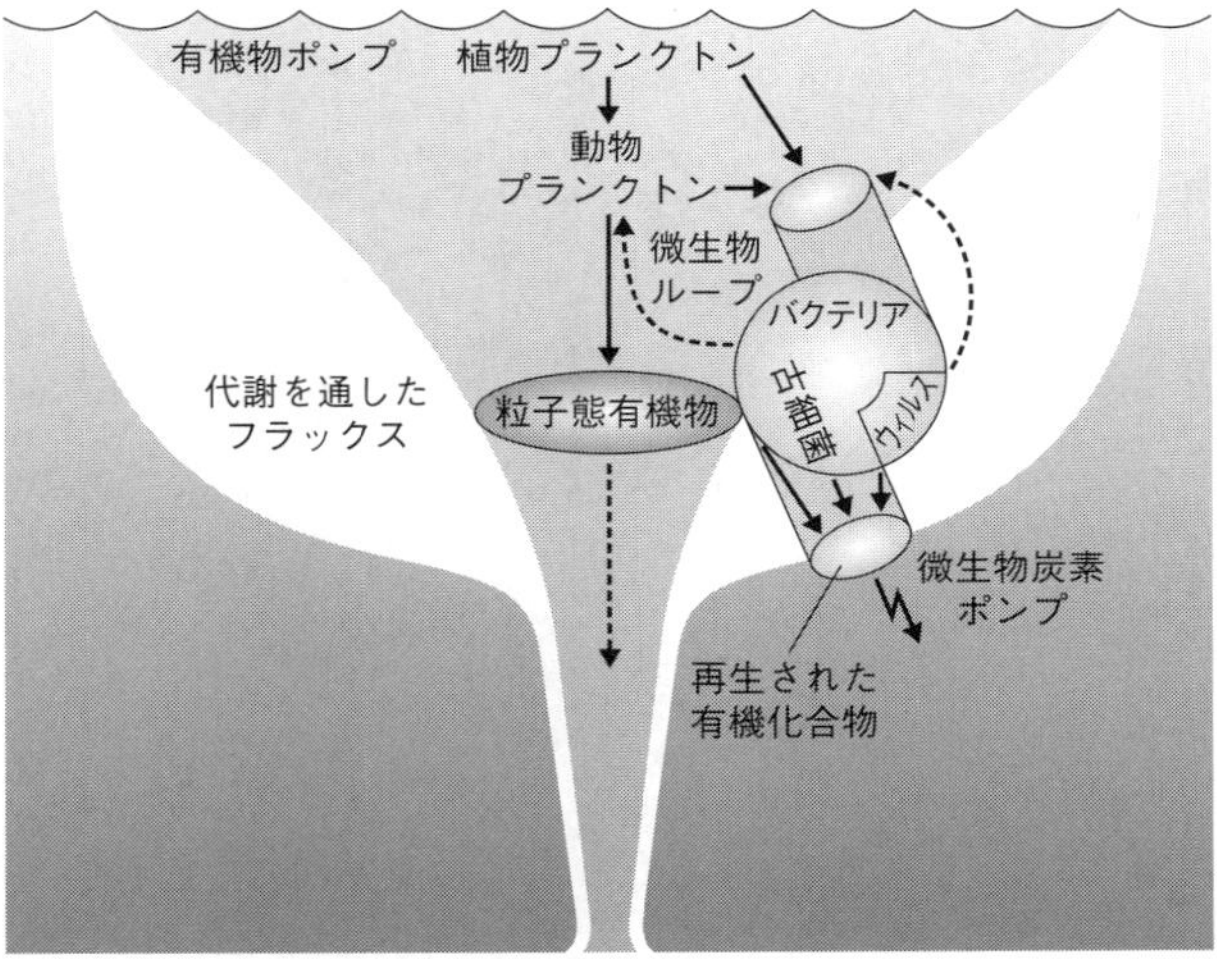

図9-10　第４のポンプの概念図

（Jiao 2010）

微生物が分解されにくい有機物を作って炭素を固定する様子を表したもの。有機物が微生物の関与によって、リサイクルされながら海洋にとどまることで、炭素の大気からの隔離が行われている

れが大気中から炭素を隔離する役割を果たしているというのだ。

前述の有機物ポンプは海水に溶け込めない有機物が沈降粒子として沈んでいき、ポンプの役割を担う。海全体では、こうした粒子状の有機物は20ギガトンという炭素量に達する。

これだけでもとてつもない量だが、海水に溶け込んだ（溶存態）有機炭素の量は、粒子状有機物のじつに34倍の６８０ギガトンに達する。

溶存態の有機炭素は、水と一緒に移動する。このうち炭酸や重炭酸イオンなどの無機炭素は炭酸塩ポンプの中に組み込まれるが、そのまま水に溶け込んだ有機態の炭素も存在する。しかしこれらの動きはまだよくわかっていない。

カリフォルニア大学アーバイン校の教授であるドラッフェルはウィリアムスとともに放射性同位体を用いた解析を行い、1992年のネイチャーの論文で驚くべき報告を行った。微生物由来の溶存態の有機物は、海洋の深海にある無機態の炭素に比べて3倍以上古い6000年もの年代を持つというのだ。これは1000年間にわたり二酸化炭素を深海レザボアに隔離する海洋循環より、圧倒的に長い。

となると、永久にとまではいかないがきわめて長期間にわたって炭素を隔離するシステムが存在していることになるため、「微生物炭素ポンプ」も新しい炭素循環のプレイヤーとして、にわかに注目されている。

実はこの微生物炭素ポンプという概念の確立については、日本人研究者の貢献は無視できない。名古屋大学教授の田上英一郎や北海道大学准教授の山下洋平、それに東京大学大気海洋研究所准教授の小川浩史らは、今世紀の初頭にこのプロセスの重要性について発表している。私の研究室で博士号を取得した滋賀県琵琶湖環境科学研究センターの山口保彦も、海洋研究開発機構の分野長である大河内直彦らとともに、近年注目されているアミノ酸の同位体分析を使って、微生物による溶存有機物の生成に関する研究を進めている。今後の研究の進展が楽しみだ。

第10章

地球表層の激しいシーソーゲーム

西南極から流出した氷山。近年の研究で、大陸を覆っていた巨大氷床の崩壊によって短期間で急激に、地球の平均気温が変化したことがわかってきた（写真：NASA）

いよいよ最終章である。ここで取り扱うのは、最も短いタイムスケールで起きる気候変動である。地球内部のマントルとの物質のやり取りに伴う気候変動は数百万年から数千万年という途方もない時間を要する。これに対して第7〜9章で取り上げたミランコビッチサイクルは2万年、4万年、10万年周期で起きた。100年にも満たない寿命である私たちには、2万年でも想像もつかない長さだが、46億年に及ぶ地球史からすれば、2万年など一瞬の出来事にすぎない。ところが本章で扱うのは、ミランコビッチサイクルよりもはるかに短い、数年から数十年単位で10℃近く気温が変化する「超短期」の気候変動だ。

気候変動を一定範囲に抑え込む強力なサーモスタット機能を有している地球で、なぜかくも短期間に激しく気候が変化するのか。本章ではこの謎に迫ってみたい。

氷床に刻まれた古気温を復元する

「ミランコビッチサイクルでは説明できない短期間の激しい気候変動がある」ことがわかったのは、実は比較的最近のことだ。南極やグリーンランドの氷床コアの掘削が進み、得られた試料から、従来の気候変動理論では説明のつかない短いタイムスケールの気候変動が確認されたのである。この発見をしたのは、1922年にデンマークのコペンハーゲンに生まれたウィリ・ダンスガードという科学者だった。

ダンスガードは、コペンハーゲン大学で物理や生物、化学などを学んだ。彼が実際に科学の研究に携わったのは、生物学科所属の教員で昆虫学者でもあった生物物理学担当のニールセン博士の研究室に、アシスタントとして加わってからだった。大学の最終学年に、放射線に関する研究発表で金賞を取ったことで、審査員でもあった気象庁の幹部から、研究職のオファーを受ける。正規職員としての採用だったため、2日で決断して職員となった。

気象庁に職を得た彼は、結婚直後だったにもかかわらず、グリーンランドの磁気観測を命じられて、氷床と万年雪に覆われた北極圏にある「世界最大の島」に移り住むことになった。25歳のことである。高緯度に位置するグリーンランドは、太陽の活動によって磁気嵐が起こったりするため、その状況を観測しメカニズムを解明しようとする試みだった。

図10-1
ウィリ・ダンスガード
（コペンハーゲン大学　サイトより）

1948年まで続いた観測結果をもって、ダンスガードは意気揚々とコペンハーゲンに戻り、それまでに得られた記録を発表した。しかし、予想に反して、数多くあるデータセットの一つとして受け止められただけであって、多くの人の興味を引くものではなかった。この経験は彼に大きな失意を与えるとともに、自分がかつて所属していた研究室で行っていた生物物理学への情熱を再点火するきっかけとなった。

転機となったのは、戦勝国アメリカからの〝贈り物〟だった。第二次世界大戦によって大きく国が破壊されていたデンマークだったが、アメリカからの援助により、1949年にコペンハーゲン大学の生物物理学研究室に質量分析装置が設置されることになり、装置の運用担当者が募集される運びとなった。

この公募はサイエンティフィックな刺激に飢えていたダンスガードの目にとまった。当時、質量分析装置はきわめて高価で貴重なものであり、それを自由に扱える職は、彼にはすこぶる魅力的に映った。

ただ、このポジションはいわゆる非正規職員としての仕事である。結婚し、家庭も持っていた彼は悩んだが、結局サイエンスへの興味から、気象庁の職を辞する決断をしたのだった。この大きな一歩が彼の人生、ひいては過去に起こった気温の情報を氷から取り出すという新しい研究分野の扉を開く大きなステップとなった。

研究人生の大きな転機は突然やってきた。ある日、自分の家の庭を見ていると雨が降り出した。

そのときにふと「この雨を質量分析装置で測ったらどうなるだろう?」というアイデアがダンスガードの頭に浮かんだ。

「高価な装置であり、生物物理学の研究のために導入された装置を雨水の測定などに使ってよいのか。しかし装置を管理しているのは自分であり、まずはやってみる価値があるのではないか……」科学的な興味が彼を突き動かした。

ダンスガードは、ビール瓶を洗って漏斗を口に刺した簡易的な採集器具を作り、さっそく雨水をためてみた。

その日に降り出した雨は〝幸運なことに〟長く続いた。

2日の間に前線がコペンハーゲンを通過し、気温の変化も伴っていた。ダンスガードは、家じゅうの容器にビール瓶にたまった水を次々に移しかえながら、サンプリングを継続した。

図10-2
雨水採取のためにダンスガードが使用したビール瓶
(コペンハーゲン大学　サイトより)

彼の直感は的中し、質量分析装置の解析結果はきわめて興味深いものだった。酸素の同位体組成が、その雨滴が作られたときの温度を反映していたのだった。

地球上の酸素には、主に^{16}Oが99・74%を占めるが、^{18}Oの質量を持つ同位体も0・187%存在する。第2章でも説明したとおり、相変化

図10-3
ダンスガードの、雲に含まれる雨水の同位体採取に同行したインゲ夫人
（コペンハーゲン大学　サイトより）

を起こすときにこうした同位体分別が起きる。ダンスガードは、水蒸気から雨になるとき、H_2Oに含まれる^{18}O（酸素）の割合が、前線の雲の温度によって変化することを発見したのだ。

当時は「同位体地球科学」という学問領域がまさに立ち上がろうとした時期であった。シカゴ大学のユーリーやエプスタインらが、海水など天然の水の同位体分析を行った結果を発表した直後で、太古の地球の水温や塩分などを同位体を使って捉えられるのではないかと、研究者らが注目し始めていた時期でもあった。

ダンスガードは世界各地の雨水を、降水だけではなく、河川水なども含めて分析し、気候と酸素同位体との密接な関係性を体系的に明らかにしていった。寒冷前線や温暖前線など、気温や気圧などの条件が異なるであろう雲の中の水蒸気も、飛行機に乗ってサンプリングを行った。「この若さで未亡人になるのは嫌だわ」という6歳年下の妻に単独の調査を許可してもらえず、一緒に飛行機に乗り込んで、二人でサンプリングを行いながら、着々と分析を進めていった。

グリーンランドから流出する氷山の分析も行っていたダンスガードは、「氷床」から古い氷を掘り出して、氷に閉じ込められているH_2Oの酸素同位体分析をすれば、過去の気温を復元できることに気がついた。しかし、当時のデンマークには、氷床を掘削する技術がまだなかった。

冷戦時代のミサイル基地が気候変動研究に貢献

実現不可能に思えたダンスガードの計画だったが、「冷戦」という時代背景が彼に突破口を与える。1950年代、アメリカとソビエト連邦の対立が先鋭化して、核戦争の危機が高まっていた。

当時アメリカは、ソ連が北極海を通ってアメリカに攻め込んでくると考え、グリーンランドの雪原の下に地表から見えない核ミサイルの秘密基地を建設した。アメリカ陸軍基地「キャンプ・センチュリー」である。表層を覆った氷床の下にトンネルを張りめぐらせ、ミサイル格納庫や研究所、病院、映画館、教会、カフェテリアまであらゆる施設が整備されるという壮大なものだった。電力は、地下に創った小型の原子力発電所で賄っていた。

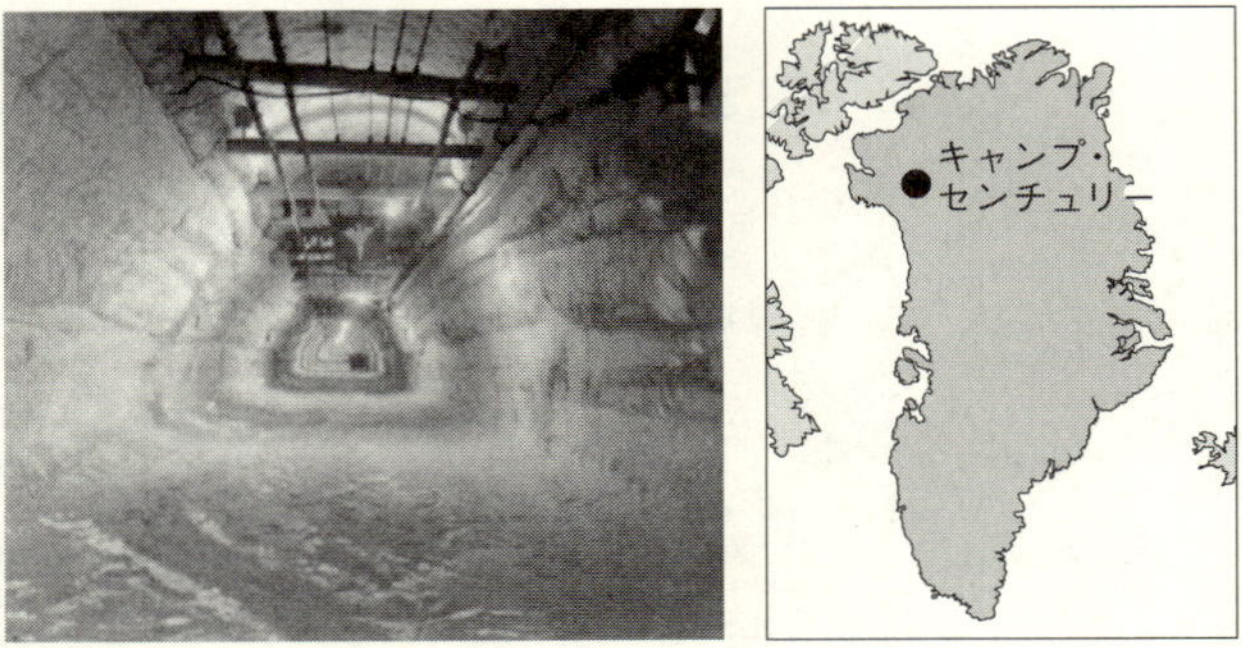

図10-4
グリーンランド氷床の中にあるキャンプ・センチュリーのメインストリート
（コペンハーゲン大学　サイトより）

一般に建築物を建てる前にはボーリングによって地盤の強度や構成されている地質などを調べる。このキャンプ・センチュリーを建設する際にも氷の柱状試料が掘削された。氷床コアと呼ばれるこの試料の採取に際しては、トルクと呼ばれる回転数の調整やドリルビットと呼ばれる氷を削り取る歯の選択など高い技術が要求される。この掘削を進める際に、アメリカは氷床コアリングの技術を習得していった。

ダンスガードは、アメリカ陸軍のこの活動について、情報を得ていた。当初、彼は、放射性同位体である^{21}Siを分析し、氷山の形成年代を突き止めるため、表層の氷を採取することを考えていた。ところがソ連の大気核実験によって表層の氷が汚染され、年代測定に使用できなくなってしまっていた。そこで氷にピット（壕）を掘って、昔の雪や氷を採取してチェックすれば、年代決定の可能性についての基礎情報が得られると考えたのだった。

キャンプ・センチュリーの氷の掘削作業自体は、軍事機密ということで見学することは叶わなかったが、アメリカの掘削責任者であったチェスター・ラングウェイに接触し、なんとか氷床コアの酸素同位体の測定をさせてくれないかと懇願した。

それまでに多くの酸素同位体比を正確に分析し、論文としてもまとめていたダンスガードは、ラングウェイの信頼を勝ち得て、念願の太古の氷の試料を手に入れることができたのだった。

氷に閉ざされた過去の気温

キャンプ・センチュリーの氷床コアから得られた古気温の復元結果は驚くべきものだった。北半球が巨大氷床に覆われていた最終氷期から間氷期と呼ばれる暖かい穏やかな時代への移行を、みごとに捉えたのである。彼が捉えた気温の記録によると、10℃を上回る急激な気温上昇や下降が数年から数十年単位という短い期間で起きていた。2万年前より古い部分には、少なくとも20回程度の大規模な気候変動が起きていた。

当時はすでにクライマップの研究成果も発表されており、地球の公転軌道要素変化が引き起こす、2万年、4万年、10万年単位で気候が大きく変動するミランコビッチサイクルが証明された直後であった。ミランコビッチサイクルでは説明できない短期の急激な気候変動は、当初は奇異

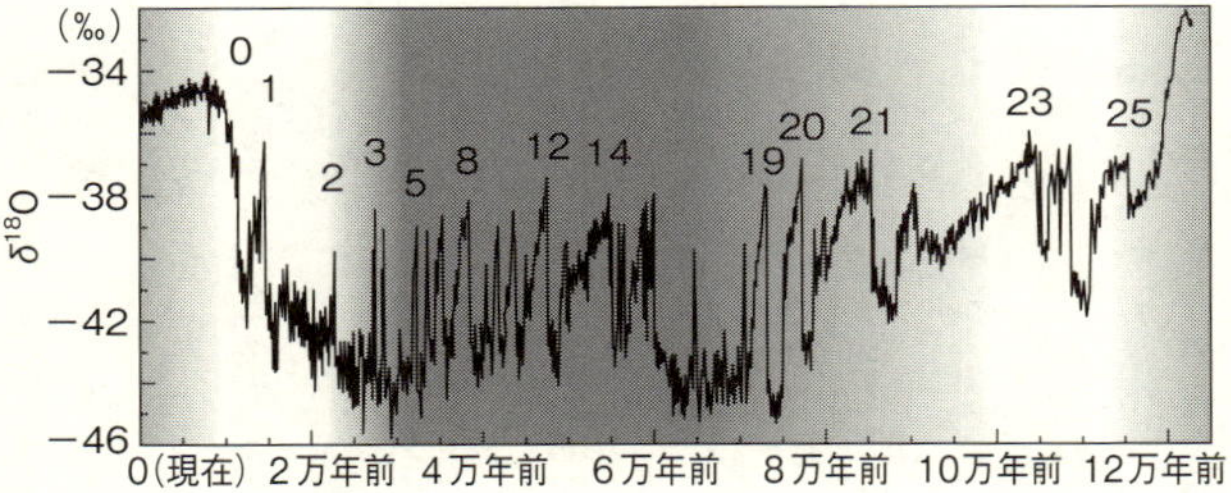

図10-5
グリーンランド氷床に記録された過去12万年間の気温の推移

（NGRIP project members 2004より）

最終氷期の前後で都合25回も急激な気候変動が起き、さらにその移行期間は数年だったこともわかっている

の目で見られた。

数年から数十年単位で10℃近く気温変化が起きるという報告は、気候変動研究の常識を覆すものだった。そのため、10年もの間、ダンスガードの記録の信頼性を問う「真贋論争」が学会で巻き起こっていた。氷が流動することで、氷層が飴のように曲げられ、それらを観測した結果〝見かけ上〟急激な温度変化として認められるだけで、本来はもっとゆっくりした変化だったのではないかといった具合に。

決着を付けるためには、批判派を黙らせるだけの信頼性の高いデータを出す必要があった。ダンスガードは、アメリカに頼らない次の段階の研究を考えていた。彼は、研究チームに加わったスィグハス・ジョンセンらの協力を得て、デンマーク独自の技術で氷床コアを掘削しようと考えた。ジョンセンも氷床コア研究の第一人者で、現在では、ダンスガードに並び称されるほど、広くその名が知れわたった優れた研究者だ。多くの困難ののち、「イストック」という掘削装置を作り上げ、みごとに氷のサンプルを採取することに成功した。その高い信頼性から、現在ではこの装置は世界中にコピーされ、氷床コアの科学掘削の現場で広く使われている。

ダンスガードらが掘削に成功した地点は、グリーンランドのDye3《ダイスリー》と呼ばれている地点で、これまたアメリカのレーダー観測網が設置された場所の一つだった。１９７９年から81年にかけて掘削されたこのコアは、キャンプ・センチュリーのコアとともに、氷床コアをベースにした気候研究の先駆けになった。新たに掘削されたコアで捉えた観測データには、キャンプ・センチュリーの記録と同様、みごとに急激な気温変化が記録されていた。

のちにグリーンランド内陸部で取られた氷床コアで、欧州の研究チームが調査したＧＲＩＰ（Greenland Ice Core Project：グリップ）や、米国のＧＩＳＰ２（Greenland Ice Sheet Project 2）といった欧米の大規模プロジェクトで得られた氷床コアにも同様な急激な気候変動が認められた。

湖底に残された大規模な「寒の戻り」

話を元に戻そう。当初は懐疑的な評価を受けていたダンスガードの研究だが、データが正確であるとの評価を得るにつれて、徐々に支持者が増えていった。

図10-6
ハンス・オシュガー
(トーマス・シュトッカー教授提供)

はたしてこの気温変化は、グリーンランドの内陸部に限られた局所的に起きた現象なのだろうか。それとも、より大きな地球規模の気候変動なのか？調査した記録が信頼性を勝ち取った後も、新たな疑問がわき上がった。

そんなときダンスガードに強力な援軍が現れた。スイスのベルン大学で古環境を研究するハンス・オシュガーだった。彼はある年のヨーロッパの学会で、ベルン郊外にあるゲルゼンジー湖で採取された堆積物試料の酸素同位体比分析結果を復元した研究を披露した。驚くべきことに、ゲルゼンジー湖で発見された水温変化の軌跡がダンスガードのDye3コアを使った気温変化の軌跡に非常に似通っていたのだ。

二人はそれぞれの発表が終了した後にロビーで興奮ぎみに話しながら、「OHPを切って隣に並べてみよう」と言い、ゲルゼンジー湖の水温推移グラフとグリーンランドの気温推移グラフを隣り合わせに並べてみた。

若い読者はご存じないかもしれないので、蛇足を承知で説明すると、OHPは、透明のセルロイドに描いたグラフや文字をスクリーンに投影する装置である。現在は小学校や中学校の授業で

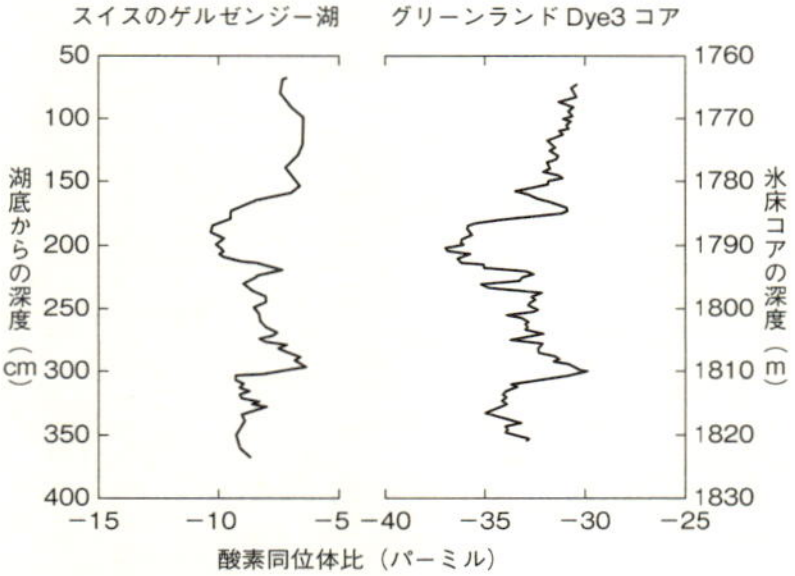

図 10−7
スイス・ゲルゼンジー湖の堆積物の酸素同位体比（左）とグリーンランドの Dye3 氷床コアの酸素同位体比（右）
（Oeschger et al 1984）

もパソコンが導入され、発表資料もパワーポイントのようなプレゼンテーションソフトが普及しているが、当時の学会発表はＯＨＰが主流だった。

図10－7が、二人が作成したグラフを並べたものだ。ご覧いただければわかるとおり、グリーンランドの気温とベルンの湖の水温がきわめて類似した変化を示していた。ダンスガードが発見したミランコビッチサイクルより圧倒的に短いタイムスケールで起きる気候変動は、グリーンランドのみならず、遠く離れたスイスの地でもほぼ同時に起きていた。少なくとも、北半球のヨーロッパでほぼ同時に大規模な気候変動が発生したことになる。

前述したように、この急激な気候変化は、1万～11万年前にかけて、都合25回起こっていたことがわかり、のちにダンスガード－オシュガー（以下Ｄ－Ｏとする）サイクルと名付けられた。

彼らが最初に気づいた大きな変化が、Dye3コアの深度1700m付近に見られる大規模寒冷化だった。この寒冷化は約1000年間にわたって氷期の気温に逆戻りした寒冷イベントで、グリーンランドの氷床コアのみならず、ヨーロッパやイギリスの湖の堆積物、北大西洋から採取された深海堆積物などから、こうした急激な気候変動は、北半球全体でほぼ同時に発生したことが明らかになった。

この寒冷イベントが起きた時代を、デンマークの陸上で、花粉の研究によって過去の気候復元を行っていたときの呼び名から「ヤンガードライアス期」と呼ぶ。ドライアスの由来は日本名のチョウノスケソウ、学名ドライアス・オクトペタ－ラという寒帯に棲息する花にちなんでいる。氷期にはデンマーク一帯に棲息していたチョウノスケソウは、氷期の終焉とともに、数が大きく減少した。1万2900年前に急に増加し、1万1600年前に急に減少したというものだ。ヤンガードライアスの寒冷な気候の爪痕は、広くスペインまで北大西洋全般に及び、中東で始まろうとしていた農業の開始時期をも遅らせたといわれている。

それにしても、ミランコビッチサイクルよりもはるかに短いタイムスケールでなぜこれほど急激な気候変動が地球規模で起きたのか？

最新の解析では、地球全体のサーモスタットとして働いている熱塩循環がストップまたは大きく弱化したことによるとされている。

第9章でも説明したとおり、熱塩循環のスタート地点であるグリーンランド沖は、1000年にわたって深海をゆっくりと流れる深層水が最初に沈み込むポイントだ。グリーンランド沖、つまり北大西洋の高緯度帯は寒冷な気候のため、大西洋の低・中緯度からメキシコ湾流で運ばれてきた高塩分の水が冷却されて密度を増す。必然的に海水の塩分は高くなる。冷たく、高塩分で重い海水は、沈み込んで深層海流となり、インド洋や太平洋などの、相対的に塩分が低い海洋に送り込まれる。このように、熱塩循環は、海洋の塩分や熱の地域差を解消し、地球規模の動的な平衡をもたらす。こうしたメカニズムがあるからこそ、北半球と南半球の気候の逆位相が解消されるのである。

逆説的にいえば、この熱塩循環の機能が低下すれば、動的平衡が崩れてしまう。25回にわたって起きたD-Oサイクルでは、氷床が融解したなどのさまざまな理由でにわかに供給された淡水により、海水の塩分が低下したことによって、熱塩循環の力が弱まり、北半球では寒冷化が進み、南半球では温暖化が進んだと考えられている。片方が上がれば、もう一方が下がるシーソーのように、北半球と南半球の気候が逆位相になってしまった。

巨大氷床が引き起こす急激な寒冷化

研究が進むにつれ、D-Oサイクルとは異なる別の寒冷化イベントが存在することが明らかに

図10-8
ヘルマット・ハインリッヒ（左）
（写真右は著者）

なった。ドイツ（当時は西ドイツ）人の海洋地質学者ヘルマット・ハインリッヒが発見した「ハインリッヒイベント」だ。

彼は政府の研究機関に所属し、資源探査や環境影響評価を行う部門にいた。気候変動は畑違いの研究分野だったが、重要な発見は特にそれを成し遂げようと思っていない人の前に、偶然舞い降りる。いわゆる「セレンディピティ」が起きたのである。

ハインリッヒは、いつものように北大西洋外洋で採取したコアを分析していると、堆積層の中にときおり大きな石の塊があることに気がついた。通常は、大西洋で採取されたコアは、球状の白く小さな有孔虫の殻が大部分を占めるが、その石の塊はゴツゴツとして、サイズもひとまわりもふたまわりも大きい。不思議に思ったハインリッヒがさらに調べると、その大きな石は、アイスランドの陸地にある玄武岩の岩屑《がんせつ》であることがわかった。

アイスランドから遠く離れた北大西洋外洋になぜそのような岩石が見つかったのか。ハインリッヒが詳細にコアを調べてみると、こうした岩屑を含む層はほかにも存在し、最終氷期の間に都合6回にわたって同様な堆積があることがわかった。

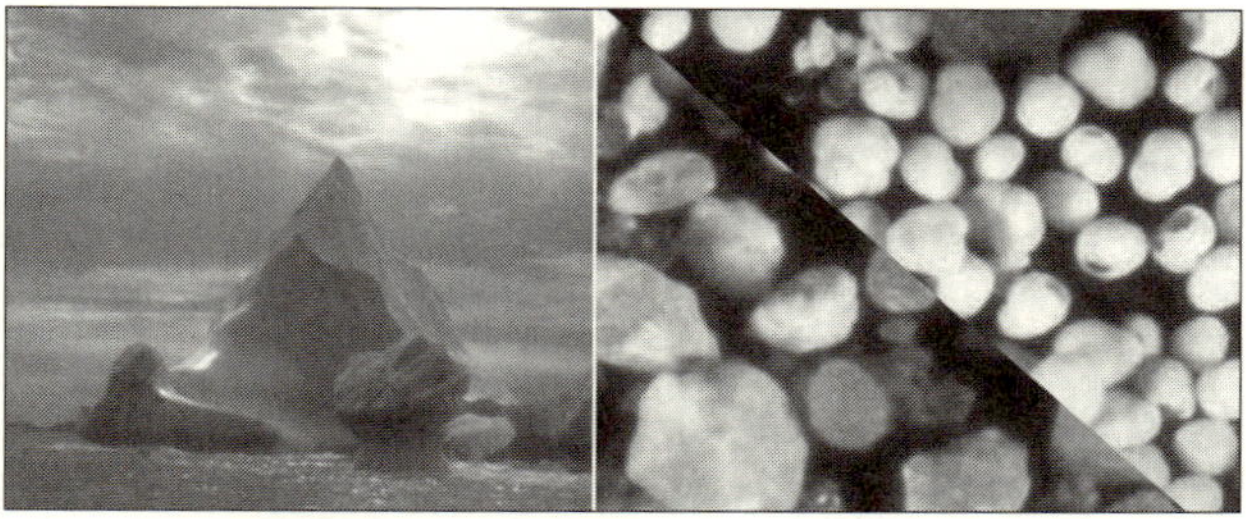

図10-9
氷山の写真（左）とコアに含まれる有孔虫の殻（右図の右斜め上の写真）とIRD（氷山によってもたらされた岩屑：右図の左斜め下の石）
（IGBP Science No.3 2001）
大西洋で採取されるコアは、通常有孔虫の殻によって構成されているが、特定の時期のコアでは、氷山由来の巨大な岩屑が見つかる

一連の調査結果から、ハインリッヒが導き出した結論は、何らかの原因で巨大氷床が部分的に崩壊し、海洋に流れ出した氷床の底に付着した、氷床が削り取った陸起源の岩石が、氷山の融解とともに海底に落下し、海底に堆積したというものだった（図10-10参照）。1988年に発表されたこの論文は、当初はあまり注目されておらず、海底地滑りか何かによる局地的な現象ではないのかと疑問の目が注がれていた。

しかし、幸運にも、熱塩循環のアイデアを提唱した一人であり、世界的に有名なコロンビア大学ラモントの研究者ウォーリー・ブローカーがハインリッヒの論文に目をとめた。これが大きな転換点だった。ブローカーは、当初、クライマップのグループに声をかけてハインリッヒイベントを検証することを勧めたが、返事は色

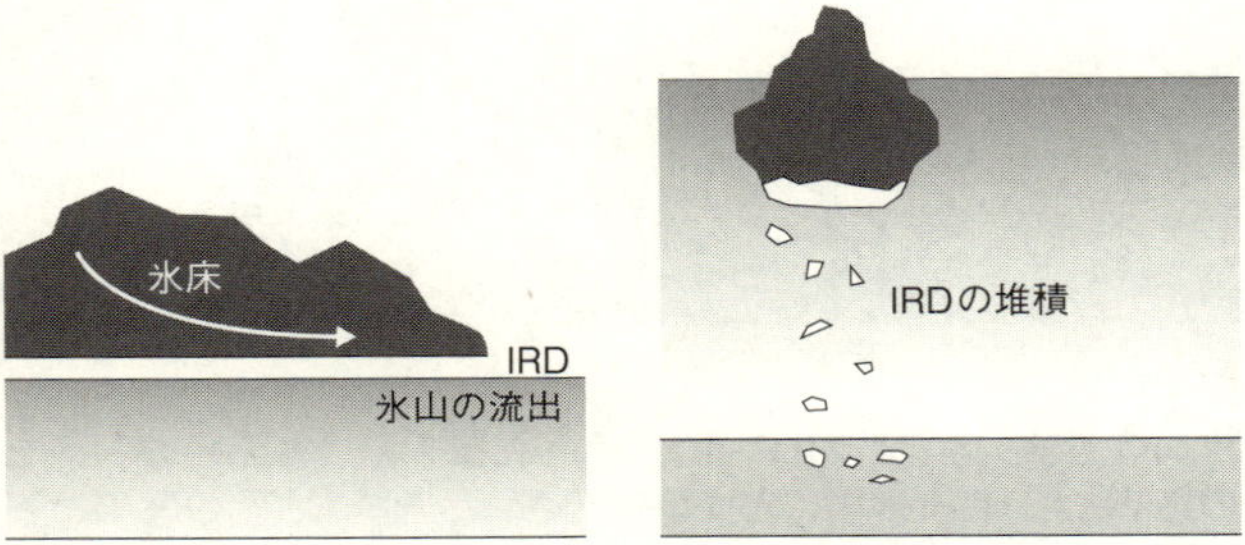

図10-10　氷山由来岩屑（IRD）の形成と堆積

氷床は流動する際に、直下の岩盤などを削りながら拡大する。流出した氷山には多くのIRDが含まれている

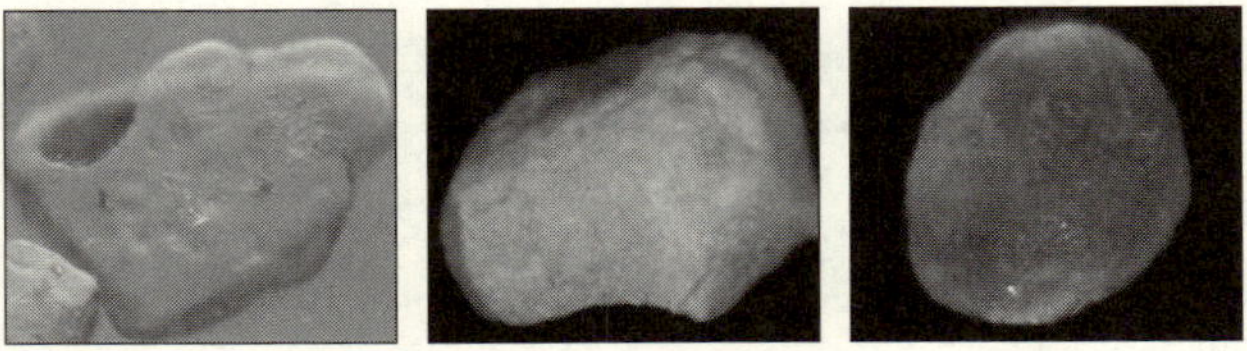

赤鉄鉱が付いている石英。グリーンランド東岸起源のIRD。D-Oサイクルのペースメーカー

カナダ起源のIRD。古生代の炭酸カルシウム。ハインリッヒイベントの存在を示す

石英

図10-11　主な氷山由来岩屑（IRD）

（スティーブン・オブラクタ博士提供）

良いものではなかった。ミランコビッチ仮説を証明した彼らは、その周期性から外れた短期間で起きる大きな気候変動については、懐疑的な目を向けていたのだった。

そこでブローカーは、同じくラモントにいたジェラルド・ボンドに声をかけ、いろいろなコアのアーカイブを調査し、ハインリッヒが発見したような氷山由来の岩屑を含む層が周期的に認められるかどうかを調べてもらった。

すると驚くことに彼の発見はボンドによっても再確認されたのだった。

深海堆積物コアを分析したところ、大西洋外洋には周期的に、氷山由来の岩屑（IRD：Ice Rafted Debris）の数が急激に増えていることがわかった（図10－12）。不思議なことに、IRDが増えると、寒い水温を好む有孔虫の数が増えていた（同図）。これは、地球表層の気温が低下しているタイミングで、北大西洋外洋に氷山由来の岩屑が堆積していることを意味する。約6万5000年前から1万5000年前までの5万年間で、都合6回のハインリッヒイベントが起きたことがわかっている。

それにしても地球が温暖化した結果、氷山の一部が融けて、外洋に流出したというのなら話もわかるが、なぜ地球の気温が低下している局面で、氷床が外洋に流れ出すのだろうか。

実は、直感的な理解とは反するが、当時、気候の寒冷化が進んだことで氷山の流失が促進されたのだ。図10－13を参照しながらそのメカニズムを説明しよう。

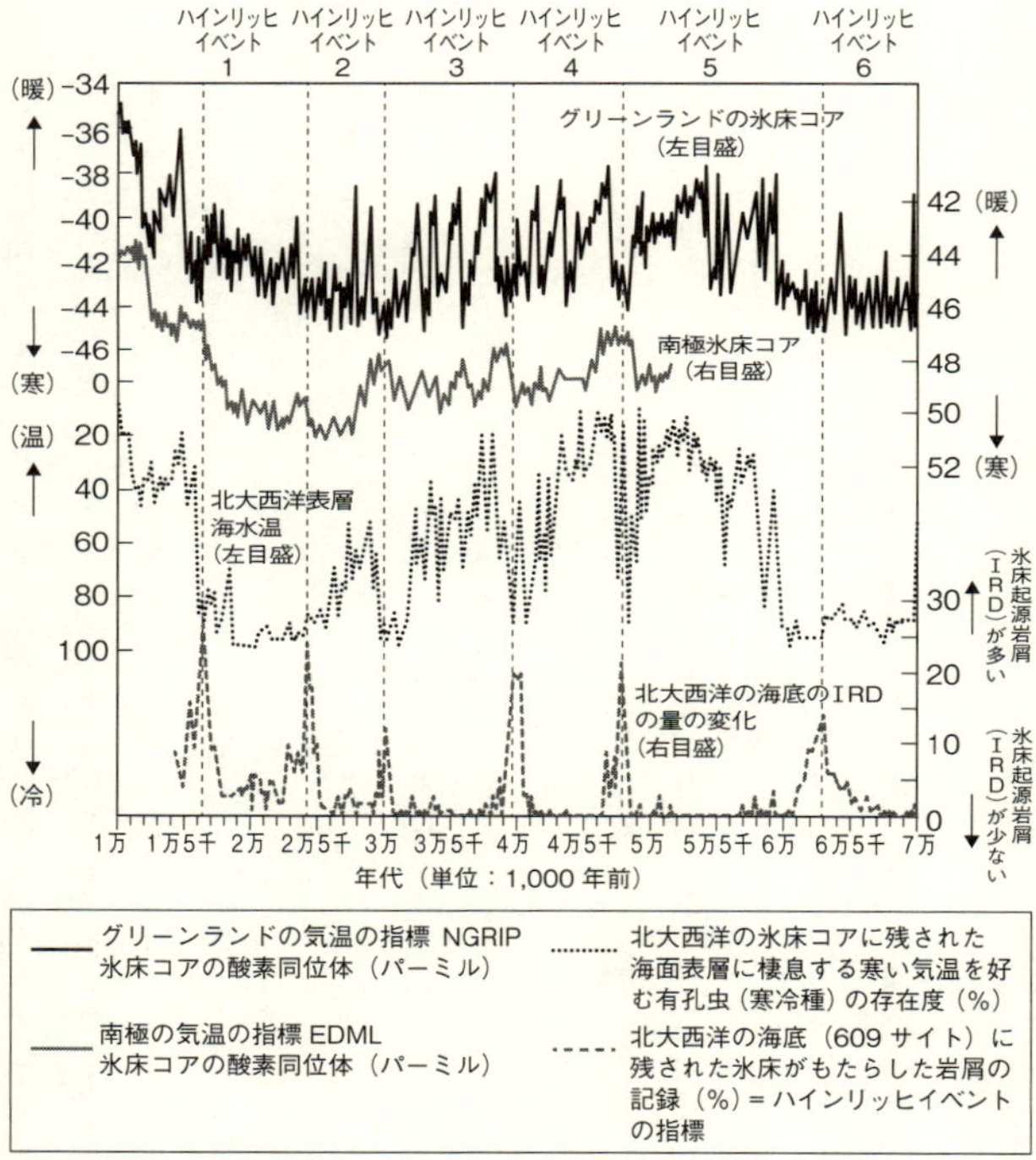

図10-12
深海堆積物コアのデータからわかる南半球と北半球で生じた気温の「シーソー現象」

(Yokoyama & Esat 2011より)

約6万5000年前から1万5000年前までの5万年間でハインリッヒイベントは都合6回起きている(H1～H6)。

深海堆積物のコアのIRDの数の推移を調べると、IRDの数が増えるタイミングで北半球のグリーンランドでは気温が低下し、寒い気温を好む有孔虫が増えていることがわかる。

一方、南半球である南極では、ハインリッヒイベントが起きるタイミングで逆に気温が上昇している。ただし、グリーンランドの気温低下に比べると、南極の気温上昇はマイルドであることが図からも見て取れる

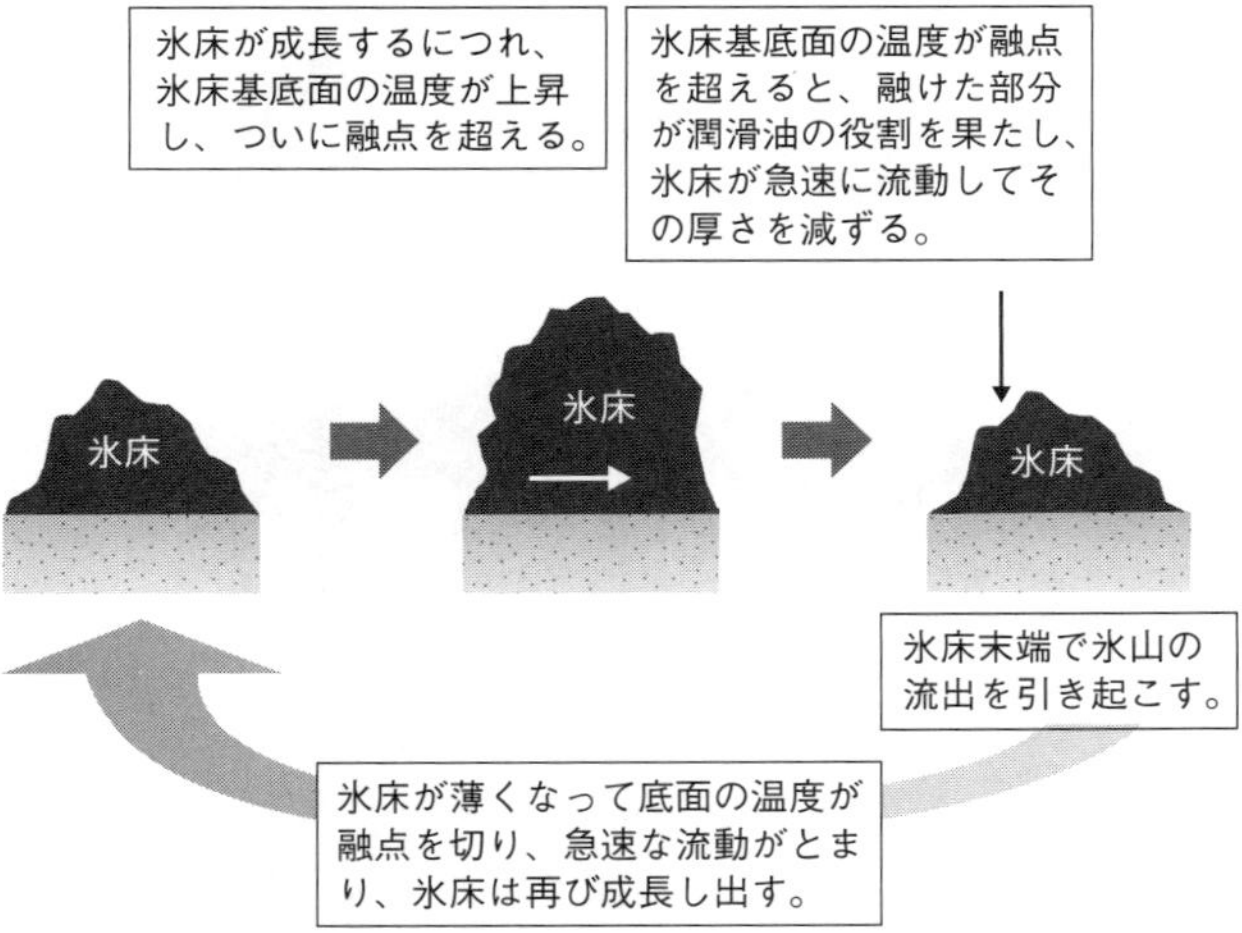

図 10-13
寒冷化が進むと、巨大氷床の流出が起きるメカニズム

氷床は地殻の上に載っており（同図、左）、地殻からは地球内部から熱がたえず供給されている。こうした熱は、氷床を経由し、大気へ放散されていく。ところが、地球の寒冷化がいちだんと進むと、地殻の上に載っている氷床が成長し、氷床が分厚くなる。こうなると、地熱が分厚い氷床に遮られて大気への放熱効率が低下するため、氷床内に熱が蓄積するようになる。その結果、地殻と面する氷床底部（氷床基底面と呼ぶ）が融けて水の層が生じる。この層が「潤滑油」の役割を果たして、氷床の上部を上滑りさせ、巨大氷床の海洋流出を促すのだ。

冬季五輪の人気種目カーリングで、選手が投じたストーン（石）の滑りをよく

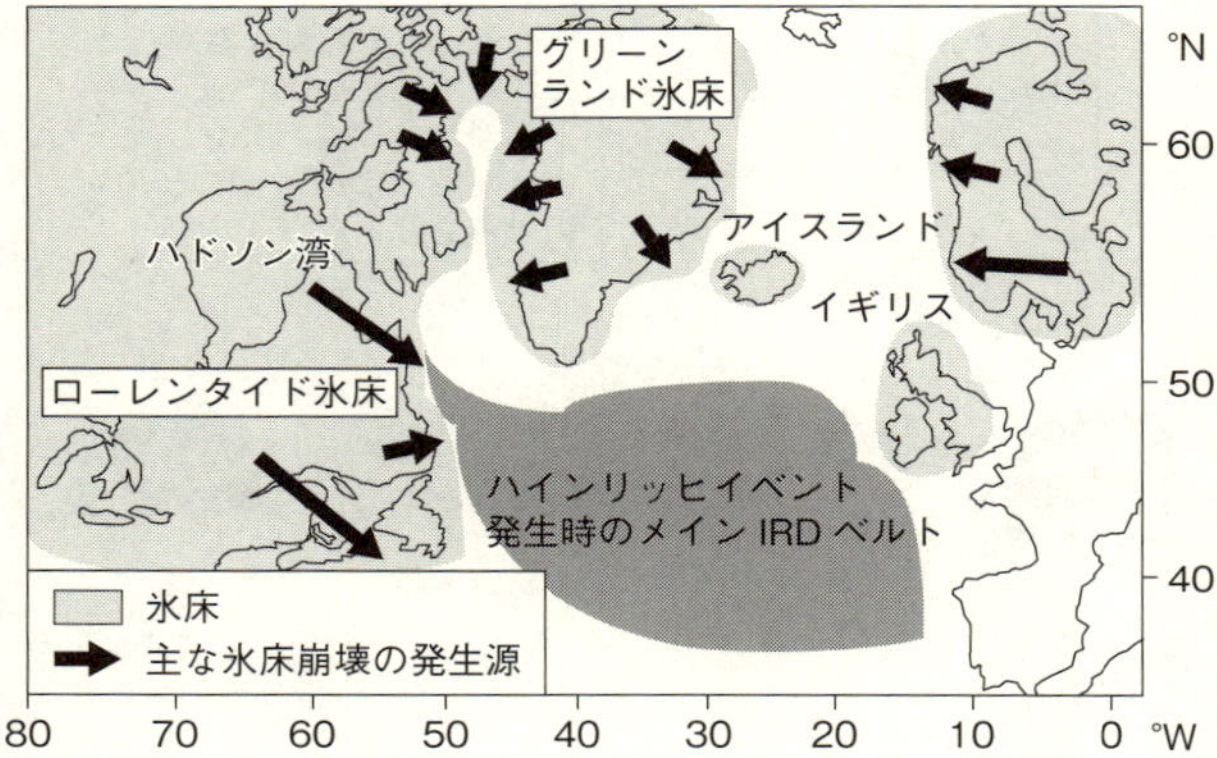

図10-14
ハインリッヒイベントでは、北米にあるローレンタイド氷床が大規模に崩壊して、氷床が北大西洋外洋に流れ着いた

するために、ブラシで氷をこするが、理屈はこれと同じである。氷をこすることで氷上とストーンの間に水の膜ができると、摩擦が減じて、滑りが良くなるのである。

北大西洋外洋で発見された氷山由来の岩屑の中には、カナダ北東部のハドソン湾に起源があるものが多数含まれていた。最終氷期には、北米大陸に、ローレンタイド氷床と呼ばれる巨大氷床が存在した。面積は約1億3000万㎢。厚さは平均2500m程度という途方もない大きさである。この巨大氷床の一部が周期的に北大西洋外洋へと流れていったのである。ハインリッヒイベントによる氷床崩壊はきわめて大規模なもので、ローレンタイド氷床の体積は15%程度減少したといわれる。

当初、北米氷床で融けた水は、南のミシシッピ川を通してメキシコ湾に流入していた（これは当時海洋に棲息していた動物プランクトンの殻の同位体分析から判明している）。

ところが最終融氷期のヤンガードライアスのときには、北米大陸にある巨大な氷床が一気に崩壊することで、氷によってせき止められていたカナダ側の流路が解放された。そしてセントローレンス川を通して、大量の淡水が熱塩循環の開始海域であるアイスランド沖に供給された。この結果、海水の塩分が急激に低下し、熱塩循環が弱まってしまったと考えられている。

周期はなぜ生まれるのか？

氷床崩壊を引き起こすハインリッヒイベントと、急激な気候変動を起こすD－Oサイクルは独立に発見された現象であるが、2つの気候変動にはある種の規則性が見て取れる。次頁の図10－15は、前述のジェラルド・ボンドが両者の関係を模式的に説明したものだ。

この図を見ると、急激な温度上昇と温度低下を起こす「D－Oサイクル」を4〜5回繰り返した後に、ハインリッヒイベントが起きていることがわかる。

D－Oサイクルを重ねるにつれて、北米氷床サイズは増大の一途をたどり、臨界点に達した後に、ハインリッヒイベントが起きて、北米氷床の崩壊が起きている。最終氷期には、このような気候変動が繰り返された。

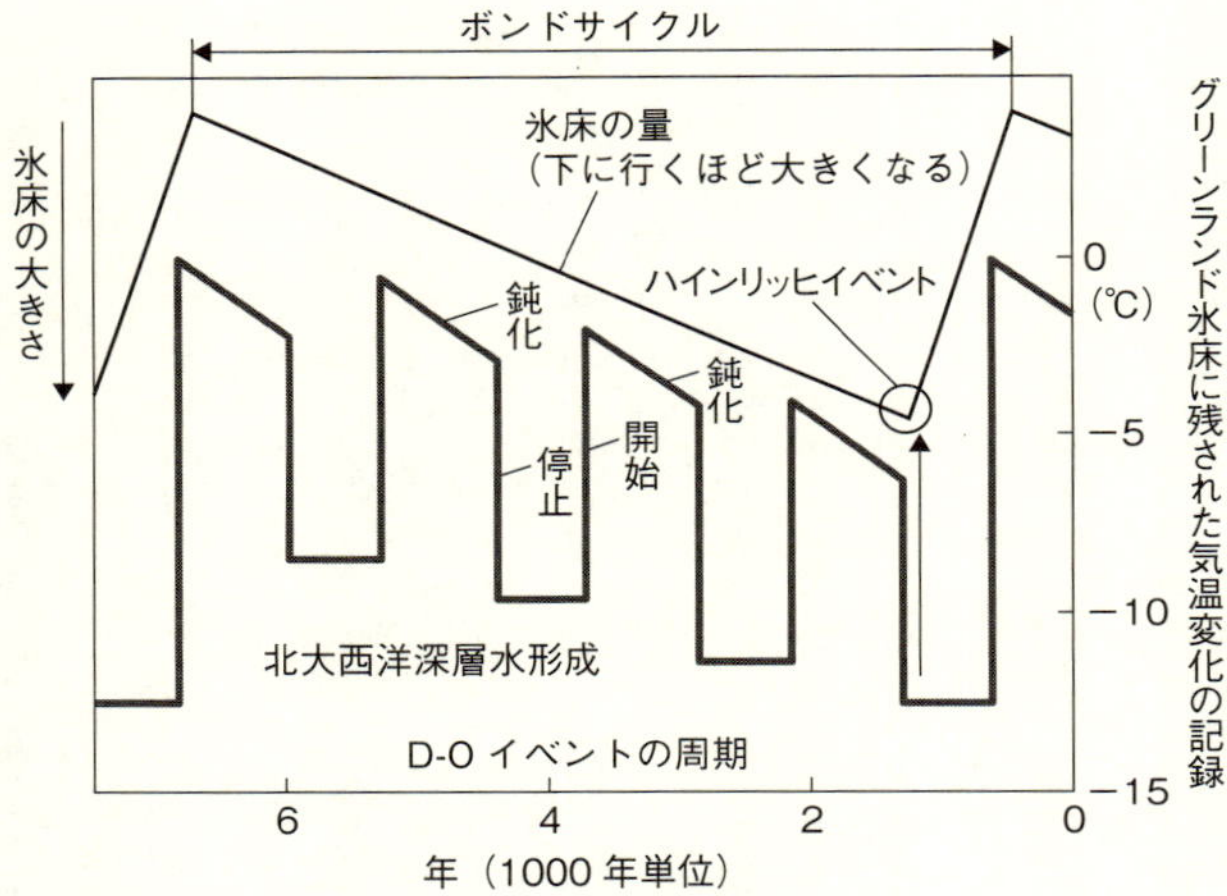

図 10-15　ハインリッヒイベントとD-O サイクルの関係

（Alley 1993より）

グリーンランド氷床コアに記録された古気温のデータを抜き出して模式図にしたもの。1000 年ほどの周期で繰り返すD-O サイクルは、北大西洋深層水形成の強弱と関係している。D-O イベントが 5 回ほど続くうちに徐々に寒冷化していき、ローレンタイド氷床も拡大する。
ハインリッヒイベントはローレンタイド氷床が最大サイズになった際に、底面融解により大規模な流出およびサイズの減少が起こっていた

周期性を生み出すメカニズムは完全に解明されていないが、前述したように、巨大氷床の成長と崩壊が繰り返されることが影響していることは間違いない。

外部から入力を与えられることなしに持続する振動を「自励振動」と呼ぶ。ハインリッヒイベントを引き起こす氷床の大きさも、自励振動的に成長、崩壊を繰り返していると考えられている。自励振動の周期は、地表温度、地殻熱流量、降雪速度などが関係している

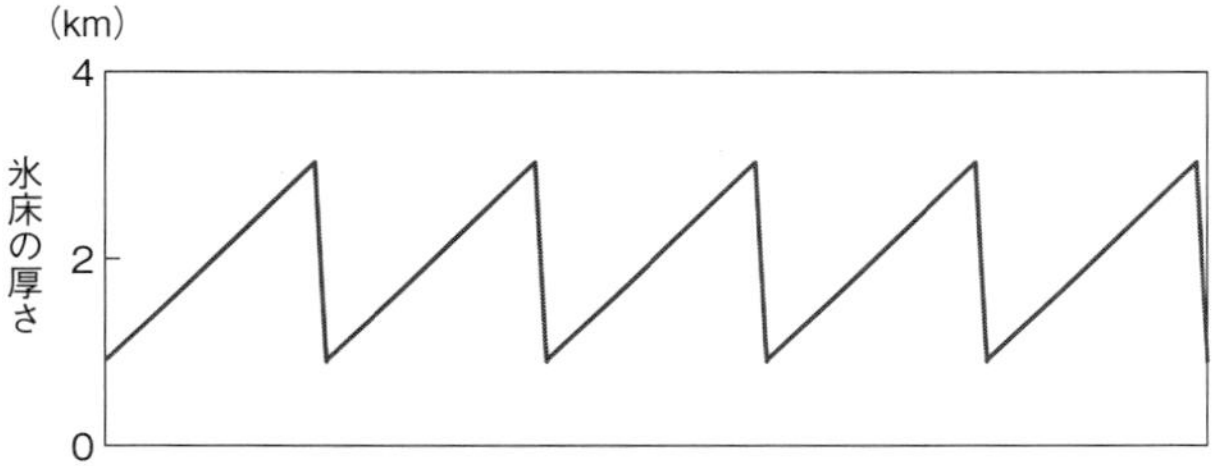

図 10-16　氷床は、自励運動で成長、崩壊を繰り返す

と予想されている。

ハインリッヒイベントは、その後も低緯度での鍾乳石や海洋堆積物に記録された気候変動と同調していることが見いだされたこともあり、気候変動の研究者なら誰もが知る基本的な学説として定着している。

しかし、当のハインリッヒは、論文を発表した後に古海洋学から離れていたこともあって、大きな注目を浴びたことはなかったらしい。

２０１７年9月に定年退職を迎えたハインリッヒは、近年インタビューに答えて、１つのエピソードを紹介している。ある会議に出たとき、古海洋学を研究しているという若い研究者が『あの有名なハインリッヒイベントについている名前と同じですね』と軽口をたたいた。これに対し、『その本人が私ですよ』と答えたところ、相手が目を丸くしていたと。

ハインリッヒイベントは古海洋学では今なおホットなテーマである。私の研究室に研究員として所属し、現在は秋田大学の准教授であるスティーブン・オブラクタとの共同研究で、ハインリッヒイベントは、最終氷期のみならず、過去40万年間の氷期に繰り返し発生したイベントで、同じような周期性を持つことを突き止めた。

ところが興味深いことに、一つ前の氷期だけは、氷山の流出源となる氷床が、北米ではなく、ヨーロッパに源を持つことが新たにわかった。このように、いまだに多くの研究がこのテーマに沿って展開されていることからも、その重要性がわかる。

南半球と北半球の気候を決める「見えざるシーソー」

巨大氷床の崩壊が引き金になって、北半球では最短で数年足らずで平均気温が10℃近く低下する――ダンスガードやオシュガー、ハインリッヒたちが発見した「寒冷イベント」は、ミランコビッチサイクルに象徴される数万年の周期で駆動する気候モデルを信奉してきた科学者たちに衝撃を与えた。彼らはモデルの修正を余儀なくされた。

従来の気候モデルでは、大気中に含まれる二酸化炭素と熱塩循環に象徴される海流によって駆動する「地球のサーモスタット」の働きで、北半球と南半球の気候が平準化され、温暖化と寒冷化が南北とも同期して起こると考えられていた。

しかし、実際には、氷山崩壊のような局所的なイベントが起きると、盤石と思われた「サーモスタット」に変調が生じ、寒冷化や温暖化するタイミングにズレが生じるばかりか、北半球が寒冷化すると、南半球が温暖化するような逆位相の気候変動が起きることが、近年の研究でわかってきた。

北半球と南半球がまるでシーソーのように、バランスを取りながら、気温の変化を起こしていることに最初に気づいたのは、テキサスA&M大学のトーマス・クラウリーである。彼はクライマップのリーダーだったインブリーに古気候研究のおもしろさを教わり、気候変動の研究者になった人物だ。有孔虫などを使った堆積物の研究をメインに行ってきたが、大気物理学者であるジェラルド・ノースとの出会いにより、地球の気候をコントロールする要因をエネルギーのバランスで論じることに興味を深めていった。

彼は、モデルと観測データとを比べながら、北半球と南半球の気候が頻繁に「逆位相」になっていることに気がついた。ご存じのとおり、北半球が夏になれば、南半球は冬になり、その逆もまた然りで、季節については逆位相の関係が成り立つ。しかし長期的なレンジでみると、南半球と北半球の気候変動はつねに一致すると考えられてきた。ところが、現実は違ったのである。

なぜこんなことが起きるのか。クラウリーは、巨大氷床崩壊のような突発的なイベントによって、熱塩循環のような秩序だった「海流」に乱れが生じた結果、そのバランスを取るために、北半球と南半球がまるでシーソーのように気温の変化を起こしていると考えた。

地球に到達するエネルギーの総量は変わらないため、その南北分配が変わるメカニズムが働けば、北半球が寒冷化したときに南半球が温暖化を起こすという「逆位相の気候変動」が生まれる。クラウリーが1992年の論文で仮説を発表すると、IPCC（国連の気候変動に関する政府間パネル）の議長も務めたスイスのベルン大学のトーマス・シュトッカーやコロンビア大学ラモントのウォーリー・ブローカーも1998年にそれぞれ同様の論文を出し、「南北熱シーソー」として広く認識される現象となった。

しかし、逆位相が確認されたといっても、南半球と北半球の気候は完全対称というわけではなかった。気温の振幅が大きいグリーンランド氷床に比べると、南極で観測された気温の振幅は小さく、気候変動もペースもマイルドだった。クラウリーらの「南北熱シーソー」モデルは、この問題を十分に説明できなかった。

この難題を解決するモデルを考案したのが、ダンスガードの後継者としてデンマークのコペンハーゲン大学の教授となったスィグハス・ジョンセンと前述のトーマス・シュトッカーだ。彼らは、南北熱シーソーメカニズムの改良版ともいえる斬新な仮説を提唱した。彼らがモデルに組み込んだのが、南太平洋や南大西洋、そして南極を取り巻く南大洋の熱容量だった。

巨大氷床崩壊などの影響で深層循環が弱まると、それまで熱帯から高緯度帯に運ばれていた熱エネルギーが滞るようになり、余った熱が生じる。これが南半球に伝播し、気候の温暖化をもたらす。

しかし、南半球にある海洋は、北大西洋に比べて、その体積が大きいことや、大気に比べて熱を蓄える能力が大きいため、南極まで熱が伝わるのに時間がかかる。あたかも、南太平洋や南大西洋がコンデンサー（蓄電器）のように振る舞うことによって、熱の伝わり方はマイルドなものになる。

ジョンセンらが提唱した南北熱シーソー修正モデルは、南北高緯度の氷床コアに記録された気温変動をきわめてよく再現し、南半球の変動の規模が、北に比べてゆっくりかつ小さいことの説明もみごとにできるようになった。

数年から数十年で起きる地球の急激な気候変動は、ミランコビッチサイクルのような公転軌道要素だけでは説明が不可能で、海洋や大気を通じたエネルギーの分配を考慮する必要がある。

逆にいうと、それらのシステムに混乱をきたせば、それこそシーソーのように、急な寒冷化や温暖化などといった気候変化をごく短期間に引き起こしうることが、過去の気候の情報を調べることでわかってきた。

現在の安定した地球の気候は、ある意味、きわめて絶妙なバランスのもと、成り立っていることを、古気候の記録は我々に語りかけているともいえるのだ。

エピローグ

2018年4月、ネイチャーに2つの論文が掲載された。著者は、ドイツのポツダム気候影響研究所を中心としたグループと、イギリス・アメリカ・カナダの国際研究チーム。両者は独立した研究グループだが、奇しくも、いずれも北大西洋の海洋熱塩循環が弱くなっているという趣旨のレポートだった。

第9章で説明したとおり、北大西洋グリーンランド沖にはアマゾン川のおよそ100倍の量の海水が深海に沈み込むポイントがあり、そこからおよそ1000年で世界を一周する「熱塩循環」が始まる。この大循環は、赤道など低緯度、中緯度帯で生じた余剰の熱を寒冷な高緯度帯に運び、グローバルでマイルドな気候を保つ役割を果たしてきた。

第10章で紹介したヤンガードライアスやハインリッヒイベントなどの過去の急激な気候変動は、この「熱塩循環の弱化」がきっかけで発生した。北半球を温暖化し、そして南半球を寒冷化した熱塩循環が弱まると、ヨーロッパはあっという間に寒冷化した。その影響はヨーロッパにとどまることなく、遠く中国や日本などの季節風にも影響を与え、干ばつや洪水を引き起こした。グリーンランドの氷床コアから復元された古気温の記録では、数年から数十年単位で10℃近く変化したことがわかっている。急激な気候変動が終わると、その後、数十年にわたって、寒冷化あるいは温暖化した気候モードが続いた。

２つの異なる研究チームによって観測された熱塩循環の弱化は、最新のスーパーコンピュータを用いた気候モデルによる解析などによって導き出された。ただし利用したデータは全く異なり、ドイツのポツダム気候影響研究所が人工衛星や観測機を用いた過去数十年間の記録、イギリス・アメリカ・カナダの国際研究チームが「同位体温度計」を用いた過去１０００年間の記録をもとにしている。独立した全く別のデータから、熱塩循環の15％弱化という全く同じ結論に到達しており、科学的信頼性はきわめて高い。

注目すべきは、両チームともその原因としてグリーンランド氷床の融解にともなう塩分低下をあげていることだ。融け出した氷からもたらされた淡水により、北大西洋の表層水塩分が低下することで、深層水の形成が弱まっているというのだ。

第10章で説明したハインリッヒイベントでは、地球の寒冷化によって巨大氷床が崩壊したことがさらなる寒冷化を誘発したが、今回観測された熱塩循環の弱化は、地球の温暖化によりグリーンランド氷床が融けたことが原因になっているという点で大きな違いがある。

ヤンガードライアスやハインリッヒイベントの場合は、熱塩循環の弱化は寒冷化の引き金となったが、現在進行している熱塩循環の弱化も同様に寒冷化につながるのだろうか。長期間、熱塩循環の弱化が続くかどうかは論文を発表した研究グループでも見解が分かれているところだ。そのまま寒冷化に移行し、氷期に突入するのではという危惧もあるが、それを否定する考えもある。仮に熱塩循環の弱化が今後も続き、周辺の寒冷化が一時的に起こったとしても氷床融解にブレーキがかかることで、淡水流入の制限がかかり、深層に向かう海流の動きが活発になることで、一転して熱塩循環の強化が起こる可能性もある。

それにしても、熱塩循環の弱化がすでに起きているにもかかわらず、地球は寒冷化どころか温暖化が進行しているのは不可解にもみえる。前述の熱塩循環の弱化を発表した論文では、一見寒冷化とは逆の現象が起こっているのは、二酸化炭素をはじめとした温室効果ガスの影響が思いのほか大きく、熱塩循環の弱化がもたらす寒冷化の効果を打ち消している可能性があると指摘している。仮にこの分析が正しいとすると、人為起源の温室効果ガスは、地球に内在する「気候平準化」のフィードバック機構を無効化するほど深刻なレベルにあることになる。

地球温暖化問題については、ＩＰＣＣ（国連の気候変動に関する政府間パネル）が現状の温室効果ガスの排出が同じペースで続くと、地球の平均気温は今後10年あたり０・２℃ペースで上昇を続けて、２０４０年ごろには産業革命前と比べて１・５℃高くなると予測、地域によっては気温が５℃以上上昇し、豪雨や洪水、高潮などの水害が発生するリスクが高まり、海面上昇による生態系への被害が広がると警告している。一方で、地球温暖化は懸念されるほど深刻なものにはならず、むしろ地球は寒冷化に向かうと主張するグループも少数ながら存在する。

はたして、これから地球は温暖化に向かうのか、それとも一転寒冷化に進むのだろうか。ミランコビッチサイクルでは、およそ9万年の氷期と約1万年の間氷期による10万年周期が交互に繰り返されている。現在の間氷期が始まったのが1万1700年前といわれており、現在の間氷期もそろそろ氷期に移行していい時期ではある。実際、比較的寒冷な気候が続いた1970年代を受けて、80年代には氷期に移行する可能性についての学術論争が、先のコロンビア大学のウォーリー・ブローカーらも巻き込んで侃々諤々繰り広げられていた。

ベルギーのルーベンカトリック大学のアンドレ・ベルジェは、1970年代に、ミランコビッチの計算を、コンピュータを使ってやり直し、彼の理論にほとんど間違いがなかったことを証明した研究者だ。2002年、ベルジェらは、アメリカの科学誌サイエンスに、今後地球が氷期に突入する可能性があるのかどうかをコンピュータシミュレーションした結果を発表した。

ベルジェらは、日射量などの天文学的要因の変化は軽微で、大気中の二酸化炭素が400ppmを超えている現在の状況では、何と向こう5万年間は間氷期が続くと予測した。そして、現在の公転軌道要素から予想される気候システムの変調は限定的で、過去50万年の中でも特異的に変化の少ない状況にある、と結論づけた。

この論文では、温室効果ガスである二酸化炭素が今後も増え続けた場合のシミュレーション結果も記載されている。ベルジェの導き出した結論は、このまま大気中の二酸化炭素が増加し75

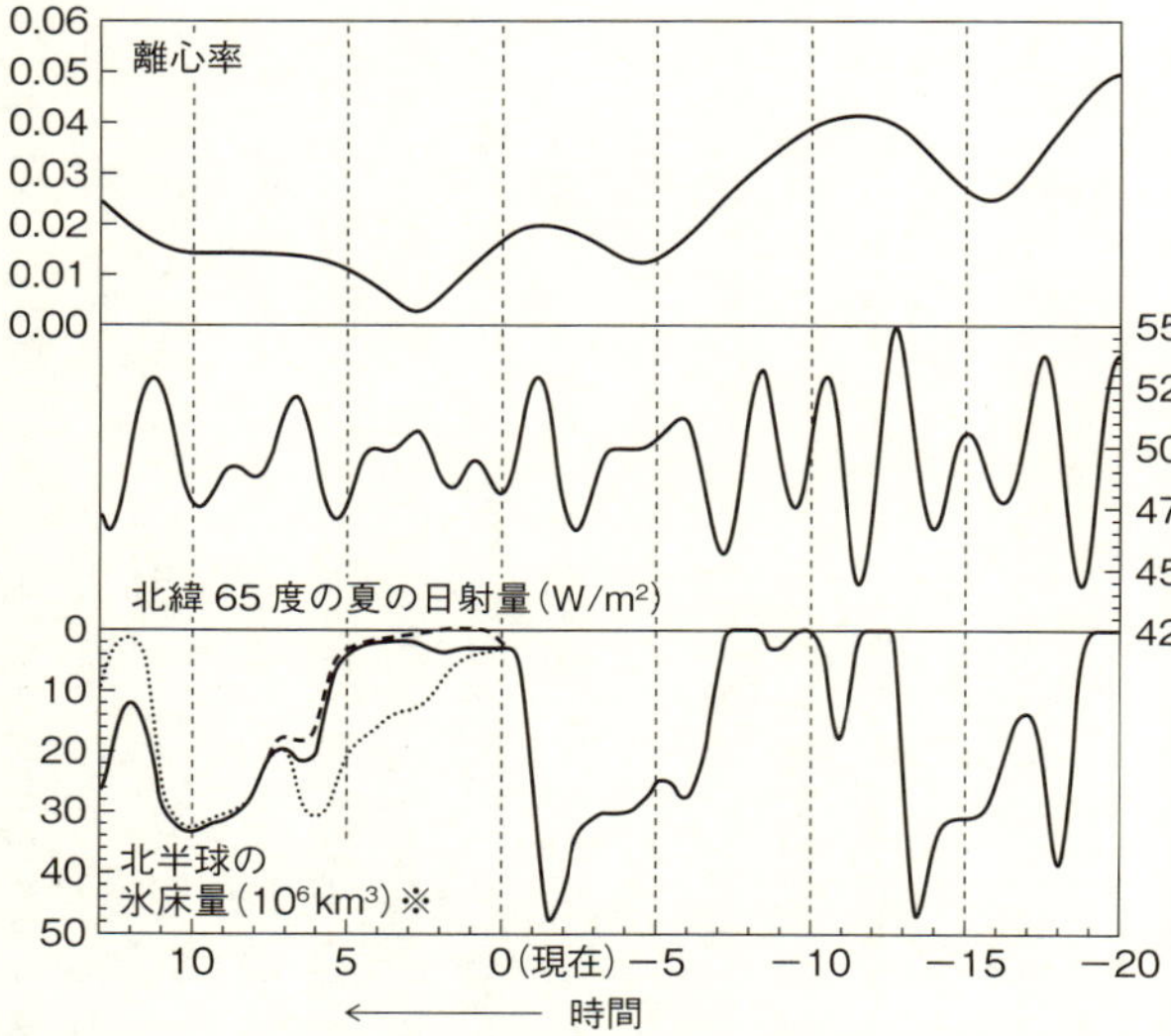

（時間は万年単位、マイナスの数字は過去を示し、プラスの数字は未来を示す）

※「北半球の氷床量」：過去は、深海堆積物の有孔虫の殻の酸素同位体から復元した氷床量。未来は、異なる大気二酸化炭素濃度でシミュレーションした予測値

アンドレ・ベルジェが、サイエンスに発表した氷期突入の可能性をシミュレーションした結果

(Berger and Loutre 2002 Science)

現在は過去20万年間で最も離心率とその変動幅が小さく（図上）、公転軌道の変化による北半球高緯度の夏の日射量の変化が小さい（図中）。ベルジェは、このような公転軌道要素の影響下において、今後、地球が「氷期」に向かうのか、それとも「間氷期」が続くのかを、コンピュータシミュレーションした（図下）。なお、氷床の未来を予測した３種の線は下記のとおり

実線（——）：氷床コアに記録されている「氷期−間氷期」の大気二酸化炭素濃度の変化幅にした場合の予測値

破線（----）：人間活動の影響により大気の値が750ppmとなった場合の予測値

点線（………）：大気二酸化炭素濃度を氷期のレベルまで落とした場合の予測値

氷期は、現在（間氷期）より氷床量が多い時期だが、シミュレーションの結果、二酸化炭素を一気に氷期レベルまで落とすような非現実的な設定以外は、氷床量が増大することはなかった。ベルジェのこの研究は、現在のような高い二酸化炭素レベルでは、少なくとも５万年は間氷期が続くことを意味している。

0ppmを超えると、極域氷床が融けて、新しい「地質時代」に入るというものだった。ベルジェの説は現在も多くの科学者から支持されており、プロローグで取り上げたストックホルム大学ストックホルム・レジリエンス・センターが2018年に発表した「今後も1・5～2℃上昇し続けると、地球の気候は『ホットハウスアース』(灼熱地球)という新しいステージに変わる」という予測も、ベルジェの結論とほぼ一致する。気候変動を専門とする研究者の大半は、今後も地球温暖化が進むという見解をもっている。

地球温暖化がもはや避けられないものだとしたら、私たちはそれに対する備えをしなくてはならない。プロローグでも強調したとおり、地球温暖化がもたらすさまざまな不利益の中でも、すこぶる深刻なのが極域氷床の融解もしくは崩壊による海面上昇だ。わずか5m上昇しただけで東京都東部から埼玉県東部までが水没してしまう事実をもってしても、事態の深刻さがご理解いただけるはずだ。

かつて北米大陸には3000mの高さの氷床が存在し、南極大陸にも今よりも大きな氷床が存在していたが、最終氷期最盛期から間氷期に移行し、低緯度海域でも海水温が3～5℃上昇したことで、北米の氷床はすべて融解、実に海面が130mも上昇したのである。2018年7月、私たちがネイチャーに発表した論文では、南極を含む極域氷床が、これまで考えているよりも、はるかに速いスピードで成長や崩壊を起こしうることを明らかにした。従来の通説では、変化率にして最大でも年間およそ12㎜程度の海面上昇と見られていたが、私たちの観測では、最大で年間約25㎜も変化していたのである。この変化率は、従来考えられていたスピードより約2倍も速い。

年間約25㎜など取るに足りないと思われるかもしれないが、単純計算すれば100年経過すれば、2・5mの海面上昇を招く。しかも、これは、現在よりも大気中の二酸化炭素濃度が低く、人為起源の温室効果ガスの影響がない最終氷期以降の氷床変動の速度である。人為起源の温室効果ガスはわずか250年足らずで、産業革命以前の280ppmから400ppmに増えている。幸いにして現時点では海面上昇は年間2・5~3・4㎜程度にとどまっている。IPCCが発表予定の報告書原案では2100年までの海面上昇が約30㎝から約1・3mと比較的控えめな予測をしているといわれるが、グリーンランドや南極などの極地氷床の崩壊が起きれば、海面上昇のスピードがにわかに加速する可能性は否定できない。私たちは気温上昇や海面上昇はリニア(線形的、あるいは直線的な比例関係)な現象と考えがちだが、実際にはノンリニア(非線形)な現象である。ハインリッヒイベントのように、巨大氷床の崩壊をきっかけに、数年足らずで平均気温が10度近く低下するような劇的な変化が、何度も繰り返されていることを忘れてはならない。

気候変動による水温上昇や水位の変化は、すでに生態系に重大な影響をもたらしている。地球表面の0・1%の面積にすぎないサンゴ礁は、海洋生態系の20%を担い、9万種の生物を支えているが、そのサンゴ礁に気がかりな現象が現れている。

世界遺産でもあるオーストラリア北東部のグレート・バリアリーフは、日本列島とほぼ同じくらいの広大な面積を持つ世界最大のサンゴ礁だが、私たちがシドニー大学准教授のジョディ・ウェブスターを含む国内外の研究者と共同で行った研究では、最終氷期から現在まで、水温が3～5℃上昇し、海面が約130m上昇するという環境変化に襲われたにもかかわらず、グレート・バリアリーフが絶滅をすることはなく脈々とサンゴ礁の形成を続けてきたことがわかった。

ところが、ここ数年、グレート・バリアリーフでは水温上昇による大規模なサンゴの白化現象が続いている。人為起源の温室効果ガスがもたらした温暖化はそれ以前の温暖化よりもはるかにハイペースで、海水温の上昇のペースも数倍も速く、グレート・バリアリーフのサンゴがこの環境変化に追いつかないのだ。

私たちが東京都の小笠原諸島と鹿児島県喜界島で研究を行ったサンゴのサンプルの解析から明らかになったのは、サンゴの骨格形成能力が鈍ってきているという事実だ。大気中に二酸化炭素が増えると、海洋にも混合することで海の水のpH（水素イオン指数）が酸性方向に変化する。サンゴなどの海洋生物の骨格は炭酸カルシウムでできているので海水が酸性になると骨格形成に悪影響を及ぼす。

従来の実験水槽を使った室内の研究では、現在進行しているpHの低下速度であれば、サンゴの骨格形成には影響しないとされてきていた。しかし実際にフィールドで生息しているサンゴの分析を行った結果、体内の骨格形成部位でのpH調節機能が明らかに鈍化してきており、この状況が続くと21世紀の終わりにはサンゴが棲息できなくなる可能性があることがわかった。

気候変動のリスクは間違いなく高まっている。私たち人類は、食糧生産、防災や都市計画を考えるうえでも、未知なるステージに踏み込みつつある気候変動をより正確に理解する必要がある。先のアンドレ・ベルジェは、予測モデルの精度の向上を行うためには、過去の気候復元がどれくらい正確にできるかが大切だと述べている。人類が直面している喫緊の問題を解決するためにかつての地球気候の正確な復元と地球の気候システムについてのより一層の理解の深化が求められている。

謝辞

本書は、地球の気候の変遷について、最新の研究成果を紹介しつつ、これまでの先人たちがどのようにこの分野を開拓し研究が発展してきたか、著者の研究成果も交えながらまとめたものである。著者がこれまで幅広い分野の研究を進めてこられたのも、非常に多くの方々のサポートがあり、特に学生やスタッフ、共同研究者の皆さんにお世話になってきたからである。なかでも大学院時代の恩師である、九州大学の中田正夫教授、オーストラリア国立大学地球科学研究所のカート・ランベック教授は、地球惑星科学における高品質のデータによる地球物理モデルの検証の重要性について、世界をリードする地球物理学者の立場からアドバイスをくださった。ライス大学のシンティー・リー教授とは、日本学術振興会の日米先端科学シンポジウムをきっかけに知り合い、お互いの直接の研究分野は異なるものの、幅広い分野について議論させていただき刺激を受けている。また、海洋研究開発機構の大河内直彦・分野長とは、アメリカ滞在時から連絡を取り合い、共同研究者としてまた友人としてお世話になっている。琵琶湖環境科学研究センターの山口保彦博士と東邦大学の尾崎和海博士には原稿にコメントをいただき、内容が改善された。

私の研究教育活動は、家族の支えがなければ遂行してこられなかった。常に前向きにサポートしてくれ、積極的に様々な分野の研究を多くの方々と行える礎となっている。

これらの方々に記して謝意を表します。

著者

会
松本克美（2003）『第四紀学』第6章氷期のCO_2濃度低下に関する諸説（朝倉書店）
Jiao, N. et al. (2010) Microbial production of recalcitrant dissolved organic matter: long-term carbon storage in the global ocean. *Nature Reviews Microbiology*, 8, 593-599.
Libby, W.F. (1960) Radiocarbon dating. Nobel Lecture, December 12, 1960.
NASA Earth Observatory: https://earthobservatory.nasa.gov/Features/Martin/martin.php

第10章　地球表層の激しいシーソーゲーム

Portrait of Willi Dansgaard-a pioneer in Danish ice core research http://www.nbi.ku.dk/english/www/willi/dansgaard/
Storch H.V. et al. (2017) The unknown world-famous climate researcher of Hamburg https://www.academia.edu/30989306/Hartmut_Heinrich_-_der_unbekannte_weltber%C3%BChmte_Klimaforscher_aus_Hamburg._Ein_Interview
Jouzel, J. (2011) Willi Dansgaard: From isotopes to ice. *Nature Geoscience*, 4, 138
North, G.R. (2014) Thomas J. Crowley: A broad view of climate history. *Nature Geoscience*, 7, 485.
North GRIP Members (2004) High-resolution record of Northern Hemisphere climate extending into the last interglacial period. *Nature*, 431, 147-151.
Rosen, J. (2016) Mysterious, ice-buried Cold War military base may be unearthed by climate change. doi: 10.1126/science.aag0726
Stocker, T.F. and Johnsen, S.J. (2003) A minimum thermodynamic model for the bipolar seesaw. *Paleoceanography*, 18, 4, 1087.
多田隆治（2013）『気候変動を理学する―古気候学が変える地球環境観』みすず書房
Yokoyama, Y. et al. (2006) Dust influx reconstruction during the last 26,000 years inferred from a sedimentary leaf wax record from the Japan Sea. *Global and Planetary Change*, 54, 239-250.

エピローグ

Berger, A. and Loutre, M.F. (2002) An exceptionally long interglacial ahead? *Science*, 297, 1287-1288.
Steffen, W., et al. (2018) Trajectories of the earth system in the anthropocene. *Proceedings of the National Academy of Sciences*, doi: 10.1073/pnas.1810141115

Imbrie, J. and Imberie, K.P. (1979) *Ice Ages: Solving the Mystery*. Cambridge University Press
Interview of John Imbrie by Ronald Doel on 21 May 1997, Niels Bohr Library & Archives, American Institute of Physics, http://www.aip.org/history-programs/niels-bohr-library/oral-histories/6924
Morford, S. (2016) John Imbrie, a pioneer of paleoceanography, State of the Planet. Earth Institute, Columbia University.
Petrovic, A. and Marković, S.B. (2012) The cycles of revolution: How Wegener and Milanković changed the earth sciences. *Acta geographica Slovenica*, 52, 259-276.
八杉竜一（1965）『進化学序論―歴史と方法』岩波書店
八杉竜一（1969）『進化論の歴史』岩波新書
矢島道子（2008）『化石の記憶―古生物学の歴史をさかのぼる』東京大学出版会

第８章　消えた巨大氷床はいずこへ
大河内直彦（2008）『チェンジング・ブルー―気候変動の謎に迫る』岩波書店
Fairbanks, R.G. (1989) A 17,000-year glacio-eustatic sea level record: Influence of glacial melting rates on Younger Dryas event and deep-ocean circulation. *Nature*, 342, 637-642.
Hanebuth, T. et al. (2000) Rapid flooding of the Sunda Shelf: A late-glacial sea-level record. *Science*, 288, 1033-1035.
Matthews, R.K. (1973) Relative elevation of late Pleistocene high sea level stands: Barbados uplift rates and their implications. *Quaternary Research*, 3, 147-153.
三菱重工業株式会社神戸造船所造船設計部（1964）よみうり号：深海潜水作業船）．関西造船協会誌, 115, 54-59.
Veeh, H.H. and Veevers, J.J. (1970) Sea level at -175m off the Great Barrier Reef 13,600 to 17,000 yeas ago. *Nature*, 226, 536-537.
Yamane, M., et al. (2015) Exposure age and ice-sheet model constraints on Pliocene East Antarctic ice sheet dynamics. *Nature Communications* 6, 7016.
Yokoyama, Y. et al. (2000) Timing of the Last Glacial Maximum from observed sea-level minima. *Nature*, 406, 713-716.
Yokoyama, Y., and Esat, T.M. (2016) Deep-sea corals feel the flow. *Science*, 354, 550-551.
Yokoyama, Y. et al. (2018) Rapid glaciation and a two-step sea level plunge into the Last Glacial Maximum. *Nature*, 559, 603-607.

第９章　温室効果ガスを深海に隔離する炭素ハイウェイ
EPICA community members (2004) Eight glacial cycles from an Antarctic ice core. *Nature*, 429, 623-628.
野崎義行（1994）『地球温暖化と海―炭素の循環から探る』東京大学出版

rocks in Labrador, Canada. *Nature*, 549, 516–518.

第5章　「恐竜大繁栄の時代」温室地球はなぜ生まれたのか

James, H.L. (1973) *Harry Hammond Hess. Biographical Memoir*. National Academy of Sciences.

Larson, R.L. (2005) The Mid-Cretaceous Superplume Episode. *Scientific American*, 15, 22–27.

Lee, C.T., et al. (2013) Continental arc-island arc fluctuations, growth of crustal carbonates, and long-term climate change. *Geosphere*, 9, 21–36.

Day, D. (2005) Walter Heinrich Munk Biography. Scripps Institution of Oceanography Archives. http://scilib.ucsd.edu/sio/biogr/Munk_Biogr.pdf

Dean, D.R. (1999) *Gideon Mantell and the Discovery of Dinosaurs*. Cambridge University Press.

第6章　大陸漂流が生み出した地球寒冷化

Barrett, P. (2003) Cooling a continent. *Nature*, 421, 221–223.

Chamberlin, R.T. (1934) *Thomas Chrowder Chamberlin. Biographical Memoirs*, XV, National Academy of Sciences.

Jagoutz, O., et al. (2015) Anomalously fast convergence of India and Eurasia caused by double subduction. *Nature Geoscience*, 8, 475–478.

Jagoutz, O., et al. (2016) Low-latitude arc-continent collision as a driver for global cooling. *Proceedings of the National Academy of Sciences of the United States of America*, 113, 4935–4940.

Raymo, M.E., et al. (1988) Influence of late Cenozoic mountain building on ocean geochemical cycles. *Geology*, 16, 649–653.

Ruddiman, W.F. and Raymo, M.E. (1988) Northern Hemisphere climate régimes during the past 3 Ma: Possible tectonic connections, *Philos. Trans. R. Soc.* B, 318, 411–430.

Wilson, D.S. et al. (2013) Initiation of the west Antarctic ice sheet and estimates of total Antarctic ice volume in the earliest Oligocene. *Geophysical Research Letters*, 40, 4305–4309.

Yamane, M., et al. (2015) Exposure age and ice-sheet model constraints on Pliocene east Antarctic ice sheet dynamics. *Nature Communications*, 6, Article number 7016.

第7章　気候変動のペースメーカー「ミランコビッチサイクル」を証明せよ

Encyclopedia.com (2008) Milanković, Milutin. *Complete Dictionary of Scientific Biography*.

Fleming, J.R. (2006) James Croll in context: The encounter between climate dynamics and geology in the second half of the nineteenth century. *History of Meteorology*, 3, 43–54.

Foce, F. (2007) Milankovitch's Theorie der Druckkurven: Good mechanics for masonry architecture. *Nexus Network Journal*, 9, 185–209.

Taylor, H.P. Jr. and Clayton, R.N. (2008) *Samuel Epstein: Biographical Memoir*. National Academy of Sciences.

The Nobel Prize in Chemistry 1934 Harold C. Urey-Biographical https://www.nobelprize.org/nobel_prizes/chemistry/laureates/1934/urey-bio.html

Urey, H.C., Lowenstam, H.A., Epstein, S., and McKinney C.R. (1951) Measurement of paleotemperatures and temperatures of the upper Cretaceous of England, Denmark, and the southeastern United States. *Bulletin of the Geological Society of America*, 62, 399-416.

第３章　暗い太陽のパラドックス

Feulner, G. (2012) The faint young sun problem. *Reviews of Geophysics*. 50. RG2006.

Ohkuma, M., et al. (2015) Acetogenesis from H_2 plus CO_2 and nitrogen fixation by an endosymbiotic spirochete of a termite-gut cellulolytic protist. *Proceedings of the National Academy of Sciences of the United States of America*, doi:10.1073/pnas.1423979112

Ringwood, A.E. (1961) Changes in solar luminosity and some possible terrestrial consequences, *Geochimica et Cosmochimica Acta*, 21, 295-296.

Sagan, C., and Mullen, G. (1972) Earth and Mars: Evolution of Atmospheres and surface temperatures. *Science*, 177, 52-56.

Som, S.M., Catling, D.C., Harnmeijer, J.P., Polivka, P.M., and Buick, R. (2012) Air density 2.7 billion years ago limited to less than twice modern levels by fossil raindrop imprints. *Nature*, 484, 359-362.

Ueno, Y., et al. (2009) Geological sulfur isotopes indicate elevated OCS in the Archean atmosphere, solving faint young sun paradox. *Proceedings of the National Academy of Sciences of the United States of America*, 106: 14784-14789.

Wolf, E.T., and Toon, O.B. (2013) Hospitable archean climates simulated by a general circulation model. *Astrobiology*, 13, 656-673.

第４章　「地球酸化イベント」のミステリー

Anders, E., and Grevesse, N. (1989) Abundances of the elements: Meteoritic and solar. *Geochimica et Cosmochimica Acta*, 53, 197-214.

Anders, E., and Ebihara, M. (1982) Solar-system abundances of the elements. *Geochimica et Cosmochimica Acta*, 46, 2263-2380.

Mulliken, R.S. (1975) *William Draper Harkins. Biographical Memoir*, National Academy of Sciences.

Lee, C.T. et al. (2016) Two-step rise of atmospheric oxygen linked to the growth of continents, *Nature Geoscience*, 9, 417-424

Lyons, T.W., Reinhard, C.T., and Planavsky, N.J. (2014) The rise of oxygen in Earth's early ocean and atmosphere. *Nature*, 506, 307-315.

Tashiro, T., et al . (2017) Early trace of life from 3.95 Ga sedimentary

参考文献

ホームページのURLは本書刊行直前（2018年９月）に確認したものです。変更されたり、アクセスできなくなる可能性もありますので、御了承ください。

プロローグ

Livio, M. (2017) Winston Churchill' s essay on alien life found. *Nature*, 542, 289-291.

第１章　気候変動のからくり

American Chemical Society: The Keeling Curve. http://www.acs.org/content/acs/en/education/whatischemistry/landmarks/keeling-curve.html (2015)

Anderson, T.R., Hawkins, E., and Jones, P.D. (2016) CO_2, the greenhouse effect and global warming: from the pioneering work of Arrhenius and Callendar to today's Earth System Models. *Endeavour*, 40 (3) 178-187.

Harris, D.C. (2010) Charles David Keeling and the story of atmospheric CO_2 measurements. *Analytical Chemistry*, 82, 7865-7870.

Hickman, Leo (2013) How the burning of fossil fuels was linked to a warming world in 1938. *The Guardian*. 22 April 2013.

Revelle, R and Suess, H.E. (1957) Carbon dioxide exchange between atmosphere and ocean and the question of an increase of atmospheric CO_2 during the past decades. *Tellus*, 9, 18-27.

Scripps Institution of Oceanography website (2017) http://scrippsco2.ucsd.edu/history_legacy/keeling_curve_lessons

Sterken, C. (2003) Jean Baptiste Joseph Fourier. Interplay of periodic, cyclic and stochastic variability in selected areas of the H-R diagram. *ASP Conference Series*, 292. Sterken C. ed.

田近英一（2009）『凍った地球―スノーボールアースと生命進化の物語』新潮選書

Weart, Spencer R.(2008) *The Discovery of Global Warming*. ISBN-10:067403189X

第２章　太古の気温を復元する

Epstein, S., Buchsbaum, R., Lowenstam, H., and Urey, H.C. (1951) Carbonate-water isotopic temperature scale. *Bulletin of the Geological Society of America*, 62, 417-426.

Grayson, M.A. (1992) Professor Al Nier and his influence on mass spectrometry. *Journal of the American Society for Mass Spectrometry*. 3, 685-694.

McCave, I.N., and Elderfield, H. (2011) Sir Nicholas John Shackleton. *Biogr.Mems Fell. R.Soc.*, 57, 435-462.

や行

ら行

な行

は行

ま行

さ行

た行

さくいん

アルファベット

あ行

か行

N.D.C.451.8　334p　18cm

ブルーバックス　B-2074

地球《ちきゅう》46億年《おくねん》 気《き》候《こう》大変動《だいへんどう》

炭素循環で読み解く、地球気候の過去・現在・未来

2018年10月20日　第1刷発行
2025年 6 月17日　第8刷発行

著者　横山祐典《よこやまゆうすけ》
発行者　篠木和久
発行所　株式会社講談社
〒112-8001　東京都文京区音羽2-12-21
電話　出版　03-5395-3524
販売　03-5395-5817
業務　03-5395-3615
印刷所　(本文印刷) 株式会社ＫＰＳプロダクツ
(カバー表紙印刷) 信毎書籍印刷株式会社
本文データ制作　ブルーバックス
製本所　株式会社国宝社

定価はカバーに表示してあります。

ISBN978－4－06－513515－0

発刊のことば

科学をあなたのポケットに

　二十世紀最大の特色は、それが科学時代であるということです。科学は日に日に進歩を続け、止まるところを知りません。ひと昔前の夢物語もどんどん現実化しており、今やわれわれの生活のすべてが、科学によってゆり動かされているといっても過言ではないでしょう。

　そのような背景を考えれば、学者や学生はもちろん、産業人も、セールスマンも、ジャーナリストも、家庭の主婦も、みんなが科学を知らなければ、時代の流れに逆らうことになるでしょう。

　ブルーバックス発刊の意義と必然性はそこにあります。このシリーズは、読む人に科学的に物を考える習慣と、科学的に物を見る目を養っていただくことを最大の目標にしています。そのためには、単に原理や法則の解説に終始するのではなくて、政治や経済など、社会科学や人文科学にも関連させて、広い視野から問題を追究していきます。科学はむずかしいという先入観を改める表現と構成、それも類書にないブルーバックスの特色であると信じます。

一九六三年九月　　野間省一